Hochschultext

R. Unbehauen · W. Hohneker

# Elektrische Netzwerke
## Aufgaben

Ausführlich durchgerechnete und illustrierte
Aufgaben zur Netzwerkanalyse mit Lösungen

Mit 87 Abbildungen in 230 Einzeldarstellungen

Springer-Verlag
Berlin Heidelberg New York 1981

Dr.-Ing. ROLF UNBEHAUEN

o. Professor, Lehrstuhl für Allgemeine und Theoretische Elektrotechnik
der Universität Erlangen-Nürnberg

Dr.-Ing. WILLI HOHNEKER

Lehrstuhl für Allgemeine und Theoretische Elektrotechnik
der Universität Erlangen-Nürnberg

CIP-Kurztitelaufnahme der Deutschen Bibliothek

Unbehauen, Rolf: Elektrische Netzwerke – Aufgaben: ausführl. durchgerechnete u. ill. Aufgaben zur Netzwerkanalyse mit Lösungen/R. Unbehauen; W. Hohneker. – Berlin, Heidelberg, New York: Springer, 1981. (Hochschultext) Forts. von: Unbehauen, Rolf: Elektrische Netzwerke.

ISBN 3-540-10542-5  Springer-Verlag Berlin Heidelberg New York
ISBN 0-387-10542-5  Springer-Verlag New York Heidelberg Berlin

N: Hohneker, Willi:; GT

Das Werk ist urheberrechtlich geschützt. Die dadurch begründeten Rechte, insbesondere die der Übersetzung, des Nachdrucks, der Entnahme von Abbildungen, der Funksendung, der Wiedergabe auf photomechanischem oder ähnlichem Wege und der Speicherung in Datenverarbeitungsanlagen bleiben, auch bei nur auszugsweiser Verwertung, vorbehalten.

Die Vergütungsansprüche des §54, Abs. 2 UrhG werden durch die »Verwertungsgesellschaft Wort«, München, wahrgenommen.

© Springer-Verlag Berlin, Heidelberg 1981
Printed in Germany

Die Wiedergabe von Gebrauchsnamen, Handelsnamen, Warenbezeichnungen usw. in diesem Werk berechtigt auch ohne besondere Kennzeichnung nicht zu der Annahme, daß solche Namen im Sinne der Warenzeichen- und Markenschutz-Gesetzgebung als frei zu betrachten wären und daher von jedermann benutzt werden dürften.

Druck- und Bindearbeiten: fotokop wilhelm weihert KG, Darmstadt
2362/3020-543210

# Vorwort

Die vorliegende Sammlung von Aufgaben mit Lösungen ist in der Absicht entstanden, Studenten im Rahmen ihrer Grundausbildung auf dem Gebiet der Elektrotechnik zu aktiver Mitarbeit anzuregen. Nach dem Studium des eigentlichen Lehrstoffs bringt erfahrungsgemäß erst die Beschäftigung mit Übungsaufgaben volles Verständnis der Sachverhalte und tiefere Einsicht in die Zusammenhänge. Darüber hinaus wird durch die Bearbeitung von Aufgaben die Fähigkeit entwickelt, die gewonnenen theoretischen Erkenntnisse bei der Lösung praktischer Problemstellungen anzuwenden.
Der Inhalt der Aufgaben lehnt sich eng an das im gleichen Verlag erschienene Buch „Elektrische Netzwerke" (hier mit „EN" abgekürzt) an. Die Mehrzahl der Aufgaben dürfte aber unabhängig von diesem Lehrbuch didaktische Bedeutung haben. Die Aufgaben wurden in den Übungen und schriftlichen Klausuren zum Fach „Grundlagen der Elektrotechnik" an der Universität Erlangen-Nürnberg erprobt. Die Sammlung ist entsprechend der Kapiteleinteilung von EN gegliedert, wobei das Kapitel „Ausblick" unberücksichtigt blieb. Andererseits wird der Lehrstoff durch einige Aufgaben, beispielsweise zum Leitungsmechanismus in Halbleitern und zur grundsätzlichen Funktionsweise von Gleichstrommaschinen, bis zu einem gewissen Grad gegenüber der Darstellung in EN erweitert. Bezüglich der Bedeutung des in den einzelnen Kapiteln behandelten Lehrstoffs wird auf das Vorwort von EN verwiesen.
Dem Benutzer dieses Buches wird empfohlen, bei der Bearbeitung der einzelnen Aufgaben zunächst jeweils den Text ohne die Lösung zu studieren. Letztere sei dem Vergleich mit der eigenen Lösung vorbehalten. Soweit die Aufgaben einen nicht unmittelbar erkennbaren praktischen Hintergrund haben, wird hierauf an entsprechender Stelle der Lösungen hingewiesen.
Allen an der Entstehung des vorliegenden Buches beteiligten Mitarbeiterinnen und Mitarbeitern am Lehrstuhl für Allgemeine und Theoretische Elektrotechnik der Universität Erlangen-Nürnberg möchten die Verfasser an dieser Stelle herzlich danken. Besonderer Dank gilt neben Herrn Dipl.-Phys. R. Kröger, der durch konstruktive Kritik einen wichtigen Beitrag geleistet hat, vor allem Frau K. Syptroth für die Reinschrift des gesamten Textes, Frau R. Dittrich für das Anfertigen der Bilder und Frau A. Obermayer für die Montage der Formeln und Textteile. Dem Springer-Verlag sei für die gute Zusammenarbeit gedankt.

Erlangen, August 1980                                                                 Die Verfasser

# Inhalt

1. Grundlagen . . . . . . . . . . . . . . . . . . . . . . . . . . . . . . . . . . . . . . . . . . . . . . . .   1
2. Die komplexe Wechselstromrechnung . . . . . . . . . . . . . . . . . . . . . . . . . . . .  74
3. Allgemeine Verfahren zur Analyse von Netzwerken . . . . . . . . . . . . . . . . . . . . 114
4. Netzwerktheoreme . . . . . . . . . . . . . . . . . . . . . . . . . . . . . . . . . . . . . . . . . 152
5. Mehrpolige Netzwerke. . . . . . . . . . . . . . . . . . . . . . . . . . . . . . . . . . . . . . . 185
6. Einschwingvorgänge in Netzwerken. . . . . . . . . . . . . . . . . . . . . . . . . . . . . . 254

# 1. Grundlagen

Dieses Kapitel enthält Aufgaben zum Stoffgebiet Physikalische Grundlagen der Netzwerktheorie, Aufgaben zur Behandlung von Elementen elektrischer Schaltungen sowie zur Untersuchung einfacher Netzwerke.

Die Aufgaben, welche die physikalischen Grundlagen betreffen, beinhalten folgende Themen:
- Aus der Elektrostatik die Berechnung des elektrischen Feldes, das von vorgegebenen konstanten Ladungsverteilungen hervorgerufen wird (Aufgaben 1-3),
- aus der Magnetostatik die Berechnung des von Gleichströmen erzeugten magnetischen Feldes und die dabei auftretenden Kräfte (Aufgaben 11, 14),
- Anwendung des Durchflutungs- und des Induktionsgesetzes (Aufgaben 12, 13),
- elektrische Strömung in Metallen (Aufgaben 4, 5),
- Leitungsmechanismus in Halbleitern (Aufgaben 6-10).

Aus dem Bereich der Elemente elektrischer Schaltungen findet man Aufgaben
- zur Dimensionierung von Spule und Kondensator (Aufgaben 15, 16),
- zur Beschreibung des Verhaltens von Gleichstrom-Generatoren und Gleichstrom-Motoren (Aufgaben 18-20).

Die Aufgaben zur Untersuchung einfacher Netzwerke betreffen
- den Zusammenhang zwischen Strom und Spannung an Induktivität und Kapazität (Aufgaben 17, 22, 27),
- die Analyse einfacher ohmscher Netzwerke (Aufgaben 23-25),
- die Behandlung einfacher Transistor-Verstärkernetzwerke (Aufgaben 21, 26).

**Aufgabe 1.1**

Im materiefreien Raum befindet sich eine sehr dünne, metallische Kugelfläche mit dem Radius $r_0$, auf der die elektrische Ladung $Q$ gleichmäßig verteilt ist (Bild 1.1a). Die vorhandene Ladung erzeugt im gesamten Raum ein elektrisches Feld $E$. Wegen der Symmetrie der Anordnung kann $E$ in irgendeinem Punkt $P$ mit dem Abstand $r$ vom Kugelmittelpunkt $O$ nur eine bezüglich $O$ radiale Komponente haben, die bei fest vorgegebener Ladung ausschließlich von $r$ abhängt.

a) Unter Verwendung der Grundgleichung (1.3) aus EN soll die elektrische Feldstärke $E$ in $P$ berechnet werden. Der Punkt $P$ wird durch den von $O$ nach $P$ reichenden Ortsvektor $r$ gekennzeichnet. Bei der Anwendung der genannten Grundgleichung empfiehlt es sich, als Hüllfläche $A$ eine Kugelfläche mit dem Mittelpunkt $O$ und dem Radius $r$ zu wählen. Man unterscheide die Fälle $r > r_0$ und $r < r_0$. Im zweiten Fall ist zu beachten, daß die Hüllfläche $A$ keine Ladungen einschließt.

b) Man gebe den Feldlinienverlauf an und skizziere ihn in einer Ebene, die durch den Punkt $O$ verläuft.

c) Man stelle die Potentialdifferenz zweier Punkte $P_1$ und $P_2$ als Linienintegral dar und zeige, daß diese Potentialdifferenz gleich Null ist, wenn $P_1$ und $P_2$ von $O$ gleich weit entfernt sind.

d) Man berechne das Potential $\varphi(P)$ durch Integration der in Teilaufgabe $a$ ermittelten Feldstärke. Dabei empfiehlt es sich, den Integrationsweg auf der durch $O$ und $P$ festgelegten Geraden zu wählen. Der von $O$ unendlich weit entfernte Punkt auf dieser Geraden sei der Bezugspunkt $P_0$ für das Potential.
Man beschreibe die Flächen konstanten Potentials, die sogenannten Äquipotentialflächen für $r > r_0$.

e) Man berechne die Spannung zwischen zwei Punkten $P_1$ und $P_2$, von denen $P_1$ auf der Metall-Kugelfläche liegt und $P_2$ vom Mittelpunkt $O$ den Abstand $2r_0$ hat.

f) Unter der Kapazität $C$ der betrachteten Kugel um $O$ mit dem Radius $r_0$ versteht man den Quotienten von $Q$ dividiert durch die Spannung zwischen der Kugeloberfläche und der unendlich weit entfernten Äquipotentialfläche.
Man berechne $C$. Welchen Wert hat $C$ für $r_0 = 6370$ km, d.h. für den Fall einer Kugel vom Erdradius?

g) Läßt man bei festem Wert $Q$ den Radius $r_0$ gegen Null streben, so erhält man eine Punktladung. Man beschreibe ihr elektrisches Feld.

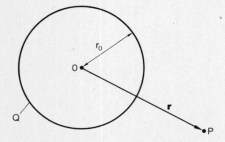

Bild 1.1a. Dünne metallische Kugelfläche mit der Ladung $Q$.

h) Zwei Punktladungen $q$ bzw. $-q$ befinden sich im festen Abstand voneinander im Vakuum. Das elektrische Feld kann man sich durch Überlagerung der von den beiden Ladungen erzeugten Teilfelder entstanden denken. Für jeden Raumpunkt erhält man also durch vektorielle Addition der beiden dort herrschenden Teilfeldstärken die Gesamtfeldstärke, deren Richtung bekanntlich mit der Richtung der Feldlinientangente in diesem Punkt übereinstimmt.

Man veranschauliche sich den Verlauf des elektrischen Feldes, indem man für einige Punkte einer Ebene, in der die beiden Ladungen $q$ und $-q$ liegen, die Feldlinientangente konstruiert.

i) Welche Kräfte üben zwei ruhende Punktladungen $q_1$ und $q_2$ im Abstand $r_{12}$ aufeinander aus?

### Lösung zu Aufgabe 1.1

a) Für eine beliebige Hüllfläche $A$, die vollständig außerhalb der Metallkugel verläuft, gilt

$$Q = \epsilon_0 \oiint_A \boldsymbol{E} \cdot \mathrm{d}\boldsymbol{A} \;.$$

Wählt man für $A$ zur Auswertung des Integrals eine Kugelfäche um $O$ mit dem Radius $r > r_0$, so ist in jedem Punkt dieser Fläche

$$\boldsymbol{E} = E(r)\boldsymbol{e}_r \quad \text{und} \quad \mathrm{d}\boldsymbol{A} = \mathrm{d}A\,\boldsymbol{e}_r \;,$$

wobei $\boldsymbol{e}_r = \boldsymbol{r}/r$ den Einheitsvektor in Richtung von $\boldsymbol{r}$ bezeichnet. Damit wird

$$Q = \epsilon_0 \oiint_A E(r)\,\mathrm{d}A = \epsilon_0 E(r) \oiint_A \mathrm{d}A = \epsilon_0 E(r) 4\pi r^2 \;,$$

und man erhält für den Raum außerhalb der Metallkugelfläche

$$\boldsymbol{E} = E(r)\boldsymbol{e}_r = \frac{Q}{4\pi\epsilon_0}\frac{\boldsymbol{e}_r}{r^2} \quad (r > r_0) \;.$$

Für eine beliebige Hüllfläche $A$, die ganz im Innern der Metallkugelfläche verläuft, muß

$$\epsilon_0 \oiint_A \boldsymbol{E} \cdot \mathrm{d}\boldsymbol{A} = 0$$

gelten, da $A$ keine Ladungen einschließt. Wählt man für $A$ zur Auswertung des Integrals eine Kugelfläche um $O$ mit dem Radius $r < r_0$ und beachtet die Beziehungen

$E = E(r)e_r$ und $dA = dA\, e_r$, so ergibt sich für die elektrische Feldstärke im Innern der Metallkugelfläche in analoger Weise

$$E(r) \equiv 0 \qquad (r < r_0).$$

Im Bild 1.1b ist der berechnete Verlauf der Radialkomponente $E(r)$ für $Q > 0$ in Abhängigkeit von $r$ aufgetragen.

b) In jedem Punkt des Außenraums ($r > r_0$) müssen die elektrischen Feldstärke und die jeweilige Feldlinie tangential zueinander sein. Wegen der radialen Richtung der Feldstärke bezüglich $O$ stellt für $r > r_0$ die Geradenschar durch $O$ die Feldlinien dar; für $r < r_0$ gibt es keine Feldlinien, da $E \equiv 0$ ist. Das Bild 1.1c veranschaulicht diesen Sachverhalt.

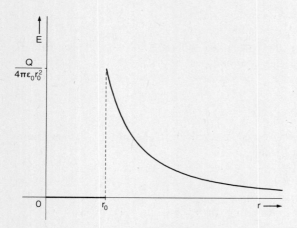

Bild 1.1b. Graphische Darstellung der elektrischen Feldstärke in Abhängigkeit vom Abstand $r$ für den Fall $Q > 0$.

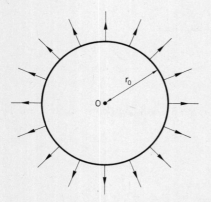

Bild 1.1c. Verlauf der elektrischen Feldlinien für die homogen geladene Kugel von Bild 1.1a.

c) Mit $P_0$ als dem Bezugspunkt des Potentials $\varphi(P)$ gilt für die Potentialdifferenz zwischen den Punkten $P_1$ und $P_2$

$$\varphi(P_1) - \varphi(P_2) = -\int_{P_0}^{P_1} \boldsymbol{E} \cdot d\boldsymbol{r} + \int_{P_0}^{P_2} \boldsymbol{E} \cdot d\boldsymbol{r} = \int_{P_1}^{P_2} \boldsymbol{E} \cdot d\boldsymbol{r}.$$

Zur Auswertung des Integrals

$$\int_{P_1}^{P_2} \boldsymbol{E} \cdot d\boldsymbol{r}$$

für zwei von $O$ gleich weit entfernte Punkte $P_1$ und $P_2$ wählt man zweckmäßigerweise einen Integrationsweg auf derjenigen Kugelfläche mit $O$ als Mittelpunkt, die durch $P_1$ und $P_2$ hindurchgeht. Bezeichnet man mit $\boldsymbol{e}_t$ den jeweiligen Tangenteneinheitsvektor in einem beliebigen Punkt dieses Weges, so gilt $d\boldsymbol{r} = ds\, \boldsymbol{e}_t$ und damit

$$\int_{P_1}^{P_2} \boldsymbol{E} \cdot d\boldsymbol{r} = \int_{P_1}^{P_2} E(r)\boldsymbol{e}_r \cdot \boldsymbol{e}_t\, ds = 0,$$

da in jedem Punkt des Integrationsweges $\boldsymbol{e}_r \cdot \boldsymbol{e}_t = 0$ ist.

Zwischen zwei Punkten $P_1$ und $P_2$ mit gleichem Abstand von $O$ besteht demnach keine Potentialdifferenz, d.h. sie haben gleiches Potential.

d) Da nach Teilaufgabe c alle Punkte, die von $O$ gleich weit entfernt sind, gleiches Potential besitzen müssen, darf zur Bestimmung von

$$\varphi(P) = -\int_{P_0}^{P} \boldsymbol{E} \cdot d\boldsymbol{r}$$

ohne Einschränkung der Allgemeinheit angenommen werden, daß der Bezugspunkt $P_0$ auf der durch $O$ und $P$ festgelegten Geraden liegt. Wählt man als Integrationsweg diese Gerade, so ist für einen beliebigen Punkt dieses Weges mit dem Abstand $s$ von $O$

$$\boldsymbol{E} = E(s)\boldsymbol{e}_r \quad \text{und} \quad d\boldsymbol{r} = ds\, \boldsymbol{e}_r.$$

Damit erhält man für das gesuchte Potential in einem Punkt $P$ außerhalb der Metallkugelfläche

$$\varphi(P) = -\int_{\infty}^{r} E(s)\, ds = -\frac{Q}{4\pi\epsilon_0} \int_{\infty}^{r} \frac{ds}{s^2} = \frac{Q}{4\pi\epsilon_0} \frac{1}{r} \quad (r > r_0).$$

Liegt $P$ auf der Metallkugelfläche, so ist

$$\varphi(P) = \varphi_0 = \frac{Q}{4\pi\epsilon_0}\frac{1}{r_0}.$$

Dasselbe Potential ergibt sich, wenn $P$ innerhalb der Metallkugelfläche liegt, da wegen $E \equiv 0$ für $r < r_0$

$$\varphi(P) = -\int_\infty^{r_0} E(s)\,\mathrm{d}s - \int_{r_0}^r E(s)\,\mathrm{d}s = \varphi_0 + 0 = \varphi_0$$

gilt.

Alle Punkte gleichen Potentials müssen für $r > r_0$ nach Teilaufgabe $c$ gleichen Abstand von $O$ haben. Die Äquipotentialflächen sind demnach Kugelflächen.

e) Nach Teilaufgabe $c$ erhält man

$$\varphi(P_1) = \frac{Q}{4\pi\epsilon_0}\frac{1}{r_0} = \varphi_0 \qquad \text{und} \qquad \varphi(P_2) = \frac{Q}{4\pi\epsilon_0}\frac{1}{2r_0}.$$

Die Spannung zwischen $P_1$ und $P_2$ ergibt sich als Potentialdifferenz

$$u_{12} = \varphi(P_1) - \varphi(P_2) = \frac{Q}{4\pi\epsilon_0}\frac{1}{2r_0}.$$

f) Da die Spannung zwischen der Metallkugelfläche und dem Punkt Unendlich gleich dem Potential $\varphi_0$ ist, folgt für die Kapazität

$$C = \frac{Q}{\varphi_0} = 4\pi\epsilon_0 r_0.$$

Mit den Zahlenwerten $\epsilon_0 = 8{,}85419 \cdot 10^{-12}$ As/Vm und $r_0 = 6370$ km erhält man den Kapazitätswert

$$C = 7{,}09 \cdot 10^{-4}\text{ F}.$$

g) Am Feldverlauf ändert sich gegenüber den bisherigen Verhältnissen nichts. Die abgeleiteten Formeln für $E$ und $\varphi$ gelten jetzt für beliebiges $r > 0$.

h) Im Bild 1.1d ist das elektrische Feld zweier Punktladungen $q$ und $-q$ in einer Schnittebene durch die Symmetrieachse der Anordnung veranschaulicht. Die Konstruktion der Gesamtfeldstärke aus den beiden Teilfeldstärken wird in drei willkürlich herausgegriffenen Punkten gezeigt. In den übrigen Punkten sind lediglich die Feldlinientangenten dargestellt.

# 1. Grundlagen

*i)* Die Kraft, die das elektrische Feld $E_1$ der Ladung $q_1$ auf die Ladung $q_2$ ausübt, ist

$$F_2 = q_2 E_1 = \frac{q_1 q_2}{4\pi\epsilon_0} \frac{1}{r_{12}^2} e_{12} \; .$$

Dabei bezeichnet $e_{12}$ den Einheitsvektor in Richtung von $q_1$ nach $q_2$. Entsprechend erhält man $F_1 = -F_2$ als die auf $q_1$ wirkende Kraft des von $q_2$ herrührenden elektrischen Feldes $E_2$. Das Ergebnis ist unter dem Namen Coulombsches Gesetz bekannt.

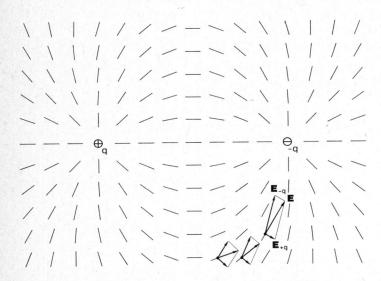

Bild 1.1d. Elektrisches Feld zweier entgegengesetzt gleicher Punktladungen. Die elektrische Feldstärke $E$ ergibt sich in jedem Punkt durch vektorielle Addition der von $q$ herrührenden Feldstärke $E_{+q}$ und der von $-q$ herrührenden Feldstärke $E_{-q}$. Bei der gezeigten Konstruktion wurde $q > 0$ angenommen.

## Aufgabe 1.2

Zwischen den unendlich ausgedehnten Ebenen $x = -x_0$ und $x = x_0$ (Bild 1.2a) befinden sich ortsfeste, gleichmäßig verteilte Punktladungen $q$ mit der Konzentration $n$ ($|q|$ sehr klein, $n$ sehr groß). Diese Ladungen haben im gesamten Raum ein elektrisches Feld zur Folge, das aus Symmetriegründen nur eine von $y$ und $z$ unabhängige Komponente in $x$-Richtung haben kann[1]. Die elektrische Feldstärke läßt sich also in der Form $\boldsymbol{E} = E_x(x)\boldsymbol{e}_x$ schreiben, wobei $\boldsymbol{e}_x$ den Einheitsvektor in $x$-Richtung bezeichnet. Dabei besteht offensichtlich die Beziehung $E_x(x) = -E_x(-x)$ für beliebige Werte $x$.

a) Unter Verwendung der Grundgleichung (1.3) aus EN soll die elektrische Feldstärke $\boldsymbol{E}$ im gesamten Raum ermittelt werden. Dabei ist es empfehlenswert, die für die Auswertung dieser Grundgleichung erforderliche Hüllfläche $A$ so zu wählen, daß die Symmetriebeziehung $E_x(x) = -E_x(-x)$ ausgenützt werden kann.

b) Führt man den Grenzübergang $x_0 \to 0$ durch, ohne dabei die zwischen den Ebenen $x = -x_0$ und $x = x_0$ eingeschlossene Gesamtladung zu verändern, dann tritt an die Stelle der ursprünglichen Raumladung mit der Raumladungsdichte $\rho = nq$ eine Flächenladung mit der Flächenladungsdichte $\sigma = 2x_0 nq$. Welchen Verlauf hat für diesen Grenzfall die Funktion $E_x(x)$? Wie verlaufen die elektrischen Feldlinien?

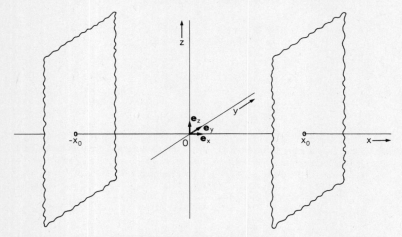

Bild 1.2a. Kartesisches Koordinatensystem mit den Ebenen $x = -x_0$ und $x = x_0$.

---

[1] Zum Nachweis der obengenannten Symmetrieeigenschaften des elektrischen Feldes wird ein beliebiger Punkt $P$ mit den Koordinaten $x, y, z$ betrachtet. Dreht man die gesamte Anordnung um eine durch den Punkt $P$ verlaufende Parallele zur $x$-Achse, dann darf sich der Feldstärkevektor $\boldsymbol{E}$ in diesem Punkt nicht ändern, da die Ladungsverteilung unabhängig vom Drehwinkel ist. Dies ist nur möglich, wenn $\boldsymbol{E}$ die Richtung der Drehachse hat, d.h. weder eine $y$- noch eine $z$-Komponente besitzt.
Nun wird in der $yz$-Ebene eine Gerade derart gewählt, daß durch eine Drehung der Anordnung um diese Gerade der Punkt $P$ in seinen bezüglich der $yz$-Ebene symmetrischen Punkt übergeführt werden kann. Da diese Drehung keine Änderung der Ladungsverteilung zur Folge hat, tritt auch keine Feldänderung ein. Der Feldstärkevektor muß also in den beiden Spiegelpunkten den gleichen Betrag, jedoch die entgegengesetzte Richtung haben. Daher gilt $E_x(x) = -E_x(-x)$.

# 1. Grundlagen

## Lösung zu Aufgabe 1.2

*a*) Für die Auswertung der Grundgleichung

$$Q = \epsilon_0 \oiint_A \mathbf{E} \cdot d\mathbf{A} \tag{1}$$

betrachtet man zweckmäßigerweise eine zur *yz*-Ebene symmetrische Hüllfläche $A$ von quaderförmiger Gestalt mit der Kantenlänge $2a$ in *x*-Richtung und den Kantenlängen $b$ bzw. $c$ in den beiden übrigen Koordinatenrichtungen (Bild 1.2b). Die gesamte Hüllfläche $A$ setzt sich also aus sechs ebenen rechteckigen Teilflächen zusammen, deren Normalenvektoren in Richtung der Einheitsvektoren $\mathbf{e}_x$, $-\mathbf{e}_x$, $\mathbf{e}_y$, $-\mathbf{e}_y$, $\mathbf{e}_z$ bzw. $-\mathbf{e}_z$ zeigen.

Da die elektrische Feldstärke lediglich eine Komponente in *x*-Richtung besitzt, erhält man nur für die beiden zur *yz*-Ebene parallelen Teilflächen $A_1$ und $A_2$ des Quaders einen Beitrag zum Oberflächenintegral. Bei den restlichen vier Teilflächen bilden die Normalenvektoren mit der Richtung der elektrischen Feldstärke einen rechten Winkel, so daß in allen Punkten dieser Teilflächen das Skalarprodukt $\mathbf{E} \cdot d\mathbf{A}$ verschwindet. Man erhält somit

$$\oiint_A \mathbf{E} \cdot d\mathbf{A} = \iint_{A_1} E_x(a) \mathbf{e}_x \cdot d\mathbf{A} + \iint_{A_2} E_x(-a) \mathbf{e}_x \cdot d\mathbf{A}$$

$$= E_x(a) \iint_{A_1} \mathbf{e}_x \cdot \mathbf{e}_x\, dA + E_x(-a) \iint_{A_2} \mathbf{e}_x \cdot (-\mathbf{e}_x\, dA).$$

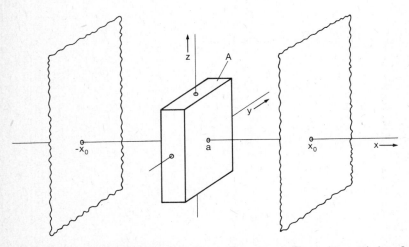

Bild 1.2b. Wahl der Hüllfläche $A$ in Form eines zur *yz*-Ebene symmetrischen Quaders mit der Kantenlänge $2a$ in *x*-Richtung.

Beachtet man, daß $e_x \cdot e_x = 1$ und $e_x \cdot (-e_x) = -1$ ist und daß $E_x(a) = -E_x(-a)$ gilt, dann folgt hieraus schließlich

$$\oiint_A E \cdot dA = 2bcE_x(a) \,. \tag{2}$$

Die von der Quaderfläche $A$ eingeschlossene Ladung ist

$$Q = \begin{cases} 2abcnq & \text{für} \quad a \leq x_0 \,, \\ \\ 2x_0 bcnq & \text{für} \quad a > x_0 \,. \end{cases}$$

Hieraus läßt sich mit Hilfe der Gln.(1) und (2) eine Beziehung zur Berechnung von $E_x(a)$ gewinnen. Sie lautet

$$2abcnq = 2bc\epsilon_0 E_x(a) \qquad \text{für} \qquad a \leq x_0 \tag{3a}$$

und

$$2x_0 bcnq = 2bc\epsilon_0 E_x(a) \qquad \text{für} \qquad a > x_0 \,. \tag{3b}$$

Da die hier durchgeführten Überlegungen für beliebige nicht-negative Werte $a$ gültig sind, darf $a$ durch die Variable $x$ ersetzt werden, sofern $x$ keine negativen Werte annimmt. Berücksichtigt man außerdem noch die Symmetriebeziehung $E_x(x) = -E_x(-x)$, dann erhält man aus den Gln.(3a,b) für beliebige Werte $x$ die Feldstärkenkomponente

$$E_x(x) = \begin{cases} -\dfrac{nqx_0}{\epsilon_0} & \text{für} \quad x < -x_0 \,, \\ \\ \dfrac{nqx}{\epsilon_0} & \text{für} \quad -x_0 \leq x \leq x_0 \,, \\ \\ \dfrac{nqx_0}{\epsilon_0} & \text{für} \quad x > x_0 \,. \end{cases}$$

Der Verlauf der Funktion $E_x(x)$ ist im Bild 1.2c für den Fall $q > 0$ in einem Diagramm über $x$ aufgetragen.

b) Läßt man $x_0 \to 0$ gehen, ohne dabei die zwischen den Ebenen $x = -x_0$ und $x = x_0$ eingeschlossene Gesamtladung zu verändern, dann folgt aus den Ergebnissen von Teilaufgabe a mit $2x_0 nq = \sigma$ unmittelbar

$$E_x(x) = \begin{cases} -\dfrac{\sigma}{2\epsilon_0} & \text{für} \quad x < 0, \\ \dfrac{\sigma}{2\epsilon_0} & \text{für} \quad x > 0. \end{cases}$$

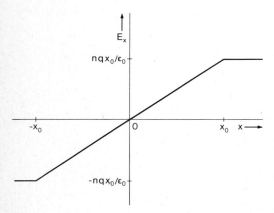

Bild 1.2c. Verlauf der elektrischen Feldstärke in Abhängigkeit von $x$ für den Fall $q > 0$.

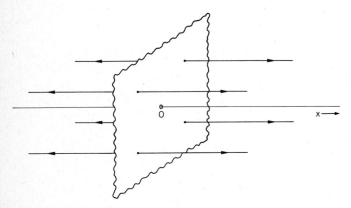

Bild 1.2d. Verlauf der elektrischen Feldlinien in Abhängigkeit von $x$ für den Fall der homogen geladenen $yz$-Ebene.

Die Funktion $E_x(x)$ ist also an der Stelle $x = 0$ unstetig. Die Sprunghöhe hat den Wert $\sigma/\epsilon_0$. Die von der geladenen Fläche hervorgerufenen Feldlinien, die parallel zur $x$-Achse verlaufen, sind im Bild 1.2d dargestellt.

# 1. Grundlagen

## Aufgabe 1.3

In einem unendlich ausgedehnten Raumgebiet, das gemäß Bild 1.3a von den Ebenen $x = -x_2$ und $x = x_1$ begrenzt ist, befinden sich ortsfeste Punktladungen, und zwar rechts von der $yz$-Ebene Ladungen $q$ mit der ortsunabhängigen Konzentration $n$ ($|q|$ sehr klein, $n$ sehr groß), links von der $yz$-Ebene Ladungen $-q$ mit der ortsunabhängigen Konzentration $(x_1/x_2)n$. Damit auch diese Konzentration sehr groß ist, sollen $x_1$ und $x_2$ etwa von gleicher Größenordnung sein. Die vorliegende Ladungsanordnung setzt sich aus zwei Teilanordnungen zusammen, wie sie in der Aufgabe 1.2 untersucht wurden. Demzufolge kann man sich das elektrische Feld der Gesamtanordnung durch additive Überlagerung der Felder der Teilanordnungen erzeugt denken. Für die Feldstärke gilt daher $E = E_x(x)e_x$. Dabei bedeutet $e_x$ den Einheitsvektor in $x$-Richtung.

*a*) Aufgrund der Ergebnisse von Aufgabe 1.2 gebe man die Funktion $E_x(x)$ an und zeige insbesondere, daß $E_x(x)$ für $x \leqslant -x_2$ und $x \geqslant x_1$ verschwindet.

*b*) Welche Spannung tritt zwischen den Ebenen $x = -x_2$ und $x = x_1$ auf?

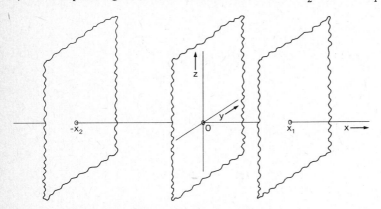

Bild 1.3a. Kartesisches Koordinatensystem mit den Ebenen $x = -x_2$ und $x = x_1$.

## Lösung zu Aufgabe 1.3

*a*) Die von den Ebenen $x = 0$ und $x = x_1$ eingeschlossenen Punktladungen haben ein elektrisches Feld $E_1$ zur Folge, das aus Symmetriegründen nur eine von $x$ abhängige Komponente $E_{1x}(x)$ in Richtung von $e_x$ besitzt. Aufgrund der Ergebnisse von Aufgabe 1.2 erhält man

$$E_{1x}(x) = \begin{cases} -\dfrac{nq}{\epsilon_0}\dfrac{x_1}{2} & \text{für} \quad x < 0, \\[2mm] \dfrac{nq}{\epsilon_0}\left(x - \dfrac{x_1}{2}\right) & \text{für} \quad 0 \leqslant x \leqslant x_1, \\[2mm] \dfrac{nq}{\epsilon_0}\dfrac{x_1}{2} & \text{für} \quad x > x_1. \end{cases}$$

In entsprechender Weise rufen die zwischen $x = -x_2$ und $x = 0$ eingeschlossenen Punktladungen ein elektrisches Feld $E_2 = E_{2x}(x)e_x$ mit

$$E_{2x}(x) = \begin{cases} \dfrac{nq}{\epsilon_0} \dfrac{x_1}{2} & \text{für} \quad x < -x_2 \,, \\ -\dfrac{nq}{\epsilon_0} \dfrac{x_1}{x_2}\left(x + \dfrac{x_2}{2}\right) & \text{für} \quad -x_2 \leqslant x \leqslant 0 \,, \\ -\dfrac{nq}{\epsilon_0} \dfrac{x_1}{2} & \text{für} \quad x > 0 \,. \end{cases}$$

hervor. Als Gesamtfeld ergibt sich durch additive Überlagerung der beiden Teilfelder

$$E = E_1 + E_2 = [E_{1x}(x) + E_{2x}(x)]e_x = E_x(x)e_x \,.$$

Die Funktion $E_x(x)$ kann in folgender Weise ausgedrückt werden:

$$E_x(x) = \begin{cases} 0 & \text{für} \quad x < -x_2 \,, \\ -\dfrac{nq}{\epsilon_0} \dfrac{x_1}{x_2}(x + x_2) & \text{für} \quad -x_2 \leqslant x \leqslant 0 \,, \\ \dfrac{nq}{\epsilon_0}(x - x_1) & \text{für} \quad 0 < x \leqslant x_1 \,, \\ 0 & \text{für} \quad x > x_1 \,. \end{cases}$$

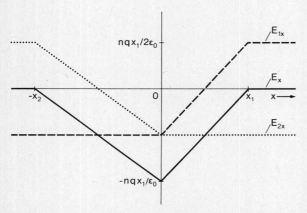

Bild 1.3b. Verlauf der elektrischen Feldstärken in Abhängigkeit von $x$.

Für $x \leqslant -x_2$ und $x \geqslant x_1$ heben sich die Felder $E_1$ und $E_2$ gegenseitig auf, so daß hier $E = 0$ ist. Im Bild 1.3b ist für den Fall $q > 0$, $x_2 > x_1$ der Verlauf von $E_{1x}(x)$, $E_{2x}(x)$ und $E_x(x)$ über $x$ in einem Diagramm aufgetragen.

b) Die Spannung $u_{21}$ zwischen den Ebenen $x = -x_2$ und $x = x_1$ hat den Wert

$$u_{21} = \int_{-x_2}^{x_1} E_x(x) e_x \cdot e_x \, dx = \int_{-x_2}^{x_1} E_x(x) \, dx = -\frac{nq}{2\epsilon_0} x_1 (x_1 + x_2) \, .$$

## Aufgabe 1.4

In einem Metall strömen Elektronen mit der Ladung $q$ und der Geschwindigkeit $\boldsymbol{v} = v\boldsymbol{t}$ unter dem Einfluß eines elektrischen Feldes $\boldsymbol{E} = E\boldsymbol{t}$ durch eine ebene Fläche mit dem Flächeninhalt $A$. Dabei bedeutet $\boldsymbol{t}$ einen Einheitsvektor senkrecht zu dieser Fläche. Die Stärke des durch die Fläche in Richtung von $\boldsymbol{t}$ fließenden elektrischen Stromes wird mit $i$ bezeichnet. Die Fläche sei so klein, daß auf ihr $\boldsymbol{v}$ und $\boldsymbol{E}$ als ortsunabhängig betrachtet werden dürfen.

Man ermittle die Stromdichte (am Ort der Fläche) $\boldsymbol{J} = J_t \boldsymbol{t}$ ($J_t = i/A$) in Abhängigkeit von der Konzentration $n$, der Ladung $q$ und der Geschwindigkeit $v$ der Leitungselektronen. Man zeige, daß die Gleichung $\boldsymbol{J} = \kappa \boldsymbol{E}$ gilt. Dabei ist $\kappa$ die Leitfähigkeit des Metalls.

### Lösung zu Aufgabe 1.4

Da die Geschwindigkeit $\boldsymbol{v}$ der Elektronen und die elektrische Feldstärke $\boldsymbol{E}$ auf der vom Strom durchflossenen Fläche voraussetzungsgemäß ortsunabhängig sind, ist nach EN, Abschnitt 1.2.2.2

$$J_t = \frac{i}{A} = vnq. \tag{1}$$

Beachtet man, daß weiterhin nach EN, Abschnitt 1.2.2.2 $v\boldsymbol{t} = \boldsymbol{v} = b\boldsymbol{E}$ und $\kappa = nqb$ gilt, so kommt man unmittelbar zu dem Ergebnis

$$\boldsymbol{J} = J_t \boldsymbol{t} = vnq\boldsymbol{t} = \kappa \boldsymbol{E}. \tag{2}$$

Betrachtet man ein ebenes Flächenstück mit dem Flächeninhalt $A$ in einem nicht notwendigerweise homogenen Strömungsfeld, wobei die Fläche auf die unmittelbare Umgebung eines Feldpunktes begrenzt ist und senkrecht durchströmt wird, dann sind die oben genannten Verhältnisse für $A \to 0$ gegeben. Deshalb haben die Gln.(1) und (2) für jeden Punkt des Strömungsfeldes Gültigkeit.

## Aufgabe 1.5

Leitungskupfer enthält in einem Kubikmillimeter $8{,}47 \cdot 10^{19}$ Leitungselektronen. Die Beweglichkeit dieser Elektronen beträgt $b = -4{,}20 \cdot 10^{-3}\,\text{m}^2\text{V}^{-1}\text{s}^{-1}$ bei Zimmertemperatur. Die Ladung eines Elektrons ist $q = -1{,}60 \cdot 10^{-19}\,\text{C}$.
Durch einen Kupferdraht mit dem Querschnitt $A = 1\,\text{mm}^2$ fließe ein homogen verteilter Strom der Stärke $i = 1\,\text{A}$. Die Stromrichtung sei durch den Einheitsvektor $t$ gekennzeichnet.

*a)* Man berechne die Geschwindigkeit $v$ der Leitungselektronen und die elektrische Feldstärke $E$ im Kupferdraht.

*b)* Man berechne die Leitfähigkeit von Leitungskupfer bei Zimmertemperatur. Welchen ohmschen Widerstand hat der betrachtete Kupferdraht, falls seine Länge 100 m beträgt?


### Lösung zu Aufgabe 1.5

*a)* Allgemein läßt sich bei gleichmäßiger Strömung die Geschwindigkeit $v$ von Ladungsträgern und die elektrische Feldstärke $E$ gemäß EN, Abschnitt 1.2.2.2 aus folgenden Beziehungen errechnen:

$$v = \frac{i}{Anq}\,t = vt\,,$$

$$E = \frac{v}{b} = \frac{v}{b}\,t = Et\,.$$

Hierbei bezeichnet $i$ die Stärke des in Richtung des Einheitsvektors $t$ fließenden Stroms, $A$ ist der Flächeninhalt des Leiterquerschnitts, $n$ steht für die Ladungskonzentration, $q$ und $b$ bezeichnen die Ladung bzw. die Beweglichkeit der Ladungsträger.
Setzt man die gegebenen Zahlenwerte in die obigen Beziehungen ein, so erhält man

$$v = -7{,}38 \cdot 10^{-5}\,\frac{\text{m}}{\text{s}}\,,$$

$$E = 1{,}76 \cdot 10^{-2}\,\frac{\text{V}}{\text{m}}\,.$$

Zu beachten ist die außerordentlich geringe Bewegungsgeschwindigkeit der Elektronen.

*b)* Für die Leitfähigkeit gilt gemäß EN, Abschnitt 1.2.2.2 $\kappa = nqb$, und ein Leiterstück der Länge $s$ hat nach EN, Gl.(1.7a) den ohmschen Widerstand $R = s/(\kappa A)$.

Mit den angegebenen Zahlenwerten erhält man für die Leitfähigkeit von Kupfer

$$\kappa = 5{,}69 \cdot 10^7 \, \frac{S}{m} \, .$$

Ein Kupferdraht von 100 m Länge und einem Querschnitt von 1 mm² hat somit einen ohmschen Widerstand von

$$R = 1{,}76 \, \Omega \, .$$

## Aufgabe 1.6

Bei der Diskussion der elektrischen Leitfähigkeit von Halbleitern hat es sich als zweckmäßig erwiesen, zwischen verschiedenen „Elektronenarten" zu unterscheiden.

*a)* Welche Elektronenarten werden bei der Diskussion des Leitungsmechanismus in reinen Halbleitern (ohne Dotierung) üblicherweise unterschieden? Welche zwei dieser Elektronenarten liefern einen Beitrag zur elektrischen Leitfähigkeit im Fall reiner Eigenleitung?

*b)* Durch welche fiktiven Ladungsträger läßt sich der Beitrag der Valenzelektronen zur elektrischen Leitfähigkeit von Halbleitern beschreiben?

*c)* Wie verhält sich die Zahl dieser fiktiven Ladungsträger zur Zahl der Leitungselektronen im Fall reiner Eigenleitung? Wovon hängt dieses Zahlenverhältnis bei Dotierung des Halbleiters ab?

## Lösung zu Aufgabe 1.6

*a)* Man unterscheidet zwischen Leitungselektronen, Valenzelektronen und Innenelektronen. Die Leitungselektronen sind Träger des elektrischen Stroms; es handelt sich dabei um ehemalige Valenzelektronen, die durch Energiezufuhr (Wärme oder elektromagnetische Strahlung) aus Kristallbindungen herausgerissen wurden und „Elektronenlücken" hinterlassen. Jede solche Elektronenlücke kann dadurch wieder aufgefüllt werden, daß ein der Lücke benachbartes Valenzelektron seine ursprüngliche Position verläßt und unter Bildung einer neuen, räumlich versetzten Lücke in die ursprüngliche überwechselt. Dieser Vorgang kann sich – aufgrund eines anliegenden äußeren elektrischen Feldes zielgerichtet – beliebig oft wiederholen. Auf diese Weise sind auch Valenzelektronen am elektrischen Strom beteiligt. Die Innenelektronen leisten zum elektrischen Strom grundsätzlich keinen Beitrag.

*b)* Man tut so, als seien die von den freigewordenen Valenzelektronen hinterlassenen Lücken, die durch Platzwechsel von Valenzelektronen wandern, selbständige positiv geladene Teilchen, und nennt sie Defektelektronen oder Löcher. Sie bewegen sich in Richtung des elektrischen Feldes.

*c)* Die Eigenleitfähigkeit im Halbleiter beruht auf der paarweisen Entstehung je eines Leitungselektrons und eines Lochs durch Energiezufuhr. Daher gibt es im Fall der reinen Eigenleitung ebensoviele Leitungselektronen wie Löcher.
Durch $n$-Dotierung des Halbleiters wird die Zahl der Leitungslektronen erhöht, ohne daß zusätzliche Löcher entstehen, da diese zusätzlichen Leitungselektronen *nicht* aus Bindungen im Kristall stammen. Die Zahl dieser Elektronen hängt im wesentlichen von der Höhe der Dotierung ab. Im Gegensatz zur reinen Eigenleitfähigkeit, bei der die Zahl der Leitungselektronen und Löcher mit der Temperatur zunimmt, ist die Dotierungsleitfähigkeit weitgehend temperaturunabhängig.
Im Fall der $p$-Dotierung des Halbleiters wird die Zahl der Löcher erhöht, ohne daß zusätzliche Leitungselektronen entstehen. Auch hier ist die Dotierungsleitfähigkeit weitgehend temperaturunabhängig.

**Aufgabe 1.7**

In einem Halbleiterkristall, der mit einer bestimmten Fremdatomsorte dotiert ist, sei unter $10^8$ Halbleiteratomen im Mittel ein Fremdatom, das eine technisch erwünschte Leitfähigkeit bewirkt. Der Kristall soll nun zusätzlich mit der gleichen Fremdatomsorte so dotiert werden, daß sich unter $10^6$ Halbleiteratomen im Mittel ein Fremdatom befindet.

a) Wie stark verändert sich dadurch zahlenmäßig die Leitfähigkeit? Dabei wird vorausgesetzt, daß die Eigenleitung vernachlässigbar ist und alle Störatome ionisiert sind.

b) Warum ist die Dotierungsleitfähigkeit technisch bedeutsamer als die Eigenleitfähigkeit?

**Lösung zu Aufgabe 1.7**

a) Die Leitfähigkeit wird hundertmal größer, weil die Erhöhung der Dotierung bewirkt, daß die Zahl der freien Elektronen (bei $n$-Dotierung) bzw. die Zahl der Löcher (bei $p$-Dotierung) im Kristall auf das Hundertfache ansteigt.

b) Die Dotierungsleitfähigkeit ist technisch wichtiger, weil sie im Gegensatz zur Eigenleitfähigkeit nur wenig von der Temperatur abhängt.

## Aufgabe 1.8

In einem Halbleiter befinden sich Leitungselektronen mit der Konzentration $n$ und Löcher mit der Konzentration $p$. Bei reiner Eigenleitung ist $p = n = n_i$ (Eigenleitungskonzentration, für Germanium etwa $2{,}3 \cdot 10^{19}\,\text{m}^{-3}$, für Silizium etwa $1{,}5 \cdot 10^{16}\,\text{m}^{-3}$; diese und die folgenden Zahlenangaben gelten bei der Temperatur $T = 300$ K). Unter dem Einfluß eines konstanten elektrischen Feldes bewegen sich die Ladungsträger mit konstanter mittlerer Geschwindigkeit. Die Beweglichkeit $b_n$ der Leitungselektronen ist bei Germanium etwa $-0{,}38\,\text{m}^2\text{V}^{-1}\text{s}^{-1}$, bei Silizium etwa $-0{,}15\,\text{m}^2\text{V}^{-1}\text{s}^{-1}$. Die entsprechenden Werte für die Beweglichkeit $b_p$ der Löcher lauten bei Germanium $0{,}18\,\text{m}^2\text{V}^{-1}\text{s}^{-1}$, bei Silizium $0{,}05\,\text{m}^2\text{V}^{-1}\text{s}^{-1}$. Eine eventuelle Dotierung des Halbleiters wird durch die Akzeptorenkonzentration $n_A$ und die Donatorenkonzentration $n_D$ gekennzeichnet. Dabei sind $n_A$ und $n_D$ im allgemeinen sehr groß gegen $n_i$. Für die nachfolgenden Berechnungen darf davon ausgegangen werden, daß sämtliche Fremdatome ionisiert sind.

a) Die Anzahl der pro Zeit und Volumen rekombinierenden Ladungsträgerpaare ist proportional dem Produkt aus den Konzentrationen $n$ und $p$. Bei konstanter Temperatur ist im stationären Zustand die Zahl der Rekombinationen gleich der Zahl der pro Zeit und Volumen generierten Ladungsträgerpaare. Diese Zahl ist eine Funktion des Halbleitergrundmaterials und seiner Temperatur; sie ist jedoch unabhängig von der Höhe der Dotierung.
Man drücke die Tatsache, daß pro Zeit und Volumen die Zahl der rekombinierenden und die Zahl der generierten Ladungsträgerpaare im Gleichgewicht stehen müssen, formelmäßig für den nichtdotierten und den dotierten Halbleiter aus. Hieraus soll die bei konstanter Temperatur gültige Beziehung $pn = n_i^2$ abgeleitet werden. Welche der beiden Konzentrationen $n$ und $p$ überwiegt im Fall der $n$- bzw. der $p$-Leitung?

b) Man drücke die Leitfähigkeit $\kappa$ durch $n$, $p$, $b_n$, $b_p$ und die Elementarladung $e = 1{,}6 \cdot 10^{-19}\,\text{C}$ aus (die Ladung des Elektrons ist gleich $-e$). Man stelle entsprechend die Leitfähigkeit $\kappa_i$ des völlig reinen Halbleiters dar. Wie groß ist $\kappa_i$ für Germanium und Silizium?

c) Aufgrund der Tatsache, daß auch der dotierte Halbleiterkristall nach außen elektrisch neutral sein muß, d.h. die Anzahl aller negativen Ladungsträger mit der Anzahl aller positiven Ladungsträger übereinstimmt, soll ein Zusammenhang zwischen $n_A$, $n_D$, $n$ und $p$ angegeben werden.

d) Aufgrund der Ergebnisse der Teilaufgaben $a$ und $c$ kann man für jede Dotierung die Konzentrationen $n$ und $p$ berechnen. Was erhält man für einen ausschließlich $n$-dotierten Kristall; wie lauten die entsprechenden Ergebnisse beim $p$-dotierten Kristall? Welche Werte ergeben sich näherungsweise für $n$ und $p$, wenn man berücksichtigt, daß $n_A$ bzw. $n_D$ sehr groß gegenüber $n_i$ ist?

e) Germanium hat eine Atomdichte von $4{,}5 \cdot 10^{28}\,\text{m}^{-3}$. Wie groß ist die Donatorenkonzentration (Akzeptorenkonzentration) eines ausschließlich $n$-dotierten ($p$-dotierten) Germaniumkristalls, wenn auf $10^6$ Halbleiteratome ein Fremdatom kommt? Wie groß sind $n$ und $p$? Wie groß ist der sogenannte Dotierungsgrad $n/n_i$ ($p/n_i$ bei $p$-Dotierung), wie groß ist der Quotient $n/p$ ($p/n$ bei $p$-Dotierung)? Unter Verwendung des Ergebnisses von Teilaufgabe $b$ berechne man die Leitfähigkeit $\kappa$ für beide Dotierungsarten.

**Lösung zu Aufgabe 1.8**

*a*) Mit $g$ sei die Zahl der pro Zeit und Volumen generierten Ladungsträgerpaare bezeichnet. Sie ist für ein bestimmtes Halbleitergrundmaterial nur von der Temperatur $T$ abhängig. Dieser Sachverhalt läßt sich kurz in der Form

$$g = f(T)$$

ausdrücken. Die Zahl der pro Zeit und Volumen rekombinierenden Ladungsträgerpaare werde mit $w$ bezeichnet. Es gilt

$$w = \text{const} \cdot pn .$$

Wegen des Gleichgewichts zwischen Generation und Rekombination von Ladungsträgerpaaren müssen $g$ und $w$ gleich sein, es muß also allgemein die Beziehung

$$\text{const} \cdot pn = f(T) \tag{1}$$

bestehen. Für den Sonderfall des nichtdotierten Halbleiters erhält man hier speziell mit der Ladungsträgerkonzentration $p_i = n_i$

$$\text{const} \cdot n_i^2 = f(T) . \tag{2}$$

Die Gln.(1) und (2) liefern nun für konstante Temperatur $T$ den Zusammenhang

$$pn = n_i^2 . \tag{3}$$

Im Fall der $n$-Leitung besteht offensichtlich die Beziehung

$$n = p + n_D$$

zwischen den Konzentrationen der vorhandenen beweglichen Ladungsträger. Mit Gl.(3) folgt hieraus

$$p(p + n_D) = n_i^2 .$$

Dieser Beziehung lassen sich direkt die Ungleichungen

$$p < n_i \quad \text{und} \quad n > n_i$$

entnehmen.
Im Fall der $p$-Leitung ist dagegen der Zusammenhang zwischen den Konzentrationen der vorhandenen beweglichen Ladungsträger durch die Gleichung

$$p = n + n_A$$

gegeben. Mit Gl.(3) folgt hieraus

$$(n + n_A)n = n_i^2 .$$

Wie man sieht, bestehen nun die Ungleichungen

$$n < n_i \quad \text{und} \quad p > n_i .$$

b) Nach EN, Gl.(1.5b) ist die Leitfähigkeit eines Materials, bei dem nur freie Elektronen als Ladungsträger vorhanden sind, gleich dem Produkt aus Elektronenkonzentration, Ladung eines Elektrons und Elektronenbeweglichkeit. Beim zusätzlichen Auftreten von Löchern ist zu diesem Produkt ein entsprechender Term für die positive Ladungsträgersorte zu addieren. Damit gilt

$$\kappa = n(-e)b_n + peb_p$$

oder

$$\kappa = e(pb_p - nb_n) .$$

Mit den gegebenen Zahlenwerten

$$p = n = n_i = 2{,}3 \cdot 10^{19} \text{m}^{-3}, \quad b_n = -0{,}38 \text{m}^2\text{V}^{-1}\text{s}^{-1}, \quad b_p = 0{,}18 \text{m}^2\text{V}^{-1}\text{s}^{-1}$$

für reines Germanium ergibt sich die Leitfähigkeit

$$\kappa_i = 1{,}6 \cdot 10^{-19} \text{C} (0{,}18 + 0{,}38) \text{m}^2\text{V}^{-1}\text{s}^{-1} \cdot 2{,}3 \cdot 10^{19} \text{m}^{-3}$$

$$= 2{,}1 \text{Sm}^{-1} ,$$

und mit

$$p = n = n_i = 1{,}5 \cdot 10^{16} \text{m}^{-3}, \quad b_n = -0{,}15 \text{m}^2\text{V}^{-1}\text{s}^{-1}, \quad b_p = 0{,}05 \text{m}^2\text{V}^{-1}\text{s}^{-1}$$

für reines Silizium ergibt sich die Leitfähigkeit

$$\kappa_i = 1{,}6 \cdot 10^{-19} \text{C} (0{,}05 + 0{,}15) \text{m}^2\text{V}^{-1}\text{s}^{-1} \cdot 1{,}5 \cdot 10^{16} \text{m}^{-3}$$

$$= 4{,}8 \cdot 10^{-4} \text{Sm}^{-1} .$$

c) Pro Volumen sind an positiven Ladungen $n_D$ ortsfeste Atomrümpfe der Donatoren und $p$ bewegliche Löcher, an negativen Ladungen $n_A$ ortsfeste Atomrümpfe der Akzeptoren und $n$ freie Elektronen vorhanden. Da der Kristall nach außen elektrisch neutral ist, muß somit

$$n_D + p = n_A + n \tag{4}$$

gelten.

*d)* Erweitert man die Gl.(4) mit $n$ und ersetzt man dann das Produkt $pn$ gemäß Gl.(3) durch $n_i^2$, so ergibt sich für $n$ die quadratische Gleichung

$$n^2 + (n_A - n_D)n - n_i^2 = 0$$

mit der (positiven) Lösung

$$n = \frac{n_D - n_A + \sqrt{(n_D - n_A)^2 + 4n_i^2}}{2}. \tag{5a}$$

Entsprechend läßt sich die Konzentration $p$ gewinnen. Man erhält

$$p = \frac{n_A - n_D + \sqrt{(n_A - n_D)^2 + 4n_i^2}}{2}. \tag{5b}$$

Im Fall der $n$-Dotierung ist $n_A = 0$, und die Gln.(5a,b) liefern unter Berücksichtigung von $n_D \gg n_i$.

$$n = \frac{n_D + \sqrt{n_D^2 + 4n_i^2}}{2} \approx n_D, \tag{6a}$$

$$p = \frac{-n_D + \sqrt{n_D^2 + 4n_i^2}}{2} \approx \frac{-n_D + n_D\left[1 + \frac{1}{2}\frac{4n_i^2}{n_D^2}\right]}{2} = \frac{n_i^2}{n_D}. \tag{6b}$$

Im Fall der $p$-Dotierung ist $n_D = 0$, und die Gln.(5a,b) liefern unter Berücksichtigung von $n_A \gg n_i$

$$n = \frac{-n_A + \sqrt{n_A^2 + 4n_i^2}}{2} \approx \frac{n_i^2}{n_A}, \tag{7a}$$

$$p = \frac{n_A + \sqrt{n_A^2 + 4n_i^2}}{2} \approx n_A. \tag{7b}$$

*e)* Im Fall der $n$-Dotierung gilt

$$n_D = 4{,}5 \cdot 10^{28} \mathrm{m}^{-3}/10^6 = 4{,}5 \cdot 10^{22} \mathrm{m}^{-3}.$$

# 1. Grundlagen   Lösung 1.8

Nach den Gln.(6a,b) erhält man die Konzentrationen

$$n \approx n_D = 4{,}5 \cdot 10^{22}\,\mathrm{m}^{-3}$$

und

$$p \approx \frac{n_i^2}{n_D} = 1{,}2 \cdot 10^{16}\,\mathrm{m}^{-3}\ .$$

Hieraus folgt

$$\frac{n}{n_i} \approx \frac{n_D}{n_i} = 1{,}96 \cdot 10^3 \qquad \text{und} \qquad \frac{n}{p} \approx \frac{n_D^2}{n_i^2} = 3{,}8 \cdot 10^6\ .$$

Für die Leitfähigkeit ergibt sich

$$\kappa = n(-e)b_n + peb_p$$
$$\approx 2{,}7 \cdot 10^3\,\mathrm{Sm}^{-1} + 3{,}4 \cdot 10^{-4}\,\mathrm{Sm}^{-1} \approx 2{,}7 \cdot 10^3\,\mathrm{Sm}^{-1}\ .$$

Im Fall der $p$-Dotierung gilt

$$n_A = 4{,}5 \cdot 10^{22}\,\mathrm{m}^{-3}\ .$$

Nach den Gln.(7a,b) erhält man die Konzentrationen

$$n \approx \frac{n_i^2}{n_A} = 1{,}2 \cdot 10^{16}\,\mathrm{m}^{-3}$$

und

$$p \approx n_A = 4{,}5 \cdot 10^{22}\,\mathrm{m}^{-3}\ .$$

Hieraus folgt

$$\frac{p}{n_i} \approx 1{,}96 \cdot 10^3 \qquad \text{und} \qquad \frac{p}{n} \approx 3{,}8 \cdot 10^6\ .$$

Für die Leitfähigkeit ergibt sich

$$\kappa = n(-e)b_n + peb_p$$
$$\approx 7{,}1 \cdot 10^{-4}\,\mathrm{Sm}^{-1} + 1{,}3 \cdot 10^3\,\mathrm{Sm}^{-1} \approx 1{,}3 \cdot 10^3\,\mathrm{Sm}^{-1}\ .$$

**Aufgabe 1.9**

In einem räumlichen Bereich befinden sich Ladungsträger mit der Ladung $q$ und der Beweglichkeit $b$ in einer nur von der Koordinate $x$ abhängigen Konzentration $n(x)$. Infolge der variablen Konzentration entsteht ein Diffusionsstrom mit der Stromdichte $J^{(1)} = J_x^{(1)}(x) e_x$; hierbei ist $e_x$ der Einheitsvektor in $x$-Richtung. Es darf angenommen werden, daß sich die Ladungsträger nach den Gesetzen der kinetischen Gastheorie bewegen, d.h. daß für $J_x^{(1)}(x)$ die Beziehung

$$J_x^{(1)}(x) = -kbT\frac{dn}{dx}$$

gilt. Dabei ist $k = 1{,}381 \cdot 10^{-23}\,\text{VAsK}^{-1}$ die Boltzmannsche Konstante.[1]

Ein elektrisches Feld $E = E_x(x) e_x$, das den gesamten mit Ladungsträgern erfüllten Raum durchsetzt, bewirkt zusätzlich zu dem vom Konzentrationsgefälle herrührenden Diffusionsstrom einen Feldstrom mit der Stromdichte $J^{(2)} = J_x^{(2)}(x) e_x$. Die Summe aus diesen beiden Strömen ergibt den gesamten in $x$-Richtung fließenden Strom.

*a)* Man gebe die Stromdichte des Gesamtstroms in Abhängigkeit von den Größen $q$ und $b$, der Temperaturspannung $U_T = kT/q$ sowie von den Funktionen $n(x)$ und $E_x(x)$ an.

*b)* Man berechne die Temperaturspannung bei Zimmertemperatur ($T \approx 300\,\text{K}$) für $q = e$ ($e = 1{,}60 \cdot 10^{-19}\,\text{C}$).

**Lösung zu Aufgabe 1.9**

*a)* Es gilt

$$J_x^{(1)}(x) = -kbT\frac{dn}{dx} = -qbU_T\frac{dn}{dx}$$

und

$$J_x^{(2)}(x) = \kappa(x) E_x(x) = qbn(x)E_x(x)\,.$$

Hieraus folgt für die Stromdichte $J$ des gesamten Stroms

$$J = J^{(1)} + J^{(2)} = qb\left[-U_T\frac{dn}{dx} + n(x)E_x(x)\right] e_x\,.$$

*b)* Für die Temperaturspannung erhält man mit $T = 300\,\text{K}$ und $q = e$ den Wert $U_T = 25{,}9\,\text{mV}$.

---

[1] Die Boltzmannsche Konstante ist nicht mit der Reibungskonstante $k$ zu verwechseln, die im Zusammenhang mit der Strömung in Leitern in EN, Abschnitt 1.2.2.2 eingeführt wurde.

# Aufgabe 1.10

Bild 1.10a zeigt einen quaderförmigen Halbleiterkristall, dessen Hälften homogen dotiert sind. Die Dielektrizitätskonstante des Halbleitermaterials ist $\epsilon$. Die Akzeptorenkonzentration $n_A$ in der linken Hälfte des Kristalls ist gleich der Donatorenkonzentration $n_D$ in der rechten Hälfte. Es soll angenommen werden, daß $n_A = n_D$ groß gegenüber der Eigenleitungskonzentration $n_i$ ist und daß sämtliche Fremdatome ionisiert sind.

Infolge der Konzentrationsunterschiede am *pn*-Übergang diffundieren Löcher aus dem *p*-Gebiet ins *n*-Gebiet und Elektronen aus dem *n*-Gebiet ins *p*-Gebiet. Zurück bleiben ionisierte Fremdatome, die im *p*-Gebiet eine ortsfeste negative Raumladung und im *n*-Gebiet eine ortsfeste positive Raumladung bilden. Der größte Teil der ins jeweilige Nachbargebiet diffundierten Ladungsträger rekombiniert mit komplementären Ladungsträgern, die dort in der Überzahl vorhanden sind. In der unmittelbaren Umgebung des *pn*-Übergangs entsteht also eine Zone, die arm an beweglichen Ladungsträgern ist. Aufgrund der durch Diffusion verursachten Ladungsveränderungen entsteht ein elektrisches Feld, das einen dem Diffusionsstrom entgegengerichteten Feldstrom verursacht. Im folgenden soll das Grenzgebiet des *pn*-Übergangs im Gleichgewichtsfall, bei dem der Diffusionsstrom und der Feldstrom sich gegenseitig aufheben, unter folgenden vereinfachenden Annahmen untersucht werden:

Die Raumladung, die durch Abwanderung beweglicher Ladungsträger ins jeweilige Nachbargebiet entstanden ist, soll auf den Bereich $-x_0 \leq x \leq x_0$ beschränkt sein. Der Beitrag der beweglichen Ladungsträger zur Raumladung soll vernachlässigt werden. Da die Breite $2x_0$ des Grenzgebiets, wie noch zu zeigen sein wird, sehr gering gegenüber den Abmessungen des Kristalls ist, kann angenommen werden, daß die elektrischen Feldlinien in *x*-Richtung verlaufen. Damit liegt im Grenzgebiet, abgesehen von seinen Rändern, ein elektrisches Feld vor, wie es bereits in Aufgabe 1.3 untersucht wurde.

*a)* Wie groß ist die Raumladungsdichte $\rho(x)$ im Grenzbereich des *pn*-Übergangs $-x_0 \leq x \leq x_0$?

*b)* Unter Verwendung des Ergebnisses von Aufgabe 1.3 soll die elektrische Feldstärke $\boldsymbol{E} = E_x(x)\boldsymbol{e}_x$ und das Potential $\varphi(x)$ mit dem Bezugswert $\varphi(-x_0) = 0$ im Intervall $-x_0 \leq x \leq x_0$ ermittelt werden.

*c)* Da sich im Gleichgewichtszustand die Konzentrationsverteilung der Löcher $p(x)$ und die Konzentrationsverteilung der Elektronen $n(x)$ zeitlich nicht ändern dürfen, muß sowohl die Gesamtstromdichte (Summe aus Feldstromdichte und Diffusionsstromdichte) der Löcher $J_p$ als auch die Gesamtstromdichte der Elektronen $J_n$ im

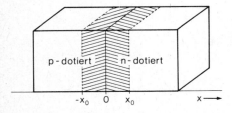

Bild 1.10a. Quaderförmiger Halbleiterkristall mit unterschiedlicher Dotierung.

Kristall räumlich konstant sein. Außerhalb des Grenzgebiets, d.h. für $x < -x_0$ und für $x > x_0$ verschwindet nach Aufgabe 1.3 die elektrische Feldstärke. Außerdem sind dort aufgrund der eingangs gemachten Voraussetzungen die Ladungsträgerkonzentrationen konstant. In diesen beiden Gebieten fließt somit weder ein Feldstrom noch ein Diffusionsstrom. Die Gesamtstromdichte als Summe aus der Feldstromdichte und der Diffusionsstromdichte ist also bei beiden Ladungsträgerarten gleich Null. Da $J_p$ und $J_n$ nach obiger Überlegung im gesamten Kristall räumlich konstant sein müssen, gilt auch im Grenzgebiet $J_p = 0$ und $J_n = 0$. Hieraus lassen sich unter Verwendung der Ergebnisse von Aufgabe 1.9 Beziehungen zwischen $E_x(x)$ und $p(x)$ sowie zwischen $E_x(x)$ und $n(x)$ herleiten. Man gebe diese beiden Beziehungen an.

d) Unter Verwendung des Ergebnisses von Teilaufgabe c soll das Potential $\varphi(x)$ mit dem Bezugswert $\varphi(-x_0) = 0$ in Abhängigkeit von der Temperaturspannung $U_T$ und von den Konzentrationsverhältnissen $p(x)/p(-x_0)$ bzw. $n(x)/n(-x_0)$ ausgedrückt werden.

e) Durch Vergleich der Ergebnisse von Teilaufgabe b und Teilaufgabe d erhält man Näherungsdarstellungen für die Funktionen $p(x)$ und $n(x)$ im Intervall $-x_0 \leq x \leq x_0$. Dabei ist zu beachten, daß wegen der eingangs getroffenen Annahmen $p(-x_0) = n_A$ und $n(x_0) = n_D$ sein muß.
Man stelle den grundsätzlichen Verlauf der Funktionen $\rho(x)$, $E_x(x)$, $\varphi(x)$, $p(x)$ und $n(x)$ in Abhängigkeit von $x$ in einem Diagramm dar.

f) Man ermittle unter Berücksichtigung der für beliebige Werte von $x$ gültigen Beziehung $p(x)n(x) = n_i^2$ die Diffusionsspannung $U_D = \varphi(x_0) - \varphi(-x_0)$ in Abhängigkeit von der Temperaturspannung $U_T$ und den Größen $n_A = n_D$ und $n_i$.

g) Man ermittle die Diffusionsspannung $U_D = \varphi(x_0) - \varphi(-x_0)$ unter Verwendung der Ergebnisse von Teilaufgabe b. Durch Vergleich mit der in Teilaufgabe f abgeleiteten Beziehung läßt sich eine Formel für die Dicke $2x_0$ des Grenzgebiets ableiten, das infolge der geringen Konzentration an beweglichen Ladungsträgern als Sperrschicht bezeichnet wird. Wie groß ist die Diffusionsspannung und die Sperrschichtdicke bei $T = 300$ K für Germanium ($n_A = n_D = 2{,}3 \cdot 10^{22}\,\text{m}^{-3}$, $n_i = 2{,}3 \cdot 10^{19}\,\text{m}^{-3}$, $\epsilon/\epsilon_0 = 16$) und für Silizium ($n_A = n_D = 1{,}5 \cdot 10^{22}\,\text{m}^{-3}$, $n_i = 1{,}5 \cdot 10^{16}\,\text{m}^{-3}$, $\epsilon/\epsilon_0 = 12$)?

h) Unter der Sperrschichtkapazität $C$ versteht man den Quotienten $Q/U_D$. Dabei ist $Q$ die gesamte Raumladung des $n$-dotierten Teils im Bereich $0 \leq x \leq x_0$. Man zeige, daß

$$C = \frac{\epsilon A}{x_0}$$

gilt, wobei $A$ die Querschnittsfläche des Halbleiters bedeutet. Man ermittle mit den in Teilaufgabe g berechneten Zahlenwerten die auf $A$ bezogene Sperrschichtkapazität für Germanium und Silizium.

## Lösung zu Aufgabe 1.10

*a)* Da im Grenzgebiet $-x_0 \leqslant x \leqslant x_0$ der Beitrag der beweglichen Ladungsträger zur Raumladung vernachlässigt werden darf, bilden praktisch nur die positiv bzw. negativ geladenen Atomrümpfe der Donatoren und Akzeptoren im Bereich $-x_0 \leqslant x \leqslant x_0$ die Raumladung. Für die Raumladungsdichte ergibt sich somit

$$\rho(x) = \begin{cases} -n_A e = -n_D e & \text{für} \quad -x_0 \leqslant x \leqslant 0, & (1a) \\ \\ n_D e & \text{für} \quad 0 < x \leqslant x_0. & (1b) \end{cases}$$

*b)* Nach Aufgabe 1.3 gilt für die Komponente $E_x(x)$ der elektrischen Feldstärke (mit $e$ als Elementarladung)

$$E_x(x) = \begin{cases} -\dfrac{n_D e}{\epsilon}(x + x_0) & \text{für} \quad -x_0 \leqslant x \leqslant 0, & (2a) \\ \\ \dfrac{n_D e}{\epsilon}(x - x_0) & \text{für} \quad 0 < x \leqslant x_0. & (2b) \end{cases}$$

Hieraus folgt für das Potential

$$\varphi(x) = -\int_{-x_0}^{x} E_x(\xi)\,d\xi$$

die Darstellung

$$\varphi(x) = \begin{cases} \dfrac{n_D e}{2\epsilon}(x + x_0)^2 & \text{für} \quad -x_0 \leqslant x \leqslant 0, & (3a) \\ \\ \dfrac{n_D e}{2\epsilon}(-x^2 + 2x_0 x + x_0^2) & \text{für} \quad 0 < x \leqslant x_0. & (3b) \end{cases}$$

*c)* Für die Gesamtstromdichte der Löcher, die sich aus einem Diffusions- und einem Feldanteil zusammensetzt, ergibt sich nach Aufgabe 1.9, Teilaufgabe *a*

$$J_p = \left[ -k b_p T \frac{dp}{dx} + e b_p p(x) E_x(x) \right] e_x. \qquad (4a)$$

Dabei bedeutet $k$ die Boltzmannsche Konstante, $b_p$ die Löcherbeweglichkeit, $T$ die absolute Temperatur und $e$ die Elementarladung. Entsprechend erhält man für die Gesamtstromdichte der Elektronen mit der Beweglichkeit $b_n$

$$J_n = \left[ -kb_n T \frac{dn}{dx} - eb_n n(x) E_x(x) \right] e_x . \tag{4b}$$

Da $J_p$ und $J_n$ gleich Null sein müssen, ergeben sich aus den Gln.(4a,b) zwei Beziehungen, die mit der Temperaturspannung $U_T = kT/e$ auf die Form

$$E_x(x) = U_T \frac{\frac{dp}{dx}}{p(x)} \tag{5a}$$

bzw.

$$E_x(x) = -U_T \frac{\frac{dn}{dx}}{n(x)} \tag{5b}$$

gebracht werden können.

*d*) Durch Integration der Gln.(5a,b) ergeben sich unter Berücksichtigung der Randbedingung $\varphi(-x_0) = 0$ die Beziehungen

$$\varphi(x) = -\int_{-x_0}^{x} U_T \frac{\frac{dp}{d\xi}}{p(\xi)} d\xi = -U_T \ln \frac{p(x)}{p(-x_0)} \tag{6a}$$

und

$$\varphi(x) = \int_{-x_0}^{x} U_T \frac{\frac{dn}{d\xi}}{n(\xi)} d\xi = U_T \ln \frac{n(x)}{n(-x_0)} . \tag{6b}$$

*e*) Berücksichtigt man in den Gln.(6a,b), daß $n(x_0) = p(-x_0) = n_A = n_D$ gilt und daß das Potential $\varphi(x)$ im Intervall $-x_0 \leqslant x \leqslant x_0$ durch die Gln.(3a,b) gegeben ist, dann erhält man

$$p(x) = \frac{n_i^2}{n(x)} = \begin{cases} n_D e^{-\frac{n_D e}{2\epsilon U_T}(x+x_0)^2} & (-x_0 \leqslant x \leqslant 0), \tag{7a} \\ n_D e^{-\frac{n_D e}{2\epsilon U_T}(-x^2+2x_0 x + x_0^2)} & (0 \leqslant x \leqslant x_0). \tag{7b} \end{cases}$$

Das Bild 1.10b zeigt den grundsätzlichen Verlauf der Funktionen $\rho(x)$, $E_x(x)$, $\varphi(x)$, $p(x)$ und $n(x)$, die durch die Gln.(1a,b), (2a,b), (3a,b) und (7a,b) gegeben sind.

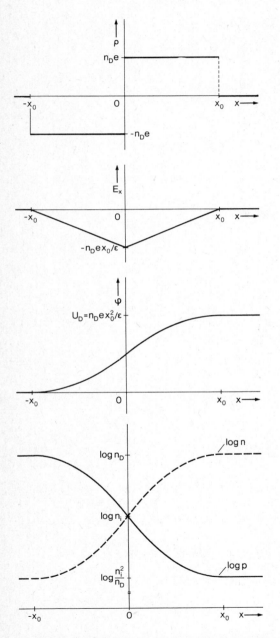

Bild 1.10b. Verlauf der Raumladungsdichte, der elektrischen Feldstärke, des Potentials und der Elektronen- bzw. Löcherkonzentration in Abhängigkeit von $x$.

*f)* Da $\varphi(-x_0) = 0$ ist, gilt für die Diffusionsspannung

$$U_D = \varphi(x_0) \, .$$

Aus Gl.(6a) oder Gl.(6b) ergibt sich wegen

$$p(x_0) = \frac{n_i^2}{n(x_0)} \quad \text{bzw.} \quad n(-x_0) = \frac{n_i^2}{p(-x_0)}$$

die Beziehung

$$U_D = U_T \ln \frac{n(x_0) \, p(-x_0)}{n_i^2} \, ,$$

woraus mit $n(x_0) = p(-x_0) = n_D$ schließlich

$$U_D = 2 U_T \ln \frac{n_D}{n_i} \tag{8}$$

folgt.

*g)* Für die Diffusionsspannung $U_D = \varphi(x_0)$ erhält man aus Gl.(3b)

$$U_D = \frac{n_D \, e \, x_0^2}{\epsilon} \, . \tag{9}$$

Die Gln.(8) und (9) liefern nun für die Sperrschichtdicke

$$2 x_0 = 2 \sqrt{\frac{2 \epsilon U_T}{n_D e} \ln \frac{n_D}{n_i}} \, . \tag{10}$$

Mit der Temperaturspannung $U_T = kT/e = 25{,}9 \, \text{mV}$ für $T = 300$ K ergibt sich bei Germanium aufgrund der Gln.(8) und (10) $U_D = 358 \, \text{mV}$ bzw. $2 x_0 = 2{,}35 \cdot 10^{-7} \, \text{m}$, bei Silizium entsprechend $U_D = 716 \, \text{mV}$ und $2 x_0 = 3{,}56 \cdot 10^{-7} \, \text{m}$.

*h)* Mit $Q = n_D e A x_0$ und $U_D$ nach Gl.(9) erhält man die Sperrschichtkapazität

$$C = \frac{Q}{U_D} = \frac{n_D \, e A x_0 \epsilon}{n_D \, e \, x_0} = \frac{\epsilon A}{x_0} \, .$$

Hieraus folgt für die auf die Querschnittsfläche bezogene Sperrschichtkapazität bei Germanium der Wert $C/A = 1{,}21 \cdot 10^{-3} \, \text{F/m}^2$, bei Silizium $C/A = 5{,}97 \cdot 10^{-4} \, \text{F/m}^2$.

# Aufgabe 1.11

In einem zylindrischen, unendlich langen Leiter mit kreisförmigem Querschnitt fließt nach Bild 1.11a ein konstanter Strom $I$. Die Strömung ist gleichmäßig über den Querschnitt mit dem Radius $r_0$ verteilt, so daß die Stromdichte gleich $I/(\pi r_0^2)$ ist. Der Strom ruft im gesamten Raum, in dem außer dem stromdurchflossenen Leiter keine Materie vorhanden ist, ein magnetisches Feld hervor. In jedem Punkt $P$ des Raumes mit dem Abstand $r$ von der Leiterachse hat die magnetische Induktion $B$ folgende Eigenschaften: Ihre Komponente in Richtung des Einheitsvektors $e_z$ verschwindet; die Komponenten in Richtung der Einheitsvektoren $e_r$ und $e_a$ dürfen aus Symmetriegründen nur von $r$ abhängen.

$a$) Man zeige, daß wegen der Gültigkeit der Grundgleichung

$$\oiint_A B \cdot dA = 0 \tag{1}$$

die magnetische Induktion $B$ nur eine Komponente in Richtung von $e_a$ haben kann. Bei der Anwendung dieser Grundgleichung ist es zweckmäßig, als Hüllfläche $A$ die Oberfläche eines geraden Kreiszylinders von beliebiger Höhe anzunehmen, dessen Achse mit der Leiterachse ($z$-Achse) zusammenfällt und der den Radius $r$ besitzt.

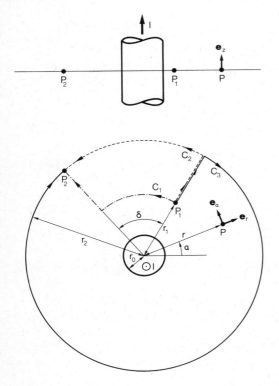

Bild 1.11a. Zylindrischer, unendlich langer Leiter mit kreisförmigem Querschnitt, der von einem Gleichstrom $I$ durchflossen wird.

b) Welchen Verlauf haben die magnetischen Feldlinien?

c) Mit Hilfe des Durchflutungsgesetzes berechne man die magnetische Induktion $B$ für einen beliebigen Punkt $P$ außerhalb des Leiters mit dem Abstand $r$ von der Leiterachse. Dabei ist für die Auswertung des Integrals

$$\oint_C \frac{B}{\mu} \cdot dr = I$$

die Feldlinie durch den Punkt $P$ als geschlossener Integrationsweg zu wählen.

d) Man berechne in entsprechender Weise $B$ im Innern und auf dem Rand des Leiters.

e) Zwischen den beiden Punkten $P_1$ und $P_2$, die in einer Ebene senkrecht zur Leiterachse liegen (Bild 1.11a), berechne man das Linienintegral

$$\int_{P_1}^{P_2} B \cdot dr$$

längs der Integrationswege $C_1, C_2$ und $C_3$.

f) Läßt man bei festem Wert $I$ den Radius $r_0$ gegen Null streben, so erhält man einen unendlich langen geraden Linienstrom. Man beschreibe sein magnetisches Feld.

**Lösung zu Aufgabe 1.11**

a) Aus Symmetriegründen läßt sich die magnetische Induktion in einem beliebigen Punkt $P$ (Bild 1.11a) in der Form

$$B = B_r(r) e_r + B_a(r) e_a \qquad (2)$$

ausdrücken. Dabei sind $e_r$ und $e_a$ Einheitsvektoren, deren Richtung vom Winkel $a$ abhängt.

Zur Auswertung von Gl.(1) wird als Integrationsfläche $A$ die Oberfläche eines geraden Kreiszylinders mit der Höhe $h$, dem Radius $r$ und der $z$-Achse als Zylinderachse angenommen. Da die magnetische Induktion $B$ nach Gl.(2) von der Koordinate $z$ unabhängig ist, wird für die Integration auf dem Zylindermantel das vektorielle Flächenelement

$$dA = h r \, da \, e_r \qquad (3)$$

gewählt, das einem zur $z$-Achse parallelen Streifen des Zylindermantels von der Länge $h$ und der Breite $r\,\mathrm{d}a$ zugeordnet ist. Für die Flächenelemente des Zylindermantels ergibt sich aus den Gln.(2) und (3)

$$\boldsymbol{B} \cdot \mathrm{d}\boldsymbol{A} = B_r(r)hr\,\mathrm{d}a \;,$$

wenn man die Beziehungen $\boldsymbol{e}_r \cdot \boldsymbol{e}_r = 1$ und $\boldsymbol{e}_a \cdot \boldsymbol{e}_r = 0$ beachtet. Andererseits erhält man für die Boden- und Deckelfläche des Zylinders

$$\mathrm{d}\boldsymbol{A} = \mathrm{d}A(-\boldsymbol{e}_z) \qquad \text{bzw.} \qquad \mathrm{d}\boldsymbol{A} = \mathrm{d}A\,\boldsymbol{e}_z \;,$$

also wegen Gl.(2)

$$\boldsymbol{B} \cdot \mathrm{d}\boldsymbol{A} = 0 \;,$$

wenn man die Beziehungen $\boldsymbol{e}_r \cdot \boldsymbol{e}_z = 0$ und $\boldsymbol{e}_a \cdot \boldsymbol{e}_z = 0$ berücksichtigt. Da der Beitrag der Boden- und Deckelfläche zum Integral in Gl.(1) gleich Null ist, ergibt sich

$$\oiint \boldsymbol{B} \cdot \mathrm{d}\boldsymbol{A} = \int_0^{2\pi} B_r(r)hr\,\mathrm{d}a = B_r(r)2\pi hr \;.$$

Damit folgt aus Gl.(1)

$$B_r(r) = 0 \;, \qquad \text{d.h.} \qquad \boldsymbol{B} = B_a(r)\,\boldsymbol{e}_a{}^{[1]}) \;.$$

b) Da die magnetische Induktion $\boldsymbol{B}$ stets tangential zu den magnetischen Feldlinien gerichtet ist, müssen aufgrund der Ergebnisse von Teilaufgabe $a$ die Feldlinien konzentrische Kreise um die $z$-Achse sein.

---

[1]) Die in der Aufgabenstellung ausgesprochene Behauptung, daß die $z$-Komponente des magnetischen Feldes im gesamten Raum verschwindet, läßt sich folgendermaßen begründen: Man wählt eine rechteckige Kurve $C$, bei der zwei Seiten parallel zur $z$-Achse verlaufen, und wendet das Durchflutungsgesetz auf die magnetische Induktion $\boldsymbol{B}$ bezüglich $C$ an. Dabei zeigt sich, daß die $z$-Komponente von $\boldsymbol{B}$ im gesamten Raum konstant sein muß. Für diese Konstante kommt nur der Wert Null in Frage, wenn man davon ausgeht, daß in beliebig großer Entfernung von der Leiterachse das Feld gegen Null strebt.

c) Zwischen der von der Kurve $C$ (Bild 1.11b) umschlossenen elektrischen Strömung (Durchflutung) $\Theta$ und der magnetischen Induktion $B$ längs der Kurve $C$ besteht der Zusammenhang

$$\oint_C \frac{B}{\mu_0} \cdot dr = \Theta .\qquad(4)$$

Dabei müssen die Bezugsrichtung von $\Theta$ und die Orientierung des geschlossenen Weges $C$ eine Rechtsschraube bilden.
Da $C$ im Abstand $r > r_0$ von der $z$-Achse außerhalb des Leiters verläuft, ist bei der im Bild 1.11b festgelegten Orientierung des Weges $C$ die Durchflutung $\Theta$ gleich $I$. Die Auswertung der Gl.(4) liefert somit

$$\oint_C \frac{B}{\mu_0} \cdot dr = \int_0^{2\pi} \frac{B_a(r)}{\mu_0} e_a \cdot e_a r \, da = \frac{B_a(r)}{\mu_0} 2\pi r = I ,$$

woraus

$$B_a(r) = \frac{\mu_0 I}{2\pi} \frac{1}{r}, \qquad \text{also} \qquad B = \frac{\mu_0 I}{2\pi} \frac{1}{r} e_a \qquad \text{für} \qquad r > r_0 \qquad (5)$$

folgt.

d) Bei der Berechnung der magnetischen Induktion $B$ im Innern des Leiters, d.h. für $r < r_0$, ist zu beachten, daß der Integrationsweg $C$ nur einen Teil der über den gesam-

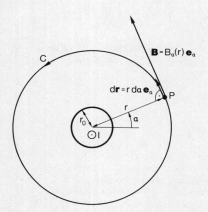

Bild 1.11b. Zur Bestimmung der magnetischen Induktion mit Hilfe des Durchflutungsgesetzes.

ten Leiterquerschnitt gleichmäßig verteilten elektrischen Strömung umschließt. Es gilt nun

$$\Theta = \frac{I}{\pi r_0^2}\pi r^2 = \left(\frac{r}{r_0}\right)^2 I. \tag{6}$$

Für die magnetische Induktion $B$ in irgendeinem Punkt des Weges $C$ erhält man demzufolge, wenn man in Gl.(5) $I$ durch $\Theta$ und $\mu_0$ durch $\mu$ ersetzt,

$$B = \frac{\mu I}{2\pi}\frac{r}{r_0^2}e_a \qquad (r < r_0).$$

Auf dem Rand des Leiters gilt

$$B = \frac{\mu I}{2\pi}\frac{1}{r_0}e_a.$$

Im Innern des Leiters steigt also der Betrag der magnetischen Induktion $B$ mit dem Abstand $r$ von der $z$-Achse linear an und erreicht auf dem Rand des Leiters sein Maximum. Beim Übergang zum Außenraum tritt im allgemeinen eine Unstetigkeit[2]) in der magnetischen Induktion auf, da im Leiterquerschnitt die Permeabilität den Wert $\mu = \mu_r\mu_0$, im Außenraum dagegen den Wert $\mu_0$ besitzt. Mit wachsendem $r$ geht $B_a(r)$ proportional zu $1/r$ gegen den Wert Null (Bild 1.11c).

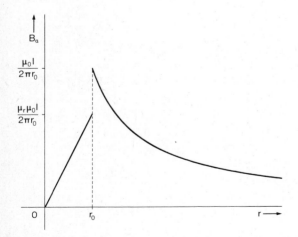

Bild 1.11c. Verlauf der magnetischen Induktion in Abhängigkeit von $r$ für den Fall $\mu_r < 1$.

---

[2]) Bei den meisten Leitermaterialien ist diese Unstetigkeit außerordentlich klein.

e) Bei der Integration von $B$ längs des Weges $C_1$ empfiehlt es sich, das Integral in die Summe zweier Teile aufzuspalten, nämlich in die Summe aus dem Teilintegral längs des Kreisbogenstücks von $C_1$ und dem Teilintegral längs des geraden Wegstücks von $C_1$. Da der Integrand $B$ im zweiten Teilintegral beständig senkrecht zu $\mathrm{d}r$ steht, ist dieses Teilintegral gleich Null, und man erhält für das Gesamtintegral längs des Weges $C_1$

$$J_1 = \int_{P_1}^{P_2} \boldsymbol{B}\cdot\mathrm{d}\boldsymbol{r} = \int_{a_0}^{a_0+\delta} \frac{\mu_0 I}{2\pi r_1} \boldsymbol{e}_a\cdot\boldsymbol{e}_a r_1\,\mathrm{d}a = \frac{\mu_0 I}{2\pi}\delta\,.$$

Dabei ist $a_0$ der Polarwinkel des Punktes $P_1$. Entsprechend lassen sich die Linienintegrale von $P_1$ nach $P_2$ längs der Wege $C_2$ und $C_3$ vereinfachen. Man erhält

$$J_2 = \int_{a_0}^{a_0+\delta} \frac{\mu_0 I}{2\pi r_2} \boldsymbol{e}_a\cdot\boldsymbol{e}_a r_2\,\mathrm{d}a = \frac{\mu_0 I}{2\pi}\delta = J_1$$

und

$$J_3 = \int_{a_0}^{a_0+\delta-2\pi} \frac{\mu_0 I}{2\pi r_2} \boldsymbol{e}_a\cdot\boldsymbol{e}_a r_2\,\mathrm{d}a = \frac{\mu_0 I}{2\pi}(\delta - 2\pi) \neq J_1\,.$$

Wie man sieht, ist der Integralwert vom Integrationsweg abhängig. Der Unterschied ist darauf zurückzuführen, daß die Wege $C_1$ und $C_2$ die $z$-Achse im Gegenuhrzeigersinn umschließen, während $C_3$ die $z$-Achse im Uhrzeigersinn umläuft.

f) Die in Teilaufgabe $c$ abgeleitete, für $r > r_0$ gültige Beziehung gilt nun für $r > 0$. Es ergibt sich also das rotationssymmetrische Feld

$$\boldsymbol{B} = \frac{\mu_0 I}{2\pi r}\boldsymbol{e}_a \quad\text{für}\quad r > 0,$$

dessen Feldlinien zur $z$-Achse konzentrische Kreise sind.

## Aufgabe 1.12

Ein zeitabhängiger Strom $i$ wird gemäß Bild 1.12a in einem geschlossenen Draht geführt. Ein elektrisches Feld sei nicht vorhanden. Man gebe den Wert des Linienintegrals

$$\oint_C \frac{B}{\mu} \cdot d\boldsymbol{r}$$

an. Dabei bedeutet $C$ die im Bild 1.12a dargestellte geschlossene Raumkurve.

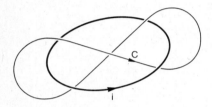

Bild 1.12a. Stromdurchflossener Draht und geschlossene Raumkurve $C$.

## Lösung zu Aufgabe 1.12

Man denke sich die Kurve $C$ derart verformt, daß eine ebene Kurve $C'$ entsteht und dabei die Verschlingung mit dem Strom $i$ erhalten bleibt. Auf diese Weise entsteht die im Bild 1.12b dargestellte Anordnung, und es gilt nach dem Durchflutungsgesetz

$$\oint_C \frac{B}{\mu} \cdot d\boldsymbol{r} = \oint_{C'} \frac{B}{\mu} \cdot d\boldsymbol{r} = -2i \, ,$$

weil beide Kurven $C$ und $C'$ die gleiche elektrische Strömung $\Theta = -2i$ umschließen.

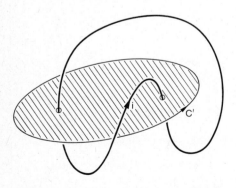

Bild 1.12b. Verformung des stromdurchflossenen Drahtes und der Kurve $C$ von Bild 1.12a ohne Änderung der gegenseitigen Verschlingung dieser beiden Gebilde.

# Aufgabe 1.13

Ein unendlich langer geradliniger Leiter wird im Vakuum von einem zeitabhängigen Strom $i$ durchflossen (Bild 1.13a). Die zeitliche Änderung des Stroms sei so gering, daß die im Raum vorhandene magnetische Induktion $B$ wie bei einem zeitunabhängigen Strom berechnet werden darf[1]).

a) Welcher magnetische Fluß $\Phi$ wird von einem nach Bild 1.13a rechteckig gebogenen Draht mit den Seitenlängen $a$ und $b$ umfaßt, wenn der stromführende Leiter in der gleichen Ebene liegt wie das Rechteck und parallel im Abstand $c$ zu einer Rechteckseite verläuft?

b) Welche Spannung $u_{12}$ wird zwischen den sehr nahe beieinander liegenden Endpunkten 1 und 2 der Drahtschleife induziert? Man berechne $u_{12}$ speziell für $i = I \sin \omega_0 t$.

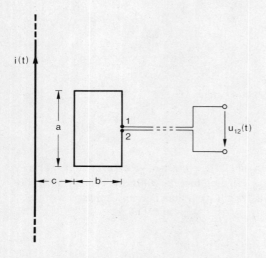

Bild 1.13a. Induktion einer Spannung in einer rechteckig gebogenen Drahtschleife durch einen geradlinigen zeitabhängigen Strom.

---

[1]) Die zeitliche Änderung eines magnetischen Feldes hat nach dem Induktionsgesetz ein im allgemeinen ebenfalls zeitlich veränderliches elektrisches Feld zur Folge. Der zeitliche Differentialquotient des elektrischen Feldes liefert zusätzlich zum elektrischen Strom einen additiven Beitrag zur Durchflutung $\Theta$, so daß sich nach Grundgleichung (1.13) aus EN eine Rückwirkung auf das magnetische Feld ergibt. Ändert sich die magnetische Induktion nur sehr langsam, dann ist die elektrische Feldstärke so klein, daß die Rückwirkung vernachlässigt werden kann. Man spricht dann von quasistationären Vorgängen.

**Lösung zu Aufgabe 1.13**

a) Nach Aufgabe 1.11 läßt sich die magnetische Induktion $\boldsymbol{B}$ in jedem Punkt der Rechteckfläche $A$ in der Form

$$\boldsymbol{B} = \frac{\mu_0 i}{2\pi r} \boldsymbol{n}$$

ausdrücken. Dabei bezeichnet $r$ den Abstand des betreffenden Punktes vom stromführenden Leiter und $\boldsymbol{n}$ einen Einheitsvektor senkrecht zur Fläche $A$, dessen Richtung mit der Zählrichtung für den Strom $i$ im Sinne einer Rechtsschraube verknüpft ist. Zur Berechnung des magnetischen Flusses

$$\Phi = \iint\limits_A \boldsymbol{B} \cdot \mathrm{d}\boldsymbol{A} \tag{1}$$

wird die Fläche $A$ gemäß Bild 1.13b in rechteckige Flächenstückchen der Länge $a$ und der infinitesimalen Breite $\mathrm{d}r$ mit

$$\mathrm{d}\boldsymbol{A} = a\,\mathrm{d}r\,\boldsymbol{n}$$

als zugehörigem vektoriellem Flächenelement zerlegt. Aus Gl.(1) folgt dann wegen $\boldsymbol{n} \cdot \boldsymbol{n} = 1$ für den magnetischen Fluß

$$\Phi = \frac{\mu_0 a i}{2\pi} \int_c^{c+b} \frac{\mathrm{d}r}{r} = \frac{\mu_0 a i}{2\pi} \ln\left(1 + \frac{b}{c}\right). \tag{2}$$

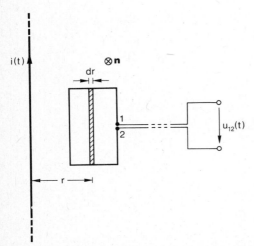

Bild 1.13b. Zur Berechnung des magnetischen Flusses, der von der Drahtschleife umfaßt wird.

*b*) Aufgrund des Induktionsgesetzes erhält man zwischen den Endpunkten der Drahtschleife die Spannung

$$u_{12} = \frac{d\Phi}{dt}$$

oder mit Gl.(2)

$$u_{12} = \frac{\mu_0 a}{2\pi} \ln\left(1 + \frac{b}{c}\right) \frac{di}{dt}.$$

Dieses Ergebnis liefert für $i = I \sin \omega_0 t$ speziell

$$u_{12} = \frac{\mu_0 a \omega_0 I}{2\pi} \ln\left(1 + \frac{b}{c}\right) \cos \omega_0 t.$$

# 1. Grundlagen  Aufgabe 1.14

**Aufgabe 1.14**

Ein unendlich langer, sehr dünner, geradliniger Leiter, der von einem Gleichstrom $I$ durchflossen wird, befindet sich in einem magnetischen Feld, dessen Induktion in jedem Punkt des Leiters durch den gleichen Vektor $\boldsymbol{B}$ gegeben ist.

*a)* Man zeige, daß auf ein Leiterstück der Länge $l$ die Kraft

$$\boldsymbol{F} = I(\boldsymbol{l} \times \boldsymbol{B}) \tag{1}$$

ausgeübt wird. Dabei bedeutet $\boldsymbol{l}$ den Vektor der Länge $l$ in Zählrichtung des Leiterstroms (Richtung der $z$-Achse). Bei der Herleitung dieser Beziehung ist zu berücksichtigen, daß eine Punktladung $q$, die sich mit der Geschwindigkeit $\boldsymbol{v}$ in einem magnetischen Feld mit der Induktion $\boldsymbol{B}$ bewegt, die Kraft $\boldsymbol{F}_q = q(\boldsymbol{v} \times \boldsymbol{B})$ erfährt.

*b)* Wird das magnetische Feld durch einen zweiten, vom Gleichstrom $I_0$ durchflossenen Leiter erzeugt, der parallel zum ersten im Abstand $a$ verläuft, so läßt sich mit Hilfe der Ergebnisse von Teilaufgabe *a* und Aufgabe 1.11 die Kraft berechnen, welche längs eines Leiterstücks der Länge $l$ wirkt. Man ermittle diese Kraft unter der Voraussetzung, daß im gesamten Raum die Permeabilität $\mu$ gleich der magnetischen Feldkonstante $\mu_0$ ist.

*c)* Wie groß ist die Kraft für die Zahlenwerte $I = I_0 = 1\text{A}, a = 1\text{m}$ und $l = 1\text{m}$?

**Lösung zu Aufgabe 1.14**

*a)* Der Strom $I$ entsteht durch gleichförmige Bewegung von Ladungsträgern mit der Einzelladung $q$ und der Geschwindigkeit $\boldsymbol{v} = v\boldsymbol{e}_z$. Dabei ist $\boldsymbol{e}_z$ der Einheitsvektor auf der $z$-Achse in Zählrichtung des Stromes. Bezeichnet man mit $n$ die Ladungsträgerkonzentration und mit $A$ den Flächeninhalt des Leiterquerschnitts, dann ist die Zahl der im Leiterstück der Länge $l$ sich mit der Geschwindigkeit $v$ bewegenden Ladungsträger $nAl$. Daher wird auf dieses Leiterstück die Kraft

$$\boldsymbol{F} = nAlq(\boldsymbol{v} \times \boldsymbol{B}) \tag{2}$$

ausgeübt. Da, wie aus EN, Abschnitt 1.2.2.2 hervorgeht, $vAnq$ gleich der Stromstärke $I$ ist, läßt sich durch die Substitutionen $\boldsymbol{v} = v\boldsymbol{e}_z$, $vAnq = I$ und $l\boldsymbol{e}_z = \boldsymbol{l}$ die Gl.(2) direkt auf die Form der Gl.(1) bringen.

*b)* Ein Strom $I_0$, der durch einen parallel im Abstand $a$ zur $z$-Achse verlaufenden Leiter fließt, ruft nach Aufgabe 1.11 längs der $z$-Achse, d.h. entlang dem vom Strom $I$ durchflossenen Leiter, die magnetische Induktion

$$\boldsymbol{B} = \frac{\mu_0 I_0}{2\pi a}\boldsymbol{e}_a \tag{3}$$

hervor. Dabei ist $\boldsymbol{e}_a$ ein Einheitsvektor, der senkrecht auf der durch die beiden Leiterachsen bestimmten Ebene steht und mit der Zählrichtung für den Strom $I_0$ im Sinne einer Rechtsschraube verknüpft ist. Mit Gl.(3) und $\boldsymbol{l} = l\boldsymbol{e}_z$ ergibt sich aus Gl.(1) die Kraft

$$\boldsymbol{F} = \frac{\mu_0 I_0 Il}{2\pi a} \boldsymbol{e}_r , \qquad (4)$$

wenn man den Einheitsvektor $\boldsymbol{e}_r = \boldsymbol{e}_z \times \boldsymbol{e}_a$ einführt. Dieses Ergebnis entspricht der Gl.(1.14) in EN.

c) Für $I = I_0 = 1\,\text{A}, a = l = 1\,\text{m}$ und $\mu_0 = 4\pi \cdot 10^{-7} \text{N/A}^2$ erhält man aus Gl.(4)

$$\boldsymbol{F} = 2 \cdot 10^{-7} \text{N}\,\boldsymbol{e}_r .$$

## Aufgabe 1.15

Zur Berechnung der Windungszahl $w$ einer Spule mit vorgegebenem Ferrit-Schalenkern und vorgeschriebenem Induktivitätswert $L$ wird der sogenannte $A_L$-Wert verwendet. Er gibt für einen Kern von bestimmtem Material und bestimmten Abmessungen die Induktivität einer aus einer einzigen Windung erzeugten Spule an und stellt somit eine charakteristische Größe für jeden Kerntyp dar.

Die Induktivität der Ferritkern-Spule läßt sich entsprechend der in EN für die Ringspule abgeleiteten Gl.(1.19) darstellen. Die dort auftretenden Größen $A, l$ und $\mu$ sind hierbei durch die effektiven Größen des Schalenkerns $A_e, l_e$ und $\mu_e$ zu ersetzen.

*a*) Wie kann der $A_L$-Wert aus dem effektiven magnetischen Querschnitt $A_e$, der effektiven magnetischen Feldlinienlänge $l_e$ und der effektiven[1]) Permeabilität $\mu_e$ berechnet werden?

*b*) Man ermittle den $A_L$-Wert eines Ferrit-Schalenkerns mit den Daten $A_e = 0{,}63\,\text{cm}^2$, $l_e = 3{,}15\,\text{cm}$ und $\mu_e = 99{,}5\,\mu_0$. Wieviele Windungen sind erforderlich, um die Induktivität $L = 100\,\mu\text{H}$ zu erzielen?

### Lösung zu Aufgabe 1.15

*a*) Gemäß EN, Gl.(1.19) gilt für die Induktivität einer Ringspule

$$L = w^2 \frac{A\mu}{l}.$$

Für eine Ringspule mit nur einer Windung erhält man also

$$L\bigg|_{w=1} = A_L = \frac{A\mu}{l}.$$

Da es sich im vorliegenden Fall um eine Spule mit Ferrit-Schalenkern handelt, muß

$$A_L = \frac{A_e \mu_e}{l_e}$$

geschrieben werden. Ein Vergleich mit EN, Gl.(1.29) zeigt, daß die Konstante $A_L$, für die auch die Bezeichnung Induktivitätsfaktor verwendet wird, die Bedeutung eines magnetischen Leitwerts hat.

*b*) Aufgrund der Ergebnisse von Teilaufgabe *a* erhält man für die gegebenen Zahlenwerte

$$A_L = \frac{0{,}63\,\text{cm}^2 \cdot 99{,}5 \cdot 12{,}57\,\text{nH/cm}}{3{,}15\,\text{cm}} \approx 250\,\text{nH}.$$

Aus der Beziehung $L = w^2 A_L$ ergibt sich

$$w = \sqrt{\frac{100 \cdot 10^{-6}}{250 \cdot 10^{-9}}} = 20.$$

---

[1]) Bei Spulenkernen mit Luftspalt spricht man gewöhnlich von „gescherter" Permeabilität.

## Aufgabe 1.16

In welchem Abstand $d$ müssen sich zwei 1-Pfennig-Münzen (Durchmesser $D = 1,65$ cm) im Vakuum parallel gegenüberstehen, damit sie einen Plattenkondensator mit der Kapazität $C = 1$ pF bilden? Das elektrische Feld zwischen den Münzen sei näherungsweise homogen angenommen, das Randfeld soll vernachlässigt werden.

### Lösung zu Aufgabe 1.16

Nach EN, Abschnitt 1.3.3 gilt

$$C = \frac{\epsilon_0 \pi D^2}{4d} .$$

Löst man diese Gleichung nach der gesuchten Größe $d$ auf, so ergibt sich mit den vorgegebenen Zahlenwerten

$$d = \frac{\epsilon_0 \pi D^2}{4C} = \frac{0,08854 \frac{\text{pF}}{\text{cm}} \cdot \pi \cdot 1,65^2 \text{ cm}^2}{4 \cdot 1 \text{pF}} \approx 1,9 \text{ mm} .$$

## Aufgabe 1.17

Durch eine Kapazität $C$, deren Spannung für $t \leq 0$ verschwindet, fließt von $t = 0$ an der Strom

$$i(t) = I \sin \omega_0 t.$$

a) Man ermittle die Spannung $u(t)$ an der Kapazität für $t \geq 0$.

b) Man skizziere den Verlauf der Funktionen $u(t)$ und $i(t)$ für $t \geq 0$.

### Lösung zu Aufgabe 1.17

a) Da die Spannung $u(t)$ für $t \leq 0$ verschwindet, erhält man nach EN, Gl.(1.21b) für $t \geq 0$

$$u(t) = \frac{I}{C} \int_0^t \sin \omega_0 \tau \, d\tau = \frac{I}{\omega_0 C} (1 - \cos \omega_0 t).$$

b) Das Bild 1.17 zeigt den grundsätzlichen Verlauf der beiden Funktionen $u(t)$ und $i(t)$ für $t \geq 0$.

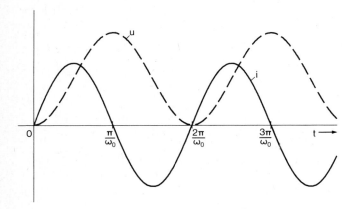

Bild 1.17. Zeitlicher Verlauf von Spannung und Strom an einer Kapazität.

## Aufgabe 1.18

Die Spannung $U_a$ an den äußeren Klemmen eines idealen Gleichstromgenerators ist nach EN, Abschnitt 1.3.4 proportional dem Produkt $B\omega$. Dabei ist $B$ die wirksame Komponente der magnetischen Induktion $B$ und $\omega$ die Winkelgeschwindigkeit des Ankers.

Verbindet man die äußeren Klemmen des Gleichstromgenerators mit den Klemmen eines ohmschen Widerstands $R$, so fließt durch die Ankerwicklung ein Gleichstrom $I_a$. Infolge der Kraftwirkung des magnetischen Feldes auf den stromdurchflossenen Anker entsteht ein Drehmoment, das der Drehrichtung entgegengerichtet ist und die Drehbewegung zu hemmen sucht. Damit die Winkelgeschwindigkeit konstant bleibt, muß dieses Gegendrehmoment durch ein betragsgleiches äußeres Antriebsmoment $M$ kompensiert werden. Nach den Gesetzen der Mechanik wird dem Generator somit die mechanische Leistung $P_{mech} = \omega M$ zugeführt. Unter der Annahme, daß der Generator ohne Verluste arbeitet, ist die abgegebene elektrische Leistung $P_{el} = U_a I_a$ gleich der mechanischen Leistung $P_{mech}$. Im weiteren soll jedoch der ohmsche Widerstand der Ankerwicklung $R_a$ berücksichtigt werden. In diesem Fall ist die Spannung $U_a$ nicht mehr unabhängig vom Ankerstrom $I_a$. Der Widerstand der Ankerwicklung kann dadurch berücksichtigt werden, daß man sich zum Anker des idealen, d.h. widerstandsfreien Gleichstromgenerators einen ohmschen Widerstand $R_a$ in Reihe geschaltet denkt. Man erhält dann für den im Bild 1.18a symbolisch dargestellten Generator das Ersatznetzwerk nach Bild 1.18b[1]).

Die Spannung $U_i$ ist dabei proportional dem Produkt $B\omega$, und es gilt $U_i I_a = \omega M$. Das magnetische Feld wird, wie im Bild 1.18a angedeutet, durch einen Gleichstrom $I_e$ erzeugt, der die Erregerwicklung durchfließt. Unter der für das folgende getroffenen vereinfachenden Annahme, daß die Permeabilität des Eisenkerns nicht von $B$ abhängt, besteht nach EN, Abschnitt 1.3.2 zwischen $B$ und dem Strom $I_e$ ein proportionaler Zusammenhang.

a) Man gebe $U_i$ als Funktion von $I_e$ und $\omega$ unter Verwendung einer Proportionalitätskonstante $c$ an.

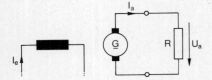 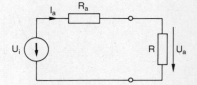

Bild 1.18a. Symbolische Darstellung des belasteten Gleichstromgenerators mit der vom Strom $I_e$ durchflossenen Erregerwicklung und dem vom Strom $I_a$ durchflossenen Anker.

Bild 1.18b. Ersatznetzwerk für den belasteten Gleichstromgenerator.

---

[1]) Die Spannung $U_a$ läßt sich im Vorgriff auf die in EN, Abschnitt 1.4 behandelte Maschenregel als Differenz der Spannung $U_i$ und der am ohmschen Widerstand $R_a$ auftretenden Spannung ausdrücken.

b) Man ermittle anhand von Bild 1.18b und dem Ergebnis von Teilaufgabe *a* die Spannung $U_a$ in Abhängigkeit von $I_e, I_a, R_a, \omega$ und stelle den grundsätzlichen Verlauf der Funktion $U_a = U_a(I_a)$ graphisch dar. Welchen Einfluß hat eine Veränderung von $I_e$ oder $\omega$ auf diesen Kurvenverlauf?

c) Mit Hilfe des Ergebnisses von Teilaufgabe *a* soll aufgrund der oben angegebenen Leistungsbilanz $U_i I_a = \omega M$ das Moment $M$ durch die Ströme $I_e$ und $I_a$ ausgedrückt werden.

d) Für den Fall, daß der Generator mit einem ohmschen Widerstand $R$ belastet wird, läßt sich $I_a$ durch $U_i, R$ und $R_a$ ausdrücken. Mit Hilfe dieses Zusammenhangs und dem Ergebnis von Teilaufgabe *a* soll das Moment $M$ als Funktion von $\omega, I_e, R$ und $R_a$ angegeben werden. Man stelle den grundsätzlichen Verlauf der Funktionen $M = M(\omega)$ bei konstanten Werten von $I_e, R$ und $R_a$ bzw. $M = M(R)$ bei konstanten Werten von $I_e, R_a$ und $\omega$ in Diagrammen dar.

**Lösung zu Aufgabe 1.18**

a) Mit den Proportionalitätskonstanten $c_1$ und $c_2$ lassen sich zunächst die Beziehungen

$$U_i = c_1 B \omega \tag{1}$$

und

$$B = c_2 I_e \tag{2}$$

angeben. Setzt man die Größe $B$ nach Gl.(2) in die Gl.(1) ein und kürzt das Produkt $c_1 c_2$ mit $c$ ab, so entsteht die gesuchte Funktion

$$U_i = c I_e \omega. \tag{3}$$

b) Die Spannung $U_a$ ist nach Bild 1.18b gleich der Differenz der Spannung $U_i$ und der Spannung $I_a R_a$ am ohmschen Widerstand $R_a$. Mit Gl.(3) läßt sich daher

$$U_a = c I_e \omega - I_a R_a \tag{4}$$

schreiben. Der grundsätzliche Verlauf der im Intervall $0 \leq I_a \leq c I_e \omega / R_a$ definierten Funktion $U_a = U_a(I_a)$ ist im Bild 1.18c dargestellt. Es handelt sich um eine Gerade mit der Steigung $-R_a$ und dem Funktionswert $c I_e \omega$ für $I_a = 0$. Damit ist zu erkennen, daß eine Veränderung von $I_e$ oder/und $\omega$ nur eine parallele Verschiebung dieser Geraden bewirkt.

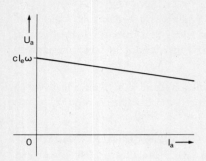

Bild 1.18c. Abhängigkeit der Spannung $U_a$ vom Ankerstrom $I_a$.

c) Aufgrund der Leistungsbilanz erhält man für das Moment

$$M = \frac{U_i I_a}{\omega} \qquad (5)$$

oder mit Gl.(3)

$$M = c I_a I_e . \qquad (6)$$

d) Da die Spannung $U_i$ nach Bild 1.18b mit der Summe der Spannungen $I_a R_a$ und $I_a R$ an den beiden ohmschen Widerständen übereinstimmt, gilt

$$I_a = \frac{U_i}{R + R_a} .$$

Führt man diese Darstellung von $I_a$ in Gl.(5) ein und substituiert dann $U_i^2$ gemäß Gl.(3), so ergibt sich für das Drehmoment

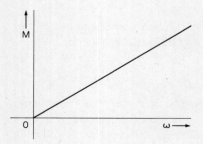

Bild 1.18d. Abhängigkeit des Antriebsmoments $M$ von der Winkelgeschwindigkeit $\omega$ bei festem Lastwiderstand $R$.

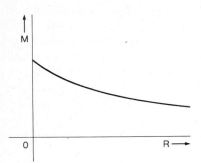

Bild 1.18e. Abhängigkeit des Antriebsmoments $M$ vom Lastwiderstand $R$ bei konstanter Winkelgeschwindigkeit $\omega$.

$$M = \frac{c^2 I_e^2 \omega}{R + R_a}.\tag{7}$$

Dieses Drehmoment ist erforderlich, um die Winkelgeschwindigkeit $\omega$ des Generators bei fest eingestelltem Erregerstrom $I_e$ und vorgegebener Belastung $R$ konstant zu halten.

Aus Gl.(7) erhält man unmittelbar die in den Bildern 1.18d und 1.18e dargestellte Abhängigkeit des Drehmoments $M$ von der Winkelgeschwindigkeit $\omega$ bzw. vom Lastwiderstand $R$.

## Aufgabe 1.19

Wird die Ankerwicklung der in Aufgabe 1.18 betrachteten Gleichstrommaschine an eine starre Gleichspannung $U$ gelegt, so kehrt sich die Vorzeichenrichtung des Ankerstroms $I_a$ gegenüber derjenigen bei Generatorbetrieb um. Damit ändert auch das Drehmoment, das auf den stromdurchflossenen Anker im Magnetfeld ausgeübt wird, sein Vorzeichen. Die Vorzeichenrichtung für die Winkelgeschwindigkeit $\omega$ bleibt die gleiche wie beim Generatorbetrieb in Aufgabe 1.18 mit dem Unterschied, daß dort die Drehung durch ein von außen auf den Anker ausgeübtes Drehmoment zustandekommt, während hier die Lorentzkraft die Ursache für die Drehbewegung ist. Die Maschine wird somit als Motor betrieben. Infolge der Rotation wird auch hier eine Spannung $U_i$ in der Ankerwicklung induziert, die der angelegten Spannung $U$ entgegengerichtet und proportional zum Produkt $B\omega$ ist. Dabei stellt $B$ wie in Aufgabe 1.18 die wirksame Komponente der magnetischen Induktion $\mathbf{B}$ dar.

Die Winkelgeschwindigkeit $\omega$, die sich nach Beendigung der Anlaufphase einstellt, ist durch das Gleichgewicht von Antriebsmoment $M$ und Bremsmoment gegeben. Im folgenden soll die Winkelgeschwindigkeit $\omega$ als Funktion von $M$ beim *Nebenschlußmotor* (Bild 1.19a) für diesen Gleichgewichtszustand ermittelt werden.

Der Erregerstrom $I_e$, der die magnetische Induktion hervorruft, ist beim Nebenschlußmotor unabhängig vom Ankerstrom $I_a$, da die Erregerwicklung und die Ankerwicklung parallel an der starren Gleichspannung $U$ liegen (Bild 1.19a). Damit kann für die folgende Untersuchung des Nebenschlußmotors das im Bild 1.19b dargestellte Ersatznetzwerk verwendet werden.

Der Strom in der Ankerwicklung ist nach Bild 1.19b durch $I_a = (U - U_i)/R_a$ gegeben[1]). Er wird um so kleiner, je mehr sich die Spannung $U_i$ ihrer oberen Grenze $U$ nähert, d.h. je größer die Winkelgeschwindigkeit $\omega$ des Ankers ist, und er verschwindet schließlich für $U_i = U$. Aus der Leistungsbilanz $\omega M = U_i I_a$ wird deutlich, daß der Wert $I_a = 0$, bei dem die vom Motor aufgenommene elektrische Leistung gleich Null ist, nur erreicht werden könnte, falls das am Anker angreifende Bremsmoment gleich Null wäre, wenn also der Motor völlig unbelastet und ohne Reibungsverluste laufen würde.

a) Mit Hilfe des Ergebnisses von Aufgabe 1.18, Teilaufgabe a soll die Winkelgeschwindigkeit $\omega_0$ bei Leerlauf des Motors ($I_a = 0$) berechnet werden.

b) Man ermittle die Winkelgeschwindigkeit $\omega$ als Funktion von $M$ mit $U, I_e$ und $R_a$ als Parametern. Man trage den grundsätzlichen Verlauf der Funktion $\omega = \omega(M)$ für zwei verschiedene Werte von $I_e$ in einem Diagramm über $M$ auf.

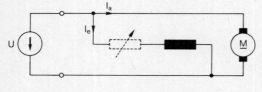

Bild 1.19a. Symbolische Darstellung des von einer Gleichspannung $U$ erregten Nebenschlußmotors.

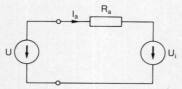

Bild 1.19b. Ersatznetzwerk für den von der Gleichspannung $U$ erregten Nebenschlußmotor.

**Lösung zu Aufgabe 1.19**

*a*) Unter der Voraussetzung, daß keine Reibungsverluste auftreten, wird dem Motor im Leerlauf keine elektrische Leistung zugeführt, so daß $I_a = 0$ und $U_i = U$ ist. Aus Aufgabe 1.18, Gl.(3) folgt somit für die Winkelgeschwindigkeit $\omega = \omega_0$ im Leerlauf

$$\omega_0 = \frac{U}{cI_e}. \tag{1}$$

*b*) Berücksichtigt man in der aus der Leistungsbilanz folgenden Gleichung $\omega M = U_i I_a$, daß für den Ankerstrom $I_a$ die Beziehung

$$I_a = \frac{U - U_i}{R_a}$$

gilt, und ersetzt anschließend $U_i$ gemäß Aufgabe 1.18, Gl.(3) durch $cI_e\omega$, so ergibt sich der Zusammenhang

$$\omega M = cI_e \omega \frac{U - cI_e \omega}{R_a}.$$

Die Auflösung dieser Gleichung nach der Winkelgeschwindigkeit $\omega$ liefert die Beziehung

$$\omega = \frac{U}{cI_e} - \frac{R_a}{(cI_e)^2} M \tag{2a}$$

oder unter Verwendung der Gl.(1)

$$\omega = \omega_0 \left(1 - \frac{\omega_0 R_a}{U^2} M\right). \tag{2b}$$

Das Bild 1.19c zeigt den grundsätzlichen Verlauf der Funktion $\omega = \omega(M)$ für zwei verschiedene Werte von $I_e$ und damit nach Gl.(1) für zwei verschiedene Werte von $\omega_0$.

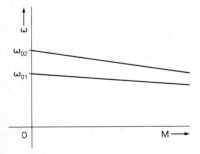

Bild 1.19c. Abhängigkeit der Winkelgeschwindigkeit $\omega$ vom Drehmoment $M$. Man beachte, daß nach Gl.(2b) die Belastungsabhängigkeit der Winkelgeschwindigkeit um so stärker ist, je höher die Winkelgeschwindigkeit des Motors im Leerlauf ist.

---

[1]) Man vergleiche die Fußnote in Aufgabe 1.18.

**Aufgabe 1.20**

Die Bilder 1.20a und 1.20b zeigen die symbolische Darstellung bzw. das Ersatznetzwerk eines *Reihenschlußmotors*. Der Unterschied gegenüber dem in Aufgabe 1.19 untersuchten Nebenschlußmotor besteht darin, daß hier die Erregerwicklung und die Ankerwicklung in Reihe geschaltet sind, so daß der Erregerstrom $I_e$ und der Ankerstrom $I_a$ identisch sind.

*a)* Man gebe das Drehmoment $M$ in Abhängigkeit vom Strom $I_a$ unter Verwendung einer Proportionalitätskonstante $c$ an.

*b)* Man ermittle die Winkelgeschwindigkeit $\omega$ als Funktion von $M$, veranschauliche das Ergebnis graphisch und vergleiche es mit dem entsprechenden von Aufgabe 1.19.

**Lösung zu Aufgabe 1.20**

*a)* Berücksichtigt man in Gl.(6) von Aufgabe 1.18, daß hier $I_e = I_a$ gilt, dann erhält man direkt für das Drehmoment

$$M = cI_a^2 \ . \tag{1}$$

*b)* Dem Bild 1.20b läßt sich die Beziehung[1])

$$I_a = \frac{U - U_i}{R_a + R_e}$$

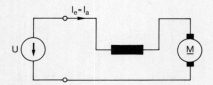

Bild 1.20a. Symbolische Darstellung des von einer Gleichspannung $U$ erregten Reihenschlußmotors.

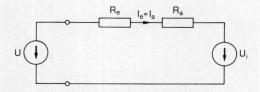

Bild 1.20b. Ersatznetzwerk für den von der Gleichspannung $U$ erregten Reihenschlußmotor.

---

[1]) Man vergleiche die Fußnote in Aufgabe 1.18.

entnehmen. Ersetzt man hier $U_i$ gemäß Aufgabe 1.18, Gl.(3) durch $cI_e\omega = cI_a\omega$ und löst die so entstehende Gleichung nach $I_a$ auf, so ergibt sich für den Ankerstrom die Darstellung

$$I_a = \frac{U}{R_a + R_e + c\omega}.\qquad(2)$$

Aus den Gln.(1) und (2) folgt nun durch Elimination des Stromes $I_a$ für die Winkelgeschwindigkeit die Beziehung

$$\omega = \frac{U}{\sqrt{c}\sqrt{M}} - \frac{R_a + R_e}{c}.$$

Die hierdurch gegebene Funktion $\omega = \omega(M)$ ist im Bild 1.20c dargestellt.
Ein Vergleich mit dem entsprechenden Ergebnis von Aufgabe 1.19 zeigt folgendes: Beim *Nebenschlußmotor* fällt die Winkelgeschwindigkeit $\omega$ mit wachsendem Drehmoment $M$, also mit wachsender Belastung linear ab; sie wäre im Idealfall $R_a = 0$ sogar unabhängig von $M$. Die Winkelgeschwindigkeit im Leerlauf läßt sich durch entsprechende Wahl des Erregerstroms $I_e$ einstellen. Im Gegensatz dazu ist beim *Reihenschlußmotor* der Zusammenhang zwischen $\omega$ und $M$ nichtlinear. Besonders bemerkenswert ist dabei, daß die Winkelgeschwindigkeit $\omega$ bei fehlender Belastung theoretisch gegen Unendlich geht, wie man dem Diagramm im Bild 1.20c unmittelbar entnehmen kann.

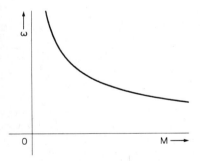

Bild 1.20c. Abhängigkeit der Winkelgeschwindigkeit $\omega$ vom Drehmoment $M$.

## Aufgabe 1.21

Das Bild 1.21a zeigt ein einfaches[1]) Verstärkernetzwerk mit einem Transistor, dessen Kennlinien im Bild 1.21b dargestellt sind. Die Gleichspannungsquelle liefert die Betriebsspannung $U$, der Widerstand $R_B$ dient zur Einstellung des Basisruhestroms $I_B^{(R)}$, und $R_C$ ist der vom Kollektorstrom $I_C$ durchflossene Belastungswiderstand. Im folgenden soll $U = 20\,\text{V}$ und $R_C = 400\,\Omega$ angenommen werden.

*a*) Man gebe den Zusammenhang zwischen der Spannung $U_{CE}$ und dem Kollektorstrom $I_C$ an, der durch die Betriebsspannung $U$ und durch den Belastungswiderstand $R_C$ festgelegt ist. Für die gegebenen Zahlenwerte stelle man diesen Zusammenhang im $(I_C, U_{CE})$-Kennlinienfeld des Transistors graphisch dar.

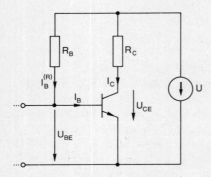

Bild 1.21a. Einfaches Verstärkernetzwerk mit einem Transistor.

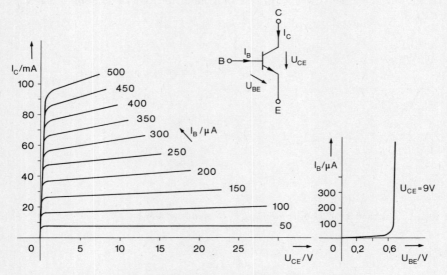

Bild 1.21b. Kennlinien des im Bild 1.21a auftretenden Transistors.

---

[1]) Wegen der Temperaturabhängigkeit der Transistor-Eigenschaften müssen im allgemeinen zusätzliche Maßnahmen (Widerstand in der Emitterzuleitung, Spannungsteiler zwischen Kollektor und Emitter zur Einstellung des Basisstroms usw.) getroffen werden, um den gewünschten Betriebszustand thermisch stabil zu halten.

*b)* Man zeige aufgrund des Ergebnisses von Teilaufgabe *a*, daß bei vorgegebenen Werten von $U$ und $R_C$ die Spannung $U_{CE}$ und der Strom $I_C$ durch den Basisstrom $I_B$ festgelegt werden. Für $I_B = I_B^{(R)} = 150\,\mu\text{A}$ lese man aus dem $(I_C, U_{CE})$-Kennlinienfeld die zugehörigen Größen $U_{CE}^{(R)}$ und $I_C^{(R)}$ ab, die den sogenannten Arbeitspunkt des Transistors bestimmen. Wie groß wird der zugehörige Wert der Spannung $U_{BE}$?

*c)* Die im Transistor in Wärme umgesetzte Verlustleistung $P_w$ ist mit guter Näherung durch das Produkt $U_{CE} I_C$ gegeben. Diese Verlustleistung darf einen maximalen Wert $P_{w\max}$, der von der Umgebungstemperatur und der maximal zulässigen Sperrschichttemperatur des Transistors abhängt, nicht überschreiten. Die Verlustleistungsgrenze kann im $(I_C, U_{CE})$-Kennlinienfeld durch eine Kurve veranschaulicht werden. Man gebe den grundsätzlichen Verlauf dieser Kurve an und trage sie für $P_{w\max} = 0{,}5\,\text{W}$ in das $(I_C, U_{CE})$-Kennlinienfeld ein.

*d)* Man drücke $R_B$ als Funktion von $U$, $U_{BE}^{(R)}$ und $I_B^{(R)}$ aus. Wie groß muß demnach $R_B$ für $I_B^{(R)} = 150\,\mu\text{A}$ gewählt werden?

*e)* Durch Anlegen einer Gleichstromquelle wird an den Eingangsklemmen des Netzwerks ein Strom $\Delta I_B$ eingespeist. Unter der Voraussetzung, daß $\Delta I_B$ gegenüber $I_B^{(R)}$ betragsklein ist, darf angenommen werden, daß der Strom im Widerstand $R_B$ seinen ursprünglichen Wert mit ausreichender Näherung beibehält. Daher darf $I_B = I_B^{(R)} + \Delta I_B$ gesetzt werden. Man erläutere die Berechtigung dieser Annahme anhand der Kennlinienfelder.
Wohin bewegt sich der Arbeitspunkt im $(I_C, U_{CE})$-Kennlinienfeld, wenn $\Delta I_B = 25\,\mu\text{A}$ bzw. wenn $\Delta I_B = -25\,\mu\text{A}$ ist?
Wie groß ist in beiden Fällen die Änderung $\Delta I_C$ des Kollektorstroms? Man gebe den Verstärkungsfaktor $\Delta I_C / \Delta I_B$ der vorliegenden Schaltung für $\Delta I_B = \pm 25\,\mu\text{A}$ an. Welchen Einfluß hat eine Änderung des Belastungswiderstands $R_C$ auf den Verstärkungsfaktor?

**Lösung zu Aufgabe 1.21**

*a)* Wie man dem Netzwerk im Bild 1.21a entnimmt, muß $U$ gleich der Summe aus der Spannung $U_{CE}$ und der Spannung $I_C R_C$ am ohmschen Widerstand $R_C$ sein, es gilt also

$$U = U_{CE} + I_C R_C \,.$$

Hieraus folgt der gesuchte Zusammenhang

$$I_C = \frac{U - U_{CE}}{R_C}$$

zwischen $U_{CE}$ und $I_C$. Da es sich um eine lineare Beziehung handelt, erhält man als graphische Darstellung im $(I_C, U_{CE})$-Kennlinienfeld für vorgegebene Werte $U$ und $R_C$

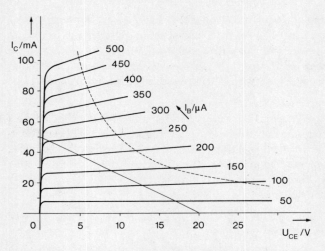

Bild 1.21c. $(I_C, U_{CE})$-Kennlinienfeld mit Widerstandsgerade und Verlustleistungshyperbel.

eine Gerade, die sogenannte Widerstandsgerade. Im Bild 1.21c ist diese Gerade für $U = 20\,\text{V}$ und $R_C = 400\,\Omega$ dargestellt.

b) Die in Teilaufgabe *a* ermittelte Widerstandsgerade schneidet die $(I_C, U_{CE})$-Transistorkennlinie für $I_B = I_B^{(R)} = 150\,\mu\text{A}$ in einem Punkt, dem Arbeitspunkt mit den Koordinaten $U_{CE}^{(R)} \approx 9\,\text{V}$ und $I_C^{(R)} \approx 28\,\text{mA}$. Den zugehörigen Spannungswert $U_{BE}^{(R)} \approx 0{,}65\,\text{V}$ entnimmt man dem Bild 1.21b.

c) Der Zusammenhang $P_w = U_{CE} I_C$ läßt sich für einen festen Wert $P_w$ im $(I_C, U_{CE})$-Kennlinienfeld als Ast einer gleichseitigen Hyperbel darstellen. Dieser Hyperbelast ist für $P_w = P_{w\max} = 0{,}5\,\text{W}$ in das Kennlinienfeld von Bild 1.21c eingetragen. Allen Punkten oberhalb dieser Kurve entspricht eine Verlustleistung, die größer ist als der maximal zulässige Wert $P_{w\max} = 0{,}5\,\text{W}$.

d) Nach Bild 1.21a muß $U$ gleich der Summe aus der Spannung $U_{BE}^{(R)}$ und der Spannung $I_B^{(R)} R_B$ am ohmschen Widerstand $R_B$ sein, es gilt also

$$U = U_{BE}^{(R)} + I_B^{(R)} R_B \;.$$

Hieraus folgt die gesuchte Funktion

$$R_B = \frac{U - U_{BE}^{(R)}}{I_B^{(R)}} \;.$$

Mit $U = 20\,\text{V}$, $I_B^{(R)} = 150\,\mu\text{A}$ und dem in Teilaufgabe *b* ermittelten Wert $U_{BE}^{(R)} = 0{,}65\,\text{V}$ erhält man

$$R_B = 129\,\text{k}\Omega \;.$$

*e)* Aus der $(I_B, U_{BE})$-Kennlinie für $U_{CE} = 9\,\text{V}$ (Bild 1.21b) ist zu ersehen, daß bei einem Arbeitspunkt von $I_B = I_B^{(R)} = 150\,\mu\text{A}$ eine kleine Schwankung des Stromes $I_B$ die Spannung $U_{BE}$ nahezu unverändert läßt. Damit ändert sich bei einer solchen Schwankung auch nicht die Spannung am ohmschen Widerstand $R_B$, und das hat zur Folge, daß durch den Widerstand $R_B$ nach wie vor der Ruhestrom $I_B^{(R)}$ fließt. Daher gilt mit guter Näherung $I_B = I_B^{(R)} + \Delta I_B$.

Für $\Delta I_B = 25\,\mu\text{A}$ erhält man im $(I_C, U_{CE})$-Kennlinienfeld von Bild 1.21c den veränderten Arbeitspunkt als Schnittpunkt zwischen der Widerstandsgeraden und der Kennlinie für $I_B = 175\,\mu\text{A}$, der Arbeitspunkt bewegt sich also auf der Widerstandsgeraden etwas nach links oben. Entsprechend bewegt sich der Arbeitspunkt für $\Delta I_B = -25\,\mu\text{A}$ auf der Widerstandsgeraden etwas nach rechts unten bis zum Schnittpunkt mit der Kennlinie für $I_B = 125\,\mu\text{A}$. Bei diesen Änderungen des Stromes $I_B$ erreicht der Strom $I_C$ die Werte $33\,\text{mA}$ bzw. $23\,\text{mA}$, wie man dem $(I_C, U_{CE})$-Kennlinienfeld durch Interpolation entnehmen kann. Die Änderung des Kollektorstromes beträgt also $\Delta I_C = 5\,\text{mA}$ bzw. $\Delta I_C = -5\,\text{mA}$. Der Verstärkungsfaktor hat damit den Wert

$$\frac{\Delta I_C}{\Delta I_B} = \frac{\pm 5\,\text{mA}}{\pm 25\,\mu\text{A}} = 200\,.$$

Bei einer Änderung des Belastungswiderstandes $R_C$ ändert sich im Bild 1.21c die Neigung der Widerstandsgeraden, ihr Schnittpunkt mit der $U_{CE}$-Achse ($U_{CE} = U$) bleibt unverändert. Der Arbeitspunkt, d.h. der Schnittpunkt dieser Geraden mit der Kennlinie für den durch $R_B$ festgelegten Basisruhestrom $I_B = I_B^{(R)}$ wird verschoben. Bewegt sich nun der Arbeitspunkt auf der Widerstandsgeraden zwischen den Kennlinien für $I_B = I_B^{(R)} = 150\,\mu\text{A}$ und $I_B = I_B^{(R)} + \Delta I_B$, dann ändert sich der Kollektorstrom um einen Wert $\Delta I_C$, der von der Neigung der Widerstandsgeraden, also von $R_C$ abhängt. Da die Kennlinien im Bild 1.21c nicht parallel zur $U_{CE}$-Achse sind und bei abnehmendem $U_{CE}$ mehr und mehr zusammenlaufen, wird $\Delta I_C$ mit flacher verlaufender Widerstandsgerade, d.h. größer werdendem $R_C$ kleiner, der Verstärkungsfaktor $\Delta I_C / \Delta I_B$ wird also ebenfalls kleiner. Umgekehrt wächst der Verstärkungsfaktor mit der Abnahme von $R_C$.

## Aufgabe 1.22

Man zeige, daß sich die Reihenschaltung von $n$ Induktivitäten $L_1, L_2, ..., L_n$ wie eine Induktivität $L$ verhält, und drücke $L$ durch $L_1, L_2, ..., L_n$ aus. Wie lautet das Ergebnis, wenn die Induktivitäten parallel geschaltet werden?
Man zeige, daß für die Parallelschaltung bzw. die Reihenschaltung von $n$ Kapazitäten $C_1, C_2, ..., C_n$ entsprechende Beziehungen gelten.

### Lösung zu Aufgabe 1.22

Da alle Elemente des Netzwerks von Bild 1.22a vom gleichen Strom $i$ durchflossen werden, ergibt sich aufgrund der Maschenregel und der Strom-Spannungs-Beziehungen an den einzelnen Induktivitäten der Zusammenhang

$$u = u_1 + u_2 + ... + u_n = L_1 \frac{di}{dt} + L_2 \frac{di}{dt} + ... + L_n \frac{di}{dt}$$

zwischen der Gesamtspannung $u$ an der Reihenschaltung und dem Strom $i$. Mit der Abkürzung

$$L = L_1 + L_2 + ... + L_n$$

läßt sich dieser Zusammenhang in der Form

$$u = L \frac{di}{dt}$$

schreiben. Die Reihenschaltung mehrerer Induktivitäten zeigt also das gleiche elektrische Verhalten wie eine einzige Induktivität, deren Größe gleich der Summe der in der Reihenschaltung auftretenden Induktivitätswerte ist.
Bei der Parallelschaltung von $n$ Induktivitäten nach Bild 1.22b erhält man durch die Anwendung der Knotenregel die Beziehung

$$i = i_1 + i_2 + ... + i_n \, .$$

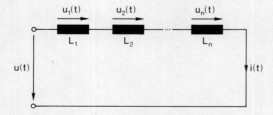

Bild 1.22a. Reihenschaltung von $n$ Induktivitäten.

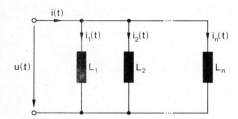

Bild 1.22b. Parallelschaltung von $n$ Induktivitäten.

Wenn man diese Gleichung auf beiden Seiten nach der Zeit ableitet und die Strom-Spannungs-Beziehungen an den einzelnen Induktivitäten berücksichtigt, dann ergibt sich der Zusammenhang

$$\frac{di}{dt} = \frac{di_1}{dt} + \frac{di_2}{dt} + \ldots + \frac{di_n}{dt} = \frac{u}{L_1} + \frac{u}{L_2} + \ldots + \frac{u}{L_n}$$

zwischen dem Gesamtstrom $i$ und der Spannung $u$ an der Parallelschaltung. Mit der Abkürzung

$$\frac{1}{\overline{L}} = \frac{1}{L_1} + \frac{1}{L_2} + \ldots + \frac{1}{L_n}$$

kann dieser Zusammenhang in der Form

$$u = \overline{L}\frac{di}{dt}$$

geschrieben werden, d.h. die Parallelschaltung von mehreren Induktivitäten zeigt das gleiche elektrische Verhalten wie eine einzige Induktivität $\overline{L}$, deren Wert entsprechend der oben angegebenen Beziehung zu berechnen ist.

In ganz entsprechender Weise kann gezeigt werden, daß sich die Parallelschaltung von $n$ Kapazitäten $C_1, C_2, \ldots, C_n$ wie eine einzige Kapazität

$$\overline{C} = C_1 + C_2 + \ldots + C_n$$

verhält und daß die Reihenschaltung dieser $n$ Kapazitäten durch eine einzige Kapazität $C$ ersetzt werden kann, die aufgrund der Beziehung

$$\frac{1}{C} = \frac{1}{C_1} + \frac{1}{C_2} + \ldots + \frac{1}{C_n}$$

zu berechnen ist.

## Aufgabe 1.23

Für das im Bild 1.23 dargestellte Netzwerk ermittle man den Strom $i$, der durch den Widerstand $R_4$ fließt.

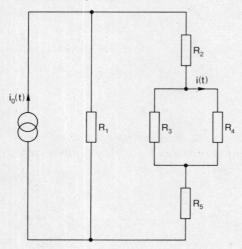

Bild 1.23. Ohmsches Netzwerk, das von einer Stromquelle erregt wird.

## Lösung zu Aufgabe 1.23

Zweckmäßigerweise berechnet man zunächst den Strom $i_T$, der über $R_2$ in das parallel zu $R_1$ liegende Teilnetzwerk mit dem ohmschen Widerstand

$$R_T = R_2 + \frac{R_3 R_4}{R_3 + R_4} + R_5$$

hineinfließt und es über $R_5$ wieder verläßt. Für diesen Strom ergibt sich mit Hilfe der in EN, Abschnitt 1.6 hergeleiteten Stromteilungsgleichung der Ausdruck

$$i_T = \frac{R_1}{R_1 + R_T} i_0 .$$

Den gesuchten Strom $i$ erhält man, indem man die Stromteilungsgleichung auf die vom Strom $i_T$ durchflossene Parallelschaltung der beiden Widerstände $R_3$ und $R_4$ anwendet. Hieraus folgt zunächst

$$i = \frac{R_3}{R_3 + R_4} i_T$$

und nach dem Einsetzen der für $R_T$ und $i_T$ berechneten Ausdrücke die Lösung

$$i = \frac{R_1}{R_1 + R_2 + \frac{R_3 R_4}{R_3 + R_4} + R_5} \frac{R_3}{R_3 + R_4} i_0 .$$

**Aufgabe 1.24**

Das Bild 1.24 zeigt einen Zweipol, dessen Widerstände $R_1, R_2, R_3$ fest gegeben sind. Über die Größe des Widerstands $R_4$ kann noch verfügt werden.

*a)* Wie muß $R_4$ gewählt werden, damit der Eingangswiderstand des Zweipols einen vorgeschriebenen Wert $R$ erhält?

*b)* Kann $R$ beliebig gewählt werden? Wie lauten gegebenenfalls die an den Wert von $R$ zu stellenden Bedingungen?

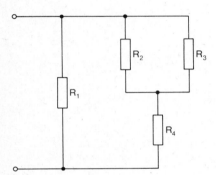

Bild 1.24. Ohmscher Zweipol.

**Lösung zu Aufgabe 1.24**

*a)* Führt man als Abkürzung den Widerstand

$$R_T = R_4 + \frac{1}{\frac{1}{R_2} + \frac{1}{R_3}} = R_4 + \frac{R_2 R_3}{R_2 + R_3} \tag{1}$$

des zu $R_1$ parallel liegenden Teilzweipols ein, dann ergibt sich für den Eingangswiderstand des gesamten Zweipols von Bild 1.24 der Wert

$$R = \frac{1}{\frac{1}{R_1} + \frac{1}{R_T}} = \frac{R_1 R_T}{R_1 + R_T}. \tag{2}$$

Die gesuchte Größe $R_4$ läßt sich aus $R_1, R_2, R_3$ und $R$ berechnen, wenn man die Gl.(1) nach $R_4$ auflöst und die darin auftretende Größe $R_T$ aus Gl.(2) bestimmt. Man erhält dann

$$R_4 = R_T - \frac{R_2 R_3}{R_2 + R_3} = \frac{R_1 R}{R_1 - R} - \frac{R_2 R_3}{R_2 + R_3}. \tag{3}$$

b) Der Eingangswiderstand darf nur so vorgeschrieben werden, daß sich für $R_4$ ein nicht-negativer, d.h. praktisch durch einen ohmschen Widerstand ausführbarer Wert ergibt. Wie man den Gln.(1) und (2) unmittelbar entnehmen kann, ist $R = f(R_4)$ eine im Intervall $0 \leqslant R_4 \leqslant \infty$ monoton mit $R_4$ wachsende Funktion. Damit entspricht dem Wert $R_4 = 0$ der kleinste zulässige Wert

$$R = R_{Min} = \frac{R_1 R_2 R_3}{R_1 R_2 + R_2 R_3 + R_3 R_1},$$

und für $R_4 \to \infty$ erhält man den oberen Grenzwert

$$R = R_{Max} = R_1 \geqslant R_{Min}.$$

Sofern $R$ im Intervall $R_{Min} \leqslant R \leqslant R_{Max}$ gewählt wird, ist $R_4$ nach Gl.(3) eindeutig bestimmt und nicht negativ.

## Aufgabe 1.25

Das Bild 1.25a zeigt ein aus sechs ohmschen Leitwerten bestehendes Netzwerk. Die Leitwerte $G_{12}, G_{23}$ und $G_{31}$, die positiv sein sollen, sind fest vorgegeben.

*a)* Man bestimme die Leitwerte $Y_{12}, Y_{23}$ und $Y_{31}$ so, daß der an jeweils zwei Klemmen des Netzwerks meßbare Leitwert gleich einem vorgeschriebenen endlichen und positiven Wert $G_0$ ist.

*b)* In welchen Grenzen darf sich $G_0$ bewegen, wenn $Y_{12}, Y_{23}$ und $Y_{31}$ nicht-negative Leitwerte sein sollen?

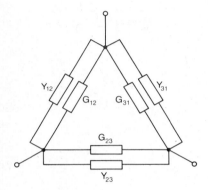

Bild 1.25a. Netzwerk aus sechs ohmschen Leitwerten.

## Lösung zu Aufgabe 1.25

*a)* Zweckmäßigerweise führt man zunächst die neuen Variablen

$$y_{12} = Y_{12} + G_{12}, \qquad y_{23} = Y_{23} + G_{23}, \qquad y_{31} = Y_{31} + G_{31}$$

ein. Dann lautet die Aufgabe folgendermaßen: Gesucht ist ein Netzwerk nach Bild 1.25b, bei dem der zwischen zwei beliebigen Klemmen meßbare Leitwert gleich $G_0$ ist. Es muß also

$$y_{12} + \frac{1}{\frac{1}{y_{23}} + \frac{1}{y_{31}}} = y_{12} + \frac{y_{23} y_{31}}{y_{23} + y_{31}} = \frac{y_{12} y_{23} + y_{23} y_{31} + y_{31} y_{12}}{y_{23} + y_{31}} = G_0,$$

$$y_{23} + \frac{1}{\frac{1}{y_{31}} + \frac{1}{y_{12}}} = y_{23} + \frac{y_{31} y_{12}}{y_{31} + y_{12}} = \frac{y_{12} y_{23} + y_{23} y_{31} + y_{31} y_{12}}{y_{31} + y_{12}} = G_0,$$

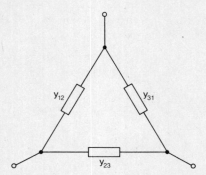

Bild 1.25b. Vereinfachtes Netzwerk nach dem Zusammenfassen von je zwei parallel liegenden Leitwerten aus Bild 1.25a.

$$y_{31} + \frac{1}{\frac{1}{y_{12}} + \frac{1}{y_{23}}} = y_{31} + \frac{y_{12}y_{23}}{y_{12} + y_{23}} = \frac{y_{12}y_{23} + y_{23}y_{31} + y_{31}y_{12}}{y_{12} + y_{23}} = G_0$$

gelten. Hieraus erhält man die Gleichungen

$$G_0(y_{23} + y_{31}) = y_{12}y_{23} + y_{23}y_{31} + y_{31}y_{12} , \tag{1a}$$

$$G_0(y_{31} + y_{12}) = y_{12}y_{23} + y_{23}y_{31} + y_{31}y_{12} , \tag{1b}$$

$$G_0(y_{12} + y_{23}) = y_{12}y_{23} + y_{23}y_{31} + y_{31}y_{12} . \tag{1c}$$

Subtrahiert man die Gl.(1b) von Gl.(1a) und die Gl.(1c) von Gl.(1b), dann ergeben sich die Beziehungen

$$G_0(y_{23} - y_{12}) = 0 \quad \text{und} \quad G_0(y_{31} - y_{23}) = 0 ,$$

aus denen wegen $G_0 > 0$ als einzig mögliche Lösung

$$y_{12} = y_{23} = y_{31}$$

folgt. Setzt man dieses Ergebnis in eine der Ausgangsgleichungen (1a-c) ein, dann erhält man

$$y_{12} = y_{23} = y_{31} = \frac{2}{3}G_0 .$$

Die gesuchten Leitwerte lauten dann

$$Y_{12} = \frac{2}{3}G_0 - G_{12}, \qquad Y_{23} = \frac{2}{3}G_0 - G_{23}, \qquad Y_{31} = \frac{2}{3}G_0 - G_{31}.$$

b) Damit $Y_{12}, Y_{23}$ und $Y_{31}$ nicht negativ werden, muß

$$\frac{2}{3}G_0 \geqslant G_{12}, \qquad \frac{2}{3}G_0 \geqslant G_{23} \qquad \text{und} \qquad \frac{2}{3}G_0 \geqslant G_{31}$$

gefordert werden. Damit erhält man für $G_0$ die Bedingung

$$G_0 \geqslant \frac{3}{2} \operatorname{Max}[G_{12}, G_{23}, G_{31}].$$

## Aufgabe 1.26

Das Bild 1.26a zeigt ein Netzwerk, bei dem alle zur Einstellung des Transistor-Arbeitspunkts notwendigen Netzwerkelemente und Betriebsspannungen weggelassen sind. Die Eingangsspannung $u_1$ sowie alle übrigen Spannungen und Ströme im Netzwerk stellen Änderungen gegenüber den entsprechenden Ruhespannungen bzw. Ruheströmen dar und dürfen als betragsklein angenommen werden.

a) Man bestimme den Eingangswiderstand $R_{E0} = u_1/i_1$, mit dem die Spannungsquelle $u_1$ belastet wird, und die Spannungsverstärkung $V_0 = u_2/u_1$ in Abhängigkeit von $R$ und den in EN, Abschnitt 1.7.7 definierten $h$-Parametern des Transistors.

b) Wie lautet das Ergebnis für den Eingangswiderstand $R_E = u_1/i_1$ und die Spannungsverstärkung $V = u_2/u_0$, wenn an die Ausgangsklemmen des Netzwerks ein Belastungswiderstand $R_L$ angelegt und das Netzwerk durch eine Spannungsquelle mit der Urspannung $u_0$ und dem Innenwiderstand $R_I$ gespeist wird (Bild 1.26b)?

c) Welche Zahlenwerte erhält man für $R_{E0}$, $V_0$, $R_E$ und $V$, wenn man $h_{11} = 300\,\Omega$, $h_{12} = 5 \cdot 10^{-5}$, $h_{21} = 150$, $h_{22} = 2{,}5 \cdot 10^{-4}\,\text{S}$, $R = 500\,\Omega$, $R_L = 1{,}5\,\text{k}\Omega$ und $R_I = 50\,\text{k}\Omega$ annimmt? Wie groß wäre demgegenüber das Spannungsverhältnis $u_2/u_0$, wenn man

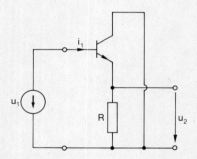

Bild 1.26a. Verstärkernetzwerk, bei dem alle zur Arbeitspunkteinstellung notwendigen Komponenten weggelassen sind. Dementsprechend bedeuten die auftretenden elektrischen Größen die Abweichungen von den Werten, die durch den Arbeitspunkt festgelegt sind. Da die Spannung zwischen dem Kollektor des Transistors und dem „Masseleiter" durch die zur Stromversorgung erforderliche Gleichspannung konstant gehalten wird und damit die zugehörige Abweichung stets Null ist, tritt zwischen diesen Punkten in obiger Darstellung ein Kurzschluß auf.

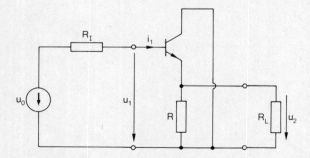

Bild 1.26b. Verstärkernetzwerk aus Bild 1.26a, das von einer Spannungsquelle mit dem Innenwiderstand $R_I$ erregt und mit einem Widerstand $R_L$ belastet ist.

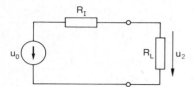

Bild 1.26c. Direkte Belastung der Spannungsquelle aus Bild 1.26b durch den Widerstand $R_L$.

gemäß Bild 1.26c den Belastungswiderstand $R_L$ direkt an die Spannungsquelle $u_0$ mit dem Innenwiderstand $R_I$ legen würde?

**Lösung zu Aufgabe 1.26**

a) Für die Analyse wird der Transistor im Bild 1.26a durch das $h$-Parameter-Ersatznetzwerk gemäß EN, Bild 1.69 ersetzt. Auf diese Weise entsteht das im Bild 1.26d dargestellte Netzwerk. Die Größen $u_{BE}$ und $i_C$ lassen sich mit Hilfe der $h$-Parameter des Transistors in Abhängigkeit von $i_1$ und $u_2$ angeben, wenn man beachtet, daß $i_B = i_1$ und $u_{CE} = -u_2$ ist. Man erhält dann

$$u_{BE} = h_{11} i_1 - h_{12} u_2 \tag{1a}$$

und

$$i_C = h_{21} i_1 - h_{22} u_2 . \tag{1b}$$

Weiterhin läßt sich dem Bild 1.26d entnehmen, daß die Beziehungen

$$u_1 = u_{BE} + u_2 \tag{1c}$$

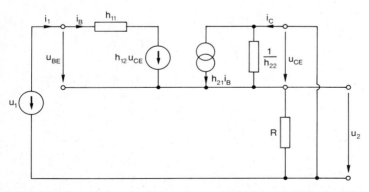

Bild 1.26d. Zur Analyse des Netzwerks von Bild 1.26a mit Hilfe des $h$-Parameter-Ersatznetzwerks für den Transistor.

und

$$u_2 = (i_1 + i_C)R \tag{1d}$$

bestehen. Substituiert man die Größen $u_{BE}$ und $i_C$ in den Gln.(1c,d) durch die entsprechenden rechten Seiten der Gln.(1a,b), dann ergeben sich die beiden Gleichungen

$$u_1 = h_{11} i_1 + (1 - h_{12}) u_2 \tag{2a}$$

und

$$(1 + h_{22}R) u_2 = (1 + h_{21}) R i_1 \,. \tag{2b}$$

Löst man die Gl.(2b) nach $u_2$ auf und eliminiert damit $u_2$ in Gl.(2a), so erhält man unmittelbar den gesuchten Eingangswiderstand $R_{E0} = u_1/i_1$ in der Form

$$R_{E0} = h_{11} + \frac{(1 - h_{12})(1 + h_{21})}{h_{22} + \dfrac{1}{R}} \,. \tag{3}$$

Die Spannungsverstärkung $V_0 = u_2/u_1$ kann man dadurch erhalten, daß man die Gl.(2b) nach $i_1$ auflöst und auf diese Weise den Strom $i_1$ in Gl.(2a) ersetzt. Das Ergebnis lautet

$$V_0 = \frac{1}{1 - h_{12} + \dfrac{h_{11}}{1 + h_{21}} \left( h_{22} + \dfrac{1}{R} \right)} \,. \tag{4}$$

b) Wird im Bild 1.26b anstelle des Transistors dessen $h$-Parameter-Ersatznetzwerk eingefügt und das entstehende Netzwerk mit dem von Bild 1.26d verglichen, dann zeigt sich, daß der Eingangswiderstand $R_E = u_1/i_1$ des mit $R_L$ belasteten Netzwerks und die Spannungsverstärkung $V = u_2/u_0$ ohne zusätzlichen Rechenaufwand aus den bereits bekannten Ergebnissen für $R_{E0}$ bzw. $V_0$ gewonnen werden können. Zur Bestimmung von $R_E$ hat man lediglich in Gl.(3) den Leitwert $1/R$ durch den Leitwert der Parallelschaltung von $R$ und $R_L$ zu ersetzen und erhält dann

$$R_E = h_{11} + \frac{(1 - h_{12})(1 + h_{21})}{h_{22} + \dfrac{1}{R} + \dfrac{1}{R_L}} \,. \tag{5}$$

Die Spannungsverstärkung $V$ gewinnt man aus der Darstellung von $V_0$ nach Gl.(4) dadurch, daß man $1/R + 1/R_L$ anstelle von $1/R$ und $h_{11} + R_I$ anstelle von $h_{11}$ setzt. Auf diese Weise ergibt sich unmittelbar

$$V = \frac{1}{1 - h_{12} + \dfrac{h_{11} + R_I}{1 + h_{21}} \left( h_{22} + \dfrac{1}{R} + \dfrac{1}{R_L} \right)} \,. \tag{6}$$

c) Führt man die angegebenen Zahlenwerte in die Gln.(3) und (4) ein, dann erhält man für den Fall des unbelasteten Verstärkernetzwerks die Werte

$$R_{E0} = 67{,}4\,\text{k}\Omega \qquad \text{und} \qquad V_0 = 0{,}995\,.$$

Aus den Gln.(5) und (6) lassen sich die entsprechenden Werte für den Fall des belasteten, von einer Spannungsquelle mit Innenwiderstand gespeisten Verstärkernetzwerks berechnen. Sie lauten

$$R_E = 52{,}0\,\text{k}\Omega \qquad \text{und} \qquad V = 0{,}496\,.$$

Für das Spannungsverhältnis $u_2/u_0$ des im Bild 1.26c dargestellten Netzwerks, bei dem der Belastungswiderstand $R_L$ direkt in Reihe zum Innenwiderstand $R_I$ liegt, ergibt sich der im Vergleich zu $V$ viel kleinere Wert

$$\frac{u_2}{u_0} = \frac{R_L}{R_I + R_L} = 0{,}029\,.$$

**Aufgabe 1.27**

Die Kapazität $C$ im Netzwerk von Bild 1.27 wird, nachdem sie zuvor auf die Spannung $U$ aufgeladen wurde, zum Zeitpunkt $t = t_0$ durch Schließen des Schalters $S$ parallel zur Induktivität $L$ geschaltet. Aufgrund der Strom-Spannungs-Beziehungen sind die Kapazitätsspannung $u_C(t)$ und der Induktivitätsstrom $i_L(t)$ für $t \geq t_0$ stetig differenzierbare Funktionen.

*a)* Man leite über eine Energiebetrachtung einen für $t \geq t_0$ gültigen Zusammenhang zwischen $u_C(t)$ und $i_L(t)$ ab, wobei $L, C$ und $U$ als feste, bekannte Parameter auftreten.

*b)* Wie groß sind die Maximalwerte der Funktionen $|u_C(t)|$ bzw. $|i_L(t)|$?

*c)* Man zeige, daß $u_C(t)$ bzw. $i_L(t)$ an allen lokalen Extremstellen dem Betrage nach gleich dem in Teilaufgabe *b* ermittelten Maximalwert der betreffenden Funktion sein müssen, d.h. daß die Extremwerte betraglich nicht kleiner sein können als der genannte Maximalwert.

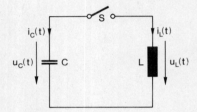

Bild 1.27. Kapazität $C$ und Induktivität $L$, die durch Schließen des Schalters $S$ parallel geschaltet werden können.

**Lösung zu Aufgabe 1.27**

*a)* Da das Netzwerk keine Elemente enthält, die Energie verbrauchen, muß nach dem Schließen des Schalters zu jedem Zeitpunkt die in der Induktivität und der Kapazität insgesamt gespeicherte Energie gleich der ursprünglich in der Kapazität gespeicherten Energie sein. Es muß also für $t \geq t_0$ die Gleichung

$$\frac{1}{2} C u_C^2(t) + \frac{1}{2} L i_L^2(t) = \frac{1}{2} C U^2 \tag{1}$$

gelten.

*b)* Aus Gl.(1) folgt unmittelbar

$$|u_C(t)| \leq U \qquad \text{und} \qquad |i_L(t)| \leq \sqrt{\frac{C}{L}}\, U.$$

*c*) Zwischen den Strömen und Spannungen im Netzwerk von Bild 1.27 bestehen die Beziehungen

$$u_C(t) = u_L(t) = L\frac{di_L}{dt}, \qquad (2a)$$

$$i_L(t) = -i_C(t) = -C\frac{du_C}{dt}. \qquad (2b)$$

Da $u_C(t)$ und $i_L(t)$ aufgrund der Gl.(1) beschränkte Funktionen sind, muß dies auch für deren erste und zweite Ableitung gelten, wie man den Gln.(2a,b) entnehmen kann. Die beiden Funktionen sind also stetig differenzierbar und können deswegen Extremstellen nur dort aufweisen, wo ihre erste Ableitung verschwindet. An den Extremstellen von $u_C(t)$ muß dann wegen Gl.(2b) $i_L(t) = 0$ gelten, woraus mit Gl.(1) $|u_C(t)| = U$ folgt. Entsprechend läßt sich zeigen, daß der Betrag von $i_L(t)$ an den Extremstellen dieser Funktion gleich dem in Teilaufgabe *b* ermittelten Maximalwert $U\sqrt{C/L}$ ist.

# 2. Die komplexe Wechselstromrechnung

Das Ziel dieses Kapitels ist, daß der Bearbeiter der Aufgaben erste Erfahrungen mit der komplexen Zahlenrechnung bei der Untersuchung des stationären Verhaltens harmonisch erregter Netzwerke gewinnt. Die Aufgaben können in folgende Themengruppen eingeteilt werden:
— Elementare komplexe Wechselstromrechung (Aufgabe 1),
— Konstruktion von Zeigerdiagrammen (Aufgaben 1, 2, 9, 10),
— Schwingkreisanalyse (Aufgaben 3, 4),
— Analyse von Brückennetzwerken (Aufgaben 6, 7),
— Impedanzberechnungen (Aufgaben 5, 6, 8, 9, 11),
— Übertrager (Aufgaben 9, 10).

**Aufgabe 2.1**

Mit

$$u_1(t) = \sqrt{2}\, U_1 \cos(\omega t + a_1)$$

und

$$u_2(t) = \sqrt{2}\, U_2 \cos(\omega t + a_2)$$

werden zwei harmonische Spannungen bezeichnet. Die Effektivwerte $U_1$, $U_2$, die Nullphasen $a_1$, $a_2$ und die Kreisfrequenz $\omega$ seien bekannt. Unter Verwendung komplexer Zahlen soll im folgenden die Summenspannung $u_S(t) = u_1(t) + u_2(t)$ und die Differenzspannung $u_D(t) = u_1(t) - u_2(t)$ bestimmt werden.

*a)* Man ermittle anhand eines Zeigerdiagramms die Effektivwerte und die Nullphasen von $u_S(t)$ und $u_D(t)$.

*b)* Man bestimme die Effektivwerte und die Nullphasen von $u_S(t)$ bzw. $u_D(t)$ speziell für den Fall $a_1 = \pi/2$, $a_2 = 0$, $U_2 = \sqrt{3}\, U_1$.

**Lösung zu Aufgabe 2.1**

Den gegebenen Spannungen $u_1(t)$ und $u_2(t)$ werden die Zeigergrößen

$$\underline{U}_1 = U_1 e^{ja_1} \qquad \text{bzw.} \qquad \underline{U}_2 = U_2 e^{ja_2}$$

zugeordnet. Eine entsprechende Zuordnung besteht zwischen den gesuchten Spannungen

$$u_S(t) = u_1(t) + u_2(t) = \sqrt{2}\, U_S \cos(\omega t + a_S)\,,$$

$$u_D(t) = u_1(t) - u_2(t) = \sqrt{2}\, U_D \cos(\omega t + a_D)$$

und den Zeigergrößen

$$\underline{U}_S = \underline{U}_1 + \underline{U}_2 = U_S e^{ja_S}\,,$$

$$\underline{U}_D = \underline{U}_1 - \underline{U}_2 = U_D e^{ja_D}\,.$$

*a*) Aufgrund vorstehender Zusammenhänge erhält man unmittelbar das Zeigerdiagramm nach Bild 2.1 und die Beziehungen

$$\operatorname{Re} \underline{U}_S = \operatorname{Re} \underline{U}_1 + \operatorname{Re} \underline{U}_2 = U_1 \cos a_1 + U_2 \cos a_2 \,,$$

$$\operatorname{Im} \underline{U}_S = \operatorname{Im} \underline{U}_1 + \operatorname{Im} \underline{U}_2 = U_1 \sin a_1 + U_2 \sin a_2 \,,$$

$$\operatorname{Re} \underline{U}_D = \operatorname{Re} \underline{U}_1 - \operatorname{Re} \underline{U}_2 = U_1 \cos a_1 - U_2 \cos a_2 \,,$$

$$\operatorname{Im} \underline{U}_D = \operatorname{Im} \underline{U}_1 - \operatorname{Im} \underline{U}_2 = U_1 \sin a_1 - U_2 \sin a_2 \,.$$

Hieraus ergeben sich die Effektivwerte und die Nullphasen der gesuchten Spannungen:

$$U_S = \sqrt{(\operatorname{Re} \underline{U}_S)^2 + (\operatorname{Im} \underline{U}_S)^2} = \sqrt{U_1^2 + U_2^2 + 2 U_1 U_2 \cos(a_1 - a_2)} \,,$$

$$a_S = \arctan \frac{\operatorname{Im} \underline{U}_S}{\operatorname{Re} \underline{U}_S} = \arctan \frac{U_1 \sin a_1 + U_2 \sin a_2}{U_1 \cos a_1 + U_2 \cos a_2} \qquad \text{für} \quad \operatorname{Re} \underline{U}_S \geqslant 0 \,,$$

$$a_S = \arctan \frac{\operatorname{Im} \underline{U}_S}{\operatorname{Re} \underline{U}_S} + \pi = \arctan \frac{U_1 \sin a_1 + U_2 \sin a_2}{U_1 \cos a_1 + U_2 \cos a_2} + \pi \quad \text{für} \quad \operatorname{Re} \underline{U}_S < 0 \,,$$

$$U_D = \sqrt{U_1^2 + U_2^2 - 2 U_1 U_2 \cos(a_1 - a_2)} \,,$$

$$a_D = \arctan \frac{U_1 \sin a_1 - U_2 \sin a_2}{U_1 \cos a_1 - U_2 \cos a_2} \qquad \text{für} \quad \operatorname{Re} \underline{U}_D \geqslant 0 \,,$$

$$a_D = \arctan \frac{U_1 \sin a_1 - U_2 \sin a_2}{U_1 \cos a_1 - U_2 \cos a_2} + \pi \quad \text{für} \quad \operatorname{Re} \underline{U}_D < 0 \,.$$

Dabei bedeutet die Bezeichnung arctan den Hauptwert der Arcustangens-Funktion.

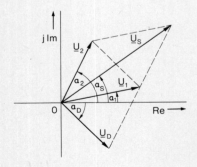

Bild 2.1. Zeigerdiagramm zur Addition und Subtraktion zweier harmonischer Wechselspannungen.

b) Für den Fall $a_1 = \pi/2$, $a_2 = 0$, $U_2 = \sqrt{3}\, U_1$ ergibt sich

$$U_S = 2U_1, \quad a_S = \arctan \frac{U_1}{\sqrt{3}\, U_1} = \frac{\pi}{6},$$

$$U_D = 2U_1, \quad a_D = \arctan \frac{U_1}{-\sqrt{3}\, U_1} + \pi = -\frac{\pi}{6} + \pi = \frac{5}{6}\pi.$$

**Aufgabe 2.2**

Der im Bild 2.2a dargestellte, aus den Widerständen $R_1$ und $R_2$ sowie der Induktivität $L$ bestehende Zweipol wird mit der Wechselspannung $\underline{U}$ erregt.

a) Man berechne den Effektivwert des durch die Induktivität fließenden Stromes $\underline{I}_L$ und dessen Phasenverschiebung gegenüber der Spannung $\underline{U}$ auf rein analytischem Wege. Zur Abkürzung der Rechnung möge auf Formeln zurückgegriffen werden, die in EN abgeleitet wurden.

b) Man löse die Teilaufgabe a auch anhand eines Zeigerdiagramms.

c) Wie lautet die Funktion $i_L(t)$ des Stromes durch die Induktivität im stationären Zustand, wenn $u(t) = \sqrt{2}\,U\sin\omega t$ die erregende Spannung ist?

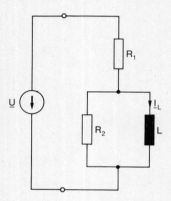

Bild 2.2a. Ein mit der Wechselspannung $\underline{U}$ erregter Zweipol.

**Lösung zu Aufgabe 2.2**

a) Gemäß Gl.(1.46b) aus EN erhält man direkt

$$\underline{I}_L = \frac{R_2}{R_1 R_2 + j\omega L (R_1 + R_2)} \underline{U}. \tag{1}$$

Verwendet man die Bezeichnungen

$$\underline{U} = U e^{j\alpha} \quad \text{und} \quad \underline{I}_L = I_L e^{j\beta},$$

so ergibt sich aus Gl.(1) für den Effektivwert des durch die Induktivität fließenden Stromes

$$I_L = \frac{R_2}{\sqrt{(R_1 R_2)^2 + (\omega L)^2 (R_1 + R_2)^2}} U \tag{2}$$

# 2. Die komplexe Wechselstromrechnung

und für die Phasenverschiebung

$$\arg(\underline{U},\underline{I}_L) = \beta - \alpha = -\arctan \frac{\omega L(R_1 + R_2)}{R_1 R_2} \ . \tag{3}$$

Hierbei bedeutet $\arg(\underline{U},\underline{I}_L)$ den Winkel, der überstrichen wird, wenn der Zeiger $\underline{U}$ in die Richtung von $\underline{I}_L$ gedreht wird. Dabei ist der Winkel positiv, wenn die Drehung im Gegenuhrzeigersinn erfolgt; bei einer Drehung im Uhrzeigersinn ist der Winkel negativ.

b) Zur Konstruktion eines Zeigerdiagramms (Bild 2.2b) geht man einfachheitshalber von einem reellen Stromzeiger $\underline{I}_{R_2}$ beliebiger Länge aus. Aus $\underline{I}_{R_2}$ läßt sich dann der Spannungszeiger $\underline{U}_2 = R_2 \underline{I}_{R_2}$ und aus $\underline{U}_2$ der Stromzeiger $\underline{I}_L = \underline{U}_2/j\omega L$ direkt konstruieren. Die Zeigeraddition von $\underline{I}_{R_2}$ und $\underline{I}_L$ liefert den Stromzeiger $\underline{I}$. Damit erhält man sofort den Spannungszeiger $\underline{U}_1 = R_1 \underline{I}$. Durch Addition von $\underline{U}_1$ und $\underline{U}_2$ ergibt sich schließlich der Spannungszeiger $\underline{U}$. Damit können dem Zeigerdiagramm insbesondere die Phasenverschiebungen $\arg(\underline{U},\underline{I}_L) = \varphi < 0$ und $\arg(\underline{I},\underline{I}_L) = \psi < 0$ entnommen werden.

Aus dem Zeigerdiagramm liest man nun direkt die Beziehungen

$$\frac{|\underline{I}_{R_2}|}{|\underline{I}|} = \frac{I_{R_2}}{I} = \sin|\psi| \ , \qquad \frac{|\underline{I}_L|}{|\underline{I}|} = \frac{I_L}{I} = \cos|\psi|$$

ab. Weiterhin folgt aus dem Zeigerdiagramm aufgrund elementargeometrischer Überlegungen

$$U^2 = [U_2 + U_1 \sin|\psi|]^2 + [U_1 \cos|\psi|]^2 \ .$$

Hieraus ergibt sich wegen $U_1 = R_1 I$, $U_2 = R_2 I_{R_2}$ und $I\sin|\psi| = I_{R_2}$, $I\cos|\psi| = I_L$ die Beziehung

$$U^2 = (R_2 I_{R_2} + R_1 I_{R_2})^2 + (R_1 I_L)^2.$$

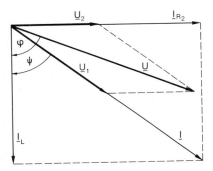

Bild 2.2b. Zeigerdiagramm zur Bestimmung der Ströme und Spannungen im Zweipol von Bild 2.2a.

Mit

$$\frac{I_{R_2}}{I_L} = \frac{\omega L}{R_2}$$

erhält man hieraus

$$U^2 = \left[ \left( \frac{\omega L}{R_2} \right)^2 (R_1 + R_2)^2 + R_1^2 \right] I_L^2$$

oder

$$I_L = \frac{R_2}{\sqrt{(R_1 R_2)^2 + (\omega L)^2 (R_1 + R_2)^2}} U \, .$$

In gleicher Weise ergibt sich

$$\tan|\varphi| = \frac{R_2 I_{R_2} + R_1 I \sin|\psi|}{R_1 I \cos|\psi|} = \frac{R_2 I_{R_2} + R_1 I_{R_2}}{R_1 I_L} = \frac{\omega L (R_1 + R_2)}{R_1 R_2} \, .$$

c) Allgemein gilt im stationären Zustand

$$u(t) = \frac{\sqrt{2}}{2} \left[ \underline{U} e^{j\omega t} + \underline{U}^* e^{-j\omega t} \right] \tag{4a}$$

und

$$i_L(t) = \frac{\sqrt{2}}{2} \left[ \underline{I}_L e^{j\omega t} + \underline{I}_L^* e^{-j\omega t} \right] \, . \tag{4b}$$

Da hier

$$u(t) = \sqrt{2} \, U \sin \omega t = \sqrt{2} \, U \cos\left( \omega t - \frac{\pi}{2} \right)$$

$$= \frac{\sqrt{2}}{2} \left[ U e^{-j\frac{\pi}{2}} e^{j\omega t} + U e^{j\frac{\pi}{2}} e^{-j\omega t} \right]$$

ist, ergibt sich, wie ein Vergleich mit Gl.(4a) zeigt, die Beziehung

$$\underline{U} = U e^{-j\frac{\pi}{2}} \, .$$

2. Die komplexe Wechselstromrechnung

Der Effektivwert $I_L$ des Wechselstromes $\underline{I}_L$ ist durch Gl.(2) gegeben, der Phasenwinkel $\beta$ von $\underline{I}_L$ nach Gl.(3) mit $a = -\pi/2$ durch

$$\beta = -\frac{\pi}{2} - \arctan \frac{\omega L(R_1 + R_2)}{R_1 R_2}.$$

Damit erhält man nach Gl.(4b)

$$i_L(t) = \frac{\sqrt{2}\, R_2 U}{\sqrt{(R_1 R_2)^2 + \omega^2 L^2 (R_1 + R_2)^2}} \cos\left[\omega t - \frac{\pi}{2} - \arctan \frac{\omega L(R_1 + R_2)}{R_1 R_2}\right]$$

$$= \frac{\sqrt{2}\, R_2 U}{\sqrt{(R_1 R_2)^2 + \omega^2 L^2 (R_1 + R_2)^2}} \sin\left[\omega t - \arctan \frac{\omega L(R_1 + R_2)}{R_1 R_2}\right].$$

Der Strom $i_L(t)$ entsteht also dadurch aus der Spannung $u(t)$, daß man den Effektivwert $U$ mit dem in Gl.(2) angegebenen Faktor multipliziert und zum Argument $\omega t$ die durch Gl.(3) gegebene Phasenverschiebung $\arg(\underline{U},\underline{I}_L)$ addiert.

## Aufgabe 2.3

Der im Bild 2.3a dargestellte Parallelschwingkreis wird durch einen Wechselstrom $\underline{I}$ erregt.

*a)* Man bestimme nach Einführung der normierten Kreisfrequenz $\Omega = \omega\sqrt{LC}$ und der Schwingkreisgüte $Q = 1/(G\sqrt{L/C})$ die normierten Ströme

$$\frac{\underline{I}_G}{\underline{I}}, \quad \frac{\underline{I}_L}{\underline{I}}, \quad \frac{\underline{I}_C}{\underline{I}}$$

als Funktionen von $\Omega$ und $Q$.

*b)* Man diskutiere den Verlauf der Funktionen $|\underline{I}_G/\underline{I}|$, $|\underline{I}_L/\underline{I}|$ und $|\underline{I}_C/\underline{I}|$ in Abhängigkeit von $\Omega$. Insbesondere bestimme man Lage und Höhe der Extrema dieser Funktionen.

*c)* Man skizziere die in Teilaufgabe *b* diskutierten Kurven für die Werte $Q = 2$, $Q = 1$ und $Q = 1/\sqrt{2}$.

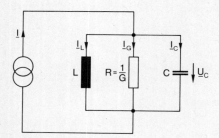

Bild 2.3a. Ein mit dem Wechselstrom $\underline{I}$ erregter gedämpfter Parallelschwingkreis.

## Lösung zu Aufgabe 2.3

*a)* Für die Admittanz des Netzwerks $\underline{Y} = \underline{I}/\underline{U}$ erhält man

$$\underline{Y} = G + j\omega C + \frac{1}{j\omega L} = G + j\sqrt{\frac{C}{L}}\left(\omega\sqrt{LC} - \frac{1}{\omega\sqrt{LC}}\right) = G\left[1 + jQ\left(\Omega - \frac{1}{\Omega}\right)\right].$$

Mit Hilfe dieser Beziehung lassen sich die einzelnen normierten Ströme folgendermaßen bestimmen:

$$\frac{\underline{I}_G}{\underline{I}} = \frac{G\underline{U}}{\underline{I}} = \frac{G}{\underline{Y}} = \frac{1}{1 + jQ\left(\Omega - \frac{1}{\Omega}\right)}, \tag{1a}$$

## 2. Die komplexe Wechselstromrechnung

$$\frac{\underline{I}_L}{\underline{I}} = \frac{1}{j\omega L \underline{Y}} = \frac{-j\frac{Q}{\Omega}}{1 + jQ\left(\Omega - \frac{1}{\Omega}\right)} , \qquad (1b)$$

$$\frac{\underline{I}_C}{\underline{I}} = \frac{j\omega C}{\underline{Y}} = \frac{jQ\Omega}{1 + jQ\left(\Omega - \frac{1}{\Omega}\right)} . \qquad (1c)$$

b) Aus Gl.(1a) folgt

$$\left|\frac{\underline{I}_G}{\underline{I}}\right| = \frac{1}{\sqrt{1 + Q^2\left(\Omega - \frac{1}{\Omega}\right)^2}} . \qquad (2a)$$

Wie man unmittelbar sieht, hat diese Funktion für $\Omega = 1$ ein Maximum mit dem Wert

$$\left|\frac{\underline{I}_G}{\underline{I}}\right|_{\Omega=1} = 1 .$$

Für $\Omega = 0$ und $\Omega \to \infty$ erhält man die Funktionswerte

$$\left|\frac{\underline{I}_G}{\underline{I}}\right|_{\Omega=0} = 0 \qquad \text{bzw.} \qquad \lim_{\Omega \to \infty}\left|\frac{\underline{I}_G}{\underline{I}}\right| = 0 .$$

In der unmittelbaren Umgebung von $\Omega = 0$ verhält sich die Funktion nach Gl.(2a) näherungsweise wie $\Omega/Q$, d.h. die Steigung von $|\underline{I}_G/\underline{I}|$ hat in $\Omega = 0$ den Wert $1/Q$. Aus Gl.(1b) folgt

$$\left|\frac{\underline{I}_L}{\underline{I}}\right| = \frac{\frac{Q}{\Omega}}{\sqrt{1 + Q^2\left(\Omega - \frac{1}{\Omega}\right)^2}} = \frac{Q}{\sqrt{\Omega^2 + Q^2(\Omega^2 - 1)^2}} . \qquad (2b)$$

Hieraus erhält man den Differentialquotienten

$$\frac{d}{d\Omega}\left|\frac{\underline{I}_L}{\underline{I}}\right| = -\Omega Q \frac{1 - 2Q^2 + 2Q^2\Omega^2}{[Q^2 + (1 - 2Q^2)\Omega^2 + Q^2\Omega^4]^{3/2}} .$$

Setzt man diesen Ausdruck gleich Null, dann ergeben sich die Stellen extremalen Betrages von $\underline{I}_L/\underline{I}$:

$$\Omega = 0 \qquad \text{mit} \qquad \left|\frac{\underline{I}_L}{\underline{I}}\right| = 1 \; ,$$

$$\Omega = \sqrt{1 - \frac{1}{2Q^2}} \qquad \text{mit} \qquad \left|\frac{\underline{I}_L}{\underline{I}}\right| = \frac{Q}{\sqrt{1 - \frac{1}{4Q^2}}} \; .$$

Die zweite Extremstelle existiert nur für $Q^2 > 1/2$. Für $\Omega = 0$ und $\Omega \to \infty$ erhält man die Funktionswerte

$$\left|\frac{\underline{I}_L}{\underline{I}}\right|_{\Omega=0} = 1 \qquad \text{bzw.} \qquad \lim_{\Omega \to \infty} \left|\frac{\underline{I}_L}{\underline{I}}\right| = 0 \; .$$

In der Umgebung von $\Omega = 0$ verhält sich $|\underline{I}_L/\underline{I}|$ nach Gl.(2b) wie

$$\frac{1}{\sqrt{1 + \left(\frac{1}{Q^2} - 2\right)\Omega^2 + \Omega^4}} = 1 - \frac{1}{2}\left[\frac{1}{Q^2} - 2\right]\Omega^2 - + \dots \; ,$$

die entsprechende Kurve öffnet sich daher für $Q^2 > 1/2$ nach oben, andernfalls nach unten.

Aus Gl.(1c) folgt

$$\left|\frac{\underline{I}_C}{\underline{I}}\right| = \frac{\Omega Q}{\sqrt{1 + Q^2\left(\Omega - \frac{1}{\Omega}\right)^2}} = \frac{\Omega^2 Q}{\sqrt{\Omega^2 + Q^2(\Omega^2 - 1)^2}} \; . \tag{2c}$$

Hieraus erhält man den Differentialquotienten

$$\frac{d}{d\Omega}\left|\frac{\underline{I}_C}{\underline{I}}\right| = \Omega Q \frac{2Q^2 + (1 - 2Q^2)\Omega^2}{[Q^2 + (1 - 2Q^2)\Omega^2 + Q^2\Omega^4]^{3/2}} \; .$$

Setzt man diesen Ausdruck gleich Null, dann ergeben sich die Stellen extremalen Betrages von $\underline{I}_C/\underline{I}$:

$$\Omega = 0 \qquad \text{mit} \qquad \left|\frac{\underline{I}_C}{\underline{I}}\right| = 0 \; ,$$

$$\Omega = \cfrac{1}{\sqrt{1-\cfrac{1}{2Q^2}}} \quad \text{mit} \quad \left|\cfrac{\underline{I}_C}{\underline{I}}\right| = \cfrac{Q}{\sqrt{1-\cfrac{1}{4Q^2}}}.$$

Die zweite Extremstelle existiert nur für $Q^2 > 1/2$. Für $\Omega = 0$ und $\Omega \to \infty$ erhält man die Funktionswerte

$$\left|\cfrac{\underline{I}_C}{\underline{I}}\right|_{\Omega=0} = 0 \quad \text{bzw.} \quad \lim_{\Omega \to \infty} \left|\cfrac{\underline{I}_C}{\underline{I}}\right| = 1.$$

Das asymptotische Verhalten der Funktion $|\underline{I}_C/\underline{I}|$ lautet nach Gl.(2c) für $\Omega \to \infty$

$$\cfrac{1}{\sqrt{1+\left(\cfrac{1}{Q^2}-2\right)\cfrac{1}{\Omega^2}+\cfrac{1}{\Omega^4}}} = 1 - \cfrac{1}{2}\left[\cfrac{1}{Q^2}-2\right]\cfrac{1}{\Omega^2} - + \ldots\ .$$

Für $Q^2 > 1/2$ nähert sich also die Kurve von oben her der Asymptote Eins, andernfalls dagegen von unten her.

c) Der Verlauf der in Teilaufgabe $b$ diskutierten Funktionen ist für verschiedene Werte von $Q$ in den Bildern 2.3b - d dargestellt.

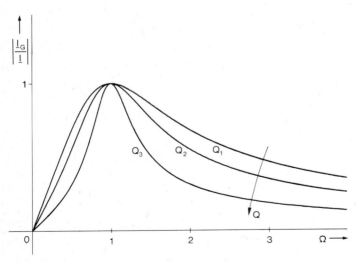

Bild 2.3b. Verlauf der Kurve $|\underline{I}_G/\underline{I}|$ in Abhängigkeit von $\Omega$ für die Güten $Q_1 = 1/\sqrt{2}$, $Q_2 = 1$, $Q_3 = 2$.

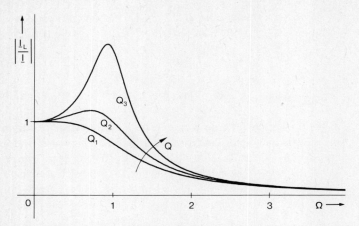

Bild 2.3c. Verlauf der Kurve $|\underline{I}_L/\underline{I}|$ in Abhängigkeit von $\Omega$ für die Güten $Q_1 = 1/\sqrt{2}$, $Q_2 = 1$, $Q_3 = 2$.

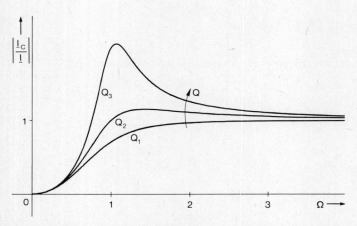

Bild 2.3d. Verlauf der Kurve $|\underline{I}_C/\underline{I}|$ in Abhängigkeit von $\Omega$ für die Güten $Q_1 = 1/\sqrt{2}$, $Q_2 = 1$, $Q_3 = 2$.

## Aufgabe 2.4

Wird eine Spule durch die Reihenanordnung einer Induktivität $L$ und eines Widerstands $R$ beschrieben (Bild 2.4a), so versteht man unter der Güte der Spule bei der Kreisfrequenz $\omega = 2\pi f$ die Größe

$$Q(\omega) = \frac{\omega L}{R} \ .$$

Die Güte $Q(\omega)$ läßt sich meßtechnisch für eine vorgegebene Kreisfrequenz $\omega$ dadurch bestimmen, daß man in Reihe zur Spule eine variable Kapazität $C$ schaltet und die Gesamtanordnung an die Wechselspannung $\underline{U}$ legt (Bild 2.4b). Die Kapazität wird so eingestellt, daß in dem aus $R, L$ und $C$ bestehenden Reihenschwingkreis Resonanz auftritt. Danach wird der Effektivwert der Spannung $\underline{U}_C$ an der Kapazität gemessen. Wie kann aus den Effektivwerten der Spannungen $\underline{U}$ und $\underline{U}_C$ die Güte $Q(\omega)$ angegeben werden?

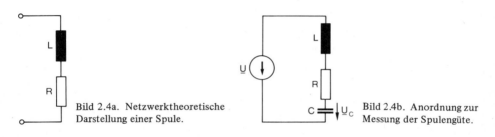

Bild 2.4a. Netzwerktheoretische Darstellung einer Spule.

Bild 2.4b. Anordnung zur Messung der Spulengüte.

### Lösung zu Aufgabe 2.4

Für die Resonanzkreisfrequenz des Reihenschwingkreises

$$\omega = \frac{1}{\sqrt{LC}}$$

erhält man die Spulengüte

$$Q(\omega) = \frac{\omega L}{R} = \frac{1}{R}\sqrt{\frac{L}{C}} \ .$$

Sie stimmt gemäß EN, Gl.(2.40) mit der Güte des vorliegenden Schwingkreises überein. Damit erhält man aufgrund von EN, Gl.(2.46b) für die Kapazitätsspannung

$$\underline{U}_C = -jQ(\omega)\underline{U} \ .$$

Hieraus folgt

$$Q(\omega) = \left| \frac{U_C}{U} \right| .$$

Die Spulengüte ergibt sich also als Quotient der Effektivwerte der Spannungen $U_C$ und $U$ bei Resonanz des Schwingkreises.

Da nur durch verhältnismäßig hohen meßtechnischen Aufwand der Kapazitätswert ermittelt werden kann, für den der Schwingkreis in Resonanz ist, geht man bei der praktischen Gütebestimmung häufig etwas anders vor. Man variiert bei festgehaltenem $U$ und $\omega$ die Kapazität so lange, bis $U_C$ maximal wird. Im Gegensatz zum oben geschilderten Verfahren, bei dem man die Kapazität aufgrund der Resonanzforderung auf den Wert $C = C_{Res} = 1/(\omega^2 L)$ einzustellen hatte und die Spulengüte $Q(\omega)$ als Effektivwertverhältnis $U_C/U$ erhielt, führt die Forderung, daß $U_C/U$ in Abhängigkeit von $C$ zum Maximum gemacht werden soll, auf die Gleichung

$$\frac{d}{dC}\left[\frac{U_C}{U}\right] = \frac{d}{dC}\left[\frac{1}{\sqrt{(1-\omega^2 LC)^2 + (\omega CR)^2}}\right] = \frac{\omega^2[L - (R^2 + \omega^2 L^2)C]}{[(1-\omega^2 LC)^2 + (\omega CR)^2]^{3/2}} = 0$$

mit der Lösung

$$C_{Max} = \frac{L}{R^2 + \omega^2 L^2} = \frac{Q^2(\omega)}{1 + Q^2(\omega)} C_{Res} .$$

Für das zugehörige Effektivwertverhältnis $U_C/U$ ergibt sich dann der Wert

$$\frac{U_C}{U} = \frac{\sqrt{R^2 + \omega^2 L^2}}{R} = \sqrt{1 + Q^2(\omega)} .$$

Wie man sieht, unterscheiden sich bei hinreichend großer Spulengüte $Q(\omega)$ die Kapazitätswerte $C_{Res}$ und $C_{Max}$ beliebig wenig voneinander. Das gleiche gilt für die zugehörigen Verhältnisse $U_C/U$. Bereits bei der verhältnismäßig geringen Spulengüte $Q(\omega) = 8$ liegt die relative Abweichung der Effektivwertverhältnisse $U_C/U$, die sich für $C_{Res}$ bzw. $C_{Max}$ ergeben, unterhalb einem Prozent. Man begeht daher im allgemeinen keinen nennenswerten Fehler, wenn man $C$ auf den meßtechnisch leichter zu ermittelnden Wert $C_{Max}$ einstellt und das dabei gemessene Effektivwertverhältnis $U_C/U$ mit der gesuchten Spulengüte $Q(\omega)$ gleichsetzt.

## Aufgabe 2.5

Der im Bild 2.5 dargestellte Zweipol soll im folgenden untersucht werden.

*a)* Man bestimme allgemein als Funktion der Kreisfrequenz $\omega$ und in Abhängigkeit von den Netzwerkelementen $R_1, R_2, L$ und $C$ die Impedanz $\underline{Z}(\omega)$ dieses Zweipols.

*b)* Wie sind $R_1$ und $R_2$ zu wählen, damit $\underline{Z}(0) = \underline{Z}(\infty) = R$ wird, d.h. damit der Zweipol bei Betrieb mit Gleichspannung bzw. Wechselspannung sehr hoher Frequenz den gleichen reellen Eingangswiderstand $R$ besitzt?

*c)* Welche Bindung muß zusätzlich zwischen den Werten der Netzwerkelemente bestehen, damit $\underline{Z}(\omega)$ für den gesamten Frequenzbereich $0 \leqslant \omega \leqslant \infty$ den konstanten Wert $R$ annimmt?

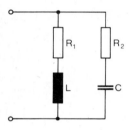

Bild 2.5. Ein Zweipol, dessen Impedanz zu ermitteln ist.

**Lösung zu Aufgabe 2.5**

*a)* Mit den Impedanzen

$$\underline{Z}_1(\omega) = R_1 + j\omega L \qquad \text{und} \qquad \underline{Z}_2(\omega) = R_2 + \frac{1}{j\omega C}$$

erhält man als Impedanz der Parallelanordnung von Bild 2.5

$$\underline{Z}(\omega) = \frac{\underline{Z}_1(\omega)\,\underline{Z}_2(\omega)}{\underline{Z}_1(\omega) + \underline{Z}_2(\omega)} = \frac{(R_1 + j\omega L)\left(R_2 + \dfrac{1}{j\omega C}\right)}{R_1 + R_2 + \dfrac{1}{j\omega C} + j\omega L}$$

oder nach Erweiterung im Zähler und Nenner dieses Ausdrucks mit $j\omega C$

$$\underline{Z}(\omega) = \frac{R_1 - \omega^2 LCR_2 + j\omega(L + R_1 R_2 C)}{1 - \omega^2 LC + j\omega C(R_1 + R_2)} \; .$$

b) Wegen $\underline{Z}(0) = R_1$ und $\underline{Z}(\infty) = R_2$ folgt aus der Forderung $\underline{Z}(0) = \underline{Z}(\infty) = R$ unmittelbar

$$R_1 = R_2 = R.$$

c) Unter Verwendung des Ergebnisses von Teilaufgabe b ergibt sich

$$\underline{Z}(\omega) = \frac{1 - \omega^2 LC + j\omega\left(\dfrac{L}{R} + RC\right)}{1 - \omega^2 LC + j\omega 2CR} R \ .$$

Soll nun $\underline{Z}(\omega)$ im gesamten Frequenzintervall $0 \leqslant \omega \leqslant \infty$ den Wert $R$ annehmen, dann muß aufgrund dieser Darstellung für $\underline{Z}(\omega)$ offensichtlich

$$\frac{L}{R} + RC = 2RC$$

gefordert werden. Hieraus folgt die gesuchte Beziehung

$$\frac{L}{C} = R^2.$$

## Aufgabe 2.6

Für den im Bild 2.6a dargestellten Zweipol ist das Verhalten der Eingangsimpedanz $\underline{Z}$ in Abhängigkeit von der Kreisfrequenz $\omega$ zu untersuchen.

*a)* Man ermittle $\underline{Z}(\omega)$.

*b)* Man berechne insbesondere $\underline{Z}(0)$ und $\underline{Z}(\infty)$ und begründe das Ergebnis physikalisch.

*c)* Bei welcher Kreisfrequenz stellt der Zweipol einen reinen Blindwiderstand dar? Wie groß ist dieser?

*d)* Man zeige, daß die beiden Widerstände stromlos sind, wenn der Zweipol durch einen Wechselstrom oder eine Wechselspannung mit der in Teilaufgabe c genannten Kreisfrequenz erregt wird.

*e)* Für welche Werte von $Q = \sqrt{L/C}/R$ gibt es außer bei $\omega = 0$ und $\omega = \infty$ noch eine weitere Kreisfrequenz, bei welcher der Imaginärteil von $\underline{Z}$ verschwindet? Wie groß ist diese Kreisfrequenz und der dazu gehörige Widerstand, wenn $Q = 2$ ist?

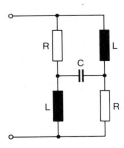

Bild 2.6a. Ein Zweipol, dessen Impedanz zu untersuchen ist.

## Lösung zu Aufgabe 2.6

*a)* Aufgrund einer Symmetriebetrachtung des gegebenen Netzwerks ist zu erkennen, daß die Ströme in zueinander diagonal liegenden Zweigen jeweils identisch sind. Diese Tatsache wurde im Bild 2.6b durch die Bezeichnung $\underline{I}_1$ bzw. $\underline{I}_2$ ausgedrückt. Die Knotenregel liefert

$$\underline{I}_2 = \underline{I} - \underline{I}_1 \tag{1}$$

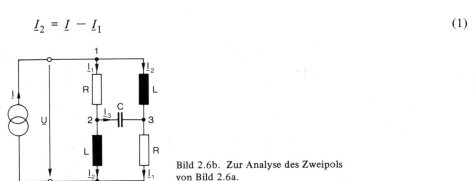

Bild 2.6b. Zur Analyse des Zweipols von Bild 2.6a.

und

$$\underline{I}_3 = \underline{I}_1 - \underline{I}_2 = 2\underline{I}_1 - \underline{I}. \qquad (2)$$

Wendet man die Maschenregel auf die Elementarmasche mit den Knoten 1, 2, 3 an, so erhält man unter Verwendung der Gln.(1) und (2) die Beziehung

$$R\underline{I}_1 + \frac{1}{j\omega C}(2\underline{I}_1 - \underline{I}) - j\omega L(\underline{I} - \underline{I}_1) = 0$$

oder das Verhältnis

$$\frac{\underline{I}_1}{\underline{I}} = \frac{j\omega L + \dfrac{1}{j\omega C}}{R + \dfrac{2}{j\omega C} + j\omega L}. \qquad (3)$$

Außerdem gilt

$$R\underline{I}_1 + j\omega L \underline{I}_2 = \underline{U},$$

d.h. mit Gl.(1)

$$(R - j\omega L)\underline{I}_1 + j\omega L \underline{I} = \underline{U}.$$

Dividiert man beide Seiten dieser Gleichung durch $\underline{I}$ und ersetzt dann $\underline{I}_1/\underline{I}$ nach Gl.(3), so ergibt sich für die Impedanz $\underline{Z}(\omega) = \underline{U}/\underline{I}$ die Beziehung

$$\underline{Z}(\omega) = j\omega L + \frac{\left(j\omega L + \dfrac{1}{j\omega C}\right)(R - j\omega L)}{R + \dfrac{2}{j\omega C} + j\omega L} \qquad (4)$$

oder

$$\underline{Z}(\omega) = \frac{\dfrac{L}{C} + \dfrac{R}{j\omega C} + j\omega 2LR}{R + \dfrac{2}{j\omega C} + j\omega L}. \qquad (5)$$

b) Aus Gl.(5) folgen die speziellen Werte

$$\underline{Z}(0) = \frac{R}{2}, \qquad \underline{Z}(\infty) = 2R.$$

Der Wert $\underline{Z}(0)$ läßt sich dem Netzwerk direkt entnehmen, wenn man die Induktivitäten durch Kurzschlüsse und die Kapazität durch einen Leerlauf ersetzt (Parallelschaltung der Widerstände). Entsprechend erhält man den Wert $\underline{Z}(\infty)$ direkt aus dem Netzwerk, wenn man die Kapazität kurzschließt und die Induktivitäten heraustrennt (Reihenschaltung der Widerstände).

c) Aus Gl.(4) ist zu ersehen, daß $\underline{Z}(\omega)$ genau dann rein imaginär wird, wenn

$$\frac{R - j\omega L}{R + \dfrac{2}{j\omega C} + j\omega L}$$

rein reell oder

$$j\omega L + \frac{1}{j\omega C} = 0$$

ist. Der erste Fall liegt dann vor, wenn

$$-j\omega L = \frac{2}{j\omega C} + j\omega L \;,$$

d.h.

$$2\left(j\omega L + \frac{1}{j\omega C}\right) = 0$$

gilt. Damit erhält man aber in beiden Fällen dieselbe Bestimmungsgleichung für die Kreisfrequenz. Die Lösung lautet

$$\omega_0 = \frac{1}{\sqrt{LC}} \;,$$

der zugehörige Wert der Impedanz ist

$$\underline{Z}(\omega_0) = j\omega_0 L = j\sqrt{\frac{L}{C}} \;.$$

d) Da $\underline{Z}(\omega_0)$ von Null und Unendlich verschieden ist, liegt ein endlicher Strom $\underline{I}$ vor, unabhängig davon, ob der Zweipol durch eine Stromquelle oder eine Spannungsquelle erregt wird. Aus Gl.(3) erhält man

$$\left.\frac{\underline{I}_1}{\underline{I}}\right|_{\omega = \omega_0} = 0 \;,$$

d.h. $\underline{I}_1 = 0$ für $\omega = \omega_0$. Das Netzwerk verhält sich also bei der Kreisfrequenz $\omega = \omega_0$ wie die Reihenanordnung aus einer Induktivität $L$ und einem Reihenschwingkreis mit der Induktivität $L$ und der Kapazität $C$. Die Spannung am Reihenschwingkreis ist wegen Resonanz gleich Null, so daß nach außen nur eine Induktivität $L$ in Erscheinung tritt.

*e*) Wenn man auf der rechten Seite von Gl.(5) mit dem konjugiert komplexen Nenner erweitert, ergibt sich

$$\underline{Z}(\omega) = \frac{\left[\frac{L}{C} + j\left(2\omega LR - \frac{R}{\omega C}\right)\right]\left[R - j\left(\omega L - \frac{2}{\omega C}\right)\right]}{R^2 + \left(\omega L - \frac{2}{\omega C}\right)^2}.$$

Hieraus folgt für den Imaginärteil

$$\operatorname{Im} \underline{Z}(\omega) = \frac{R^2\left(2\omega L - \frac{1}{\omega C}\right) - \frac{L}{C}\left(\omega L - \frac{2}{\omega C}\right)}{R^2 + \left(\omega L - \frac{2}{\omega C}\right)^2}.$$

Damit dieser Ausdruck verschwindet, muß $\omega$ so gewählt werden, daß

$$R^2\left(2\omega^2 L - \frac{1}{C}\right) = \frac{L}{C}\left(\omega^2 L - \frac{2}{C}\right)$$

gilt, d.h.

$$\omega^2 = \frac{CR^2 - 2L}{LC(2CR^2 - L)} = \frac{1 - 2Q^2}{2 - Q^2}\,\omega_0^2.$$

Damit diese Größe positiv wird, muß eine der folgenden Forderungen erfüllt sein:

*α*)  $Q^2 < 1/2$   (dann ist zwangsläufig $Q^2 < 2$),

*β*)  $Q^2 > 2$    (dann ist zwangsläufig $Q^2 > 1/2$).

Es muß also entweder $Q^2 < 1/2$ oder $Q^2 > 2$ sein. Für $Q^2 = 4$ wird die gesuchte Kreisfrequenz

$$\omega = \sqrt{7/2}\,\omega_0 \qquad \text{und} \qquad \underline{Z}(\sqrt{7/2}\,\omega_0) = 4R\,.$$

## Aufgabe 2.7

Eine technische Spule kann man gemäß EN, Abschnitt 1.7.2 näherungsweise durch die Reihenanordnung eines Widerstands $R_1$ und einer Induktivität $L_1$ darstellen. Zur meßtechnischen Bestimmung der Induktivität $L_1$ und des Widerstands $R_1$ kann die im Bild 2.7a dargestellte Wechselstrommeßbrücke verwendet werden. Dabei wird von bekannten Werten $R_2, R_3, C_4$ und $G_4 = 1/R_4$ ausgegangen.

*a)* Man gebe die Abgleichbedingung für die Meßbrücke an, d.h. die Bedingung für $\underline{U}_2 = 0$, und zwar allgemein bei einer Brücke mit den Brückenimpedanzen $\underline{Z}_1, \underline{Z}_2, \underline{Z}_3, \underline{Z}_4$.

*b)* Man wende das Ergebnis von Teilaufgabe *a* auf die im Bild 2.7a abgebildete Meßbrücke an und drücke die Abgleichbedingung in Form von zwei Beziehungen zwischen reellen Größen aus.

*c)* Welche der bekannten Netzwerkelemente wird man zweckmäßigerweise variabel und welche fest wählen? Muß die Brücke bei konstanter Frequenz betrieben werden?

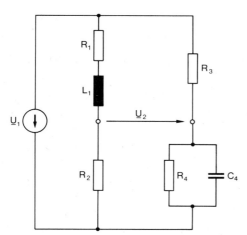

Bild 2.7a. Wechselstrommeßbrücke zur Bestimmung der Induktivität und des Widerstands einer Spule.

## Lösung zu Aufgabe 2.7

*a)* Betrachtet man die im Bild 2.7b dargestellte Brücke mit den Impedanzen $\underline{Z}_1, \underline{Z}_2, \underline{Z}_3$ und $\underline{Z}_4$, so liefert zunächst die Maschenregel für die Masche I

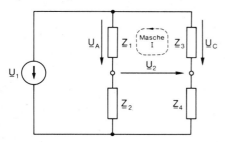

Bild 2.7b. Zur Analyse der Wechselstrommeßbrücke von Bild 2.7a.

$$\underline{U}_A + \underline{U}_2 - \underline{U}_C = 0 \ .$$

Dabei gilt gemäß der Spannungsteilergleichung (1.47) aus EN

$$\underline{U}_A = \frac{\underline{Z}_1}{\underline{Z}_1 + \underline{Z}_2} \underline{U}_1 \ , \qquad \underline{U}_C = \frac{\underline{Z}_3}{\underline{Z}_3 + \underline{Z}_4} \underline{U}_1 \ .$$

Im Falle des Abgleichs ist $\underline{U}_2 = 0$, und man erhält dann aus den vorstehenden Beziehungen

$$\frac{\underline{Z}_1}{\underline{Z}_1 + \underline{Z}_2} = \frac{\underline{Z}_3}{\underline{Z}_3 + \underline{Z}_4} \ .$$

Hieraus folgt direkt die Abgleichbedingung

$$\underline{Z}_1 \underline{Z}_4 = \underline{Z}_2 \underline{Z}_3 \ . \tag{1}$$

b) Es ist hier

$$\underline{Z}_1 = R_1 + j\omega L_1 \ ,$$

$$\underline{Z}_2 = R_2 \ , \qquad \underline{Z}_3 = R_3 \ ,$$

$$\underline{Z}_4 = \frac{1}{\underline{Y}_4} = \frac{1}{G_4 + j\omega C_4}$$

zu wählen. Führt man diese Ausdrücke in Gl.(1) ein, so erhält man

$$R_1 + j\omega L_1 = R_2 R_3 G_4 + j\omega R_2 R_3 C_4 \ .$$

Setzt man in dieser Gleichung die Realteile einander gleich und verfährt man in gleicher Weise mit den Imaginärteilen, dann entstehen die gesuchten reellen Abgleichbedingungen

$$R_1 = R_2 R_3 G_4 \ , \qquad L_1 = R_2 R_3 C_4 \ .$$

c) Wie aus den Ergebnissen von Teilaufgabe b zu entnehmen ist, empfiehlt es sich, die Widerstände $R_2, R_3$ festzuhalten und nur die Werte $G_4, C_4$ variabel zu wählen. Auf diese Weise werden $R_1$ und $L_1$ voneinander getrennt bestimmt. Wie man aus den Abgleichbedingungen sieht, ist der Brückenabgleich von der Frequenz unabhängig.

## Aufgabe 2.8

Zur Erzeugung von elektrischen Schwingungen konstanter Frequenz verwendet man häufig Quarzoszillatoren. Das elektrische Verhalten eines solchen Quarzes wird näherungsweise durch das im Bild 2.8a dargestellte Ersatznetzwerk beschrieben.

*a)* Man bestimme die Eingangsimpedanz $\underline{Z}(\omega)$ des Netzwerks als Funktion der Kreisfrequenz $\omega$ und der Netzwerkelemente $L$, $C$ und $C_h$. Als Abkürzungen führe man die Größen

$$C_g = \frac{C_h C}{C_h + C}, \qquad \omega_K^2 = \frac{1}{LC}, \qquad \omega_L^2 = \frac{1}{LC_g}$$

ein.

*b)* Bei welchen Werten der Kreisfrequenz $\omega$ verhält sich das Netzwerk wie ein Kurzschluß, bei welchen wie ein Leerlauf? Man ordne diese Werte der Größe nach. Was fällt hierbei auf?

*c)* Für den Fall $C_h = 10\,\text{pF}$, $C = 1\,\text{pF}$ und $L = 10\,\text{mH}$ bilde man die reelle Funktion

$$y(\omega/\omega_K) = j\omega_K C_h \underline{Z}(\omega)$$

und stelle sie in Abhängigkeit von der normierten Frequenz $\Omega = \omega/\omega_K$ in einem Diagramm dar.

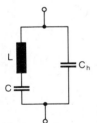

Bild 2.8a. Netzwerktheoretische Darstellung eines Schwingquarzes.

### Lösung zu Aufgabe 2.8

*a)* Dem Netzwerk von Bild 2.8a läßt sich direkt die Impedanz

$$\underline{Z}(\omega) = \frac{\dfrac{1}{j\omega C_h}\left(j\omega L + \dfrac{1}{j\omega C}\right)}{j\omega L + \dfrac{1}{j\omega}\dfrac{C_h + C}{C_h C}} = \frac{1}{j\omega C_h}\dfrac{\dfrac{1}{LC} - \omega^2}{\dfrac{C_h + C}{LC_h C} - \omega^2}$$

entnehmen. Führt man die in Teilaufgabe $a$ angegebenen Abkürzungen ein, so ergibt sich

$$\underline{Z}(\omega) = \frac{1}{j\omega C_h} \frac{\omega_K^2 - \omega^2}{\omega_L^2 - \omega^2} . \tag{1}$$

$b$) Wie der Gl.(1) entnommen werden kann, entsteht für die Kreisfrequenzen

$$\omega_{01} = \omega_K \quad \text{und} \quad \omega_{02} = \infty$$

ein Kurzschluß, für

$$\omega_{\infty 1} = 0 \quad \text{und} \quad \omega_{\infty 2} = \omega_L$$

dagegen ein Leerlauf. Da $1/C_g = 1/C + 1/C_h > 1/C$ gilt, muß $\omega_L > \omega_K$ sein. Damit erhält man die Ungleichungskette

$$\omega_{\infty 1} < \omega_{01} < \omega_{\infty 2} < \omega_{02} .$$

Die Pole und Nullstellen von $\underline{Z}(\omega)$ trennen sich also gegenseitig.

$c$) Aus Gl.(1) ergibt sich

$$y\left(\frac{\omega}{\omega_K}\right) = j\omega_K C_h \underline{Z}(\omega) = \frac{\omega_K}{\omega} \frac{1 - \left(\frac{\omega}{\omega_K}\right)^2}{\left(\frac{\omega_L}{\omega_K}\right)^2 - \left(\frac{\omega}{\omega_K}\right)^2} .$$

Mit $\Omega = \omega/\omega_K$ und $(\omega_L/\omega_K)^2 = C/C_g = a^2$ wird

$$y(\Omega) = \frac{1 - \Omega^2}{\Omega(a^2 - \Omega^2)} .$$

Für $C_h = 10\,\text{pF}$ und $C = 1\,\text{pF}$ erhält man $C_g = 10/11\,\text{pF}$ und $a^2 = 11/10$. Der Verlauf von $y(\Omega)$ ist im Bild 2.8b dargestellt. Aus den gegebenen Werten folgt für die Normierungskreisfrequenz $\omega_K = 10^7\,\text{s}^{-1}$.

Ergänzend ist noch festzustellen, daß zur genaueren Beschreibung des Frequenzverhaltens von Quarzen im Ersatznetzwerk ein Widerstand $R$ in Reihe zu $L$ und $C$ eingefügt werden müßte. Dieser ist im allgemeinen so klein, daß die Quarzgüte $Q = \omega L/R$ in der unmittelbaren Umgebung der Kreisfrequenzen $\omega_K$ und $\omega_L$ Werte in der Größenordnung von $10^4$ bis $10^6$ aufweist. Bei realen Quarzen liegt $C$ unterhalb von $10^{-1}\,\text{pF}$; das Verhältnis $C_h/C$ ist im allgemeinen größer als 100, was einer weitgehenden Übereinstimmung der Kreisfrequenzen $\omega_K$ und $\omega_L$ entspricht. Je nach der Art der verwendeten Schwingschaltung wird der Quarz entweder in Serienresonanz ($\omega_K$) oder in Parallelresonanz ($\omega_L$) betrieben.

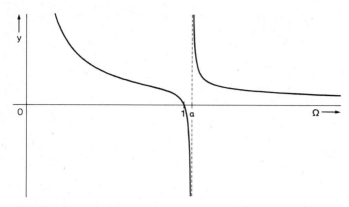

Bild 2.8b. Verlauf der Frequenzcharakteristik $y(\Omega)$ des Schwingquarzes.

## Aufgabe 2.9

Ein festgekoppelter Übertrager, dessen Wicklungswiderstände vernachlässigbar sein sollen, wird auf seiner Primärseite von einer Wechselspannung $\underline{U}_1$ mit der Kreisfrequenz $\omega$ erregt, die Sekundärseite ist mit dem Zweipol $\underline{Z}$ abgeschlossen. Bei Kennzeichnung des Übertragers durch seine primäre Induktivität $L_1$ und sein Übersetzungsverhältnis $ü = w_1/w_2$ sollen die folgenden Teilaufgaben gelöst werden.

a) Man bestimme den Primärstrom $\underline{I}_1$ als Funktion von $\underline{U}_1, \omega, ü, L_1$ und $\underline{Z}$.

b) Wie lautet $\underline{I}_1$ für die Sonderfälle $\underline{Z} = R$ (Widerstand), $\underline{Z} = j\omega L$ (Induktivität) und $\underline{Z} = 1/j\omega C$ (Kapazität)? Man gebe hierfür je ein Zeigerdiagramm an, in das $\underline{U}_1$ und $\underline{I}_1$ einzutragen sind und in dem zum Ausdruck kommt, welche Werte $\underline{I}_1$ annehmen kann, wenn $R$ bzw. $L$ bzw. $C$ alle möglichen (nicht negativen) Werte durchläuft.

c) Bei welchem der in Teilaufgabe b untersuchten Fälle kann $\underline{I}_1$ gleich Null werden? Wie ist hierbei der Wert des entsprechenden Netzwerkelements als Funktion von $ü$, $L_1$ und $\omega$ zu wählen?

### Lösung zu Aufgabe 2.9

a) Gemäß EN, Abschnitt 1.7.5 (Bild 1.60) läßt sich der festgekoppelte Übertrager durch das im Bild 2.9a dargestellte Ersatznetzwerk (mit $L_1 = L_{11}, L_{s1} = L_{s2} = 0, R_1 = R_2 = 0$) beschreiben. Für den idealen Übertrager gelten die Beziehungen

$$\frac{u_1(t)}{u_2(t)} = ü, \tag{1}$$

$$\frac{\tilde{i}_1(t)}{i_2(t)} = -\frac{1}{ü}. \tag{2}$$

Im harmonischen Betriebsfall läßt sich die Spannung $u_2(t)$ in der Form

$$u_2(t) = \frac{1}{2}\left(\underline{U}_2 e^{j\omega t} + \underline{U}_2^* e^{-j\omega t}\right)$$

ausdrücken. Mit Gl.(1) erhält man für die Spannung $u_1(t)$ die Darstellung

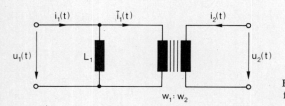

Bild 2.9a. Ersatznetzwerk des festgekoppelten Übertragers.

$$u_1(t) = \frac{1}{2}\left(\ddot{u}\underline{U}_2 e^{j\omega t} + \ddot{u}\underline{U}_2^* e^{-j\omega t}\right),$$

d.h. für den Zeiger $\underline{U}_1$ der Spannung $u_1(t)$ ist

$$\underline{U}_1 = \ddot{u}\underline{U}_2$$

oder

$$\frac{\underline{U}_1}{\underline{U}_2} = \ddot{u}. \tag{3}$$

Entsprechend ergibt sich für die Ströme

$$\frac{\widetilde{\underline{I}}_1}{\underline{I}_2} = -\frac{1}{\ddot{u}}. \tag{4}$$

Damit läßt sich die Eingangsimpedanz eines mit der Impedanz $\underline{Z}$ abgeschlossenen idealen Übertragers bestimmen (Bild 2.9b). Auf der Sekundärseite gilt

$$\underline{U}_2 = -\underline{I}_2 \underline{Z}. \tag{5}$$

Aufgrund der Gln.(3) und (4) läßt sich in der Gl.(5) $\underline{U}_2$ durch $\underline{U}_1/\ddot{u}$ und $-\underline{I}_2$ durch $\ddot{u}\widetilde{\underline{I}}_1$ ersetzen. Damit erhält man

$$\frac{\underline{U}_1}{\widetilde{\underline{I}}_1} = \ddot{u}^2 \underline{Z}. \tag{6}$$

Unter Verwendung des im Bild 2.9a dargestellten Ersatznetzwerks und der Gl.(6) läßt sich das primärseitige Verhalten des mit $\underline{Z}$ abgeschlossenen festgekoppelten Übertragers durch das Netzwerk von Bild 2.9c beschreiben. Man faßt die Induktivität $L_1$ und den Zweipol mit der Impedanz $\ddot{u}^2\underline{Z}$ zusammen und erhält auf diese Weise die Admittanz

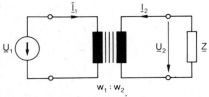

Bild 2.9b. Zur Bestimmung der Eingangsimpedanz eines mit der Impedanz $\underline{Z}$ abgeschlossenen idealen Übertragers.

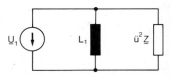

Bild 2.9c. Zur Bestimmung der Eingangsimpedanz eines mit der Impedanz $\underline{Z}$ abgeschlossenen festgekoppelten Übertragers.

$$\underline{Y} = \frac{1}{\ddot{u}^2 \underline{Z}} + \frac{1}{j\omega L_1}.$$

Damit ergibt sich der Eingangsstrom

$$\underline{I}_1 = \underline{U}_1 \underline{Y} = \left( \frac{1}{\ddot{u}^2 \underline{Z}} + \frac{1}{j\omega L_1} \right) \underline{U}_1.$$

*b*) Wählt man $\underline{Z} = R$, so erhält man für den Eingangsstrom

$$\underline{I}_1 = \left( \frac{1}{\ddot{u}^2 R} + \frac{1}{j\omega L_1} \right) \underline{U}_1.$$

Ausgehend vom Zeiger $\underline{U}_1$ läßt sich das zugehörige Zeigerdiagramm konstruieren. Aus $\underline{U}_1$ erhält man die Zeiger $\underline{U}_1/(\ddot{u}^2 R)$ und $\underline{U}_1/(j\omega L_1)$, durch deren Addition $\underline{I}_1$ entsteht. Das Ergebnis ist im Bild 2.9d dargestellt. Ohne Einschränkung der Allgemeinheit durfte $\underline{U}_1$ als reelle Größe angenommen werden. Hat $\underline{U}_1$ einen von Null verschiedenen Phasenwinkel, so hat man sich lediglich das gesamte Zeigerdiagramm um diesen Winkel gedreht vorzustellen. Bei zunehmendem $R$ wandert die Spitze des Zeigers $\underline{I}_1$ nach links.

Wählt man $\underline{Z} = j\omega L$, so erhält man

$$\underline{I}_1 = \left( \frac{1}{\ddot{u}^2 j\omega L} + \frac{1}{j\omega L_1} \right) \underline{U}_1.$$

Das zugehörige Zeigerdiagramm zeigt Bild 2.9e. Bei Zunahme von $L$ wandert die Spitze des Zeigers $\underline{I}_1$ nach oben.

Wählt man $\underline{Z} = 1/(j\omega C)$, so erhält man

$$\underline{I}_1 = j \left( \frac{\omega C}{\ddot{u}^2} - \frac{1}{\omega L_1} \right) \underline{U}_1.$$

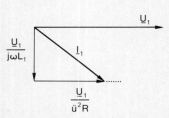

Bild 2.9d. Zeigerdiagramm für die Wechselgrößen, die am Eingang des mit einem Widerstand abgeschlossenen festgekoppelten Übertragers auftreten.

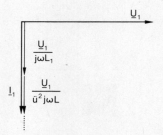

Bild 2.9e. Zeigerdiagramm für die Wechselgrößen, die am Eingang des mit einer Induktivität abgeschlossenen festgekoppelten Übertragers auftreten.

Im Bild 2.9f ist das zugehörige Zeigerdiagramm dargestellt. Bei Zunahme von $C$ wandert die Spitze von $\underline{I}_1$ nach oben.

c) Der Zeiger $\underline{I}_1$ kann verschwinden, wenn $\underline{Z} = 1/(j\omega C)$ gewählt wird. Man hat dann für $\underline{I}_1 = 0$ die Bedingung

$$C = \frac{ü^2}{\omega^2 L_1}.$$

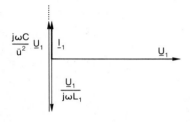

Bild 2.9f Zeigerdiagramm für die Wechselgrößen, die am Eingang des mit einer Kapazität abgeschlossenen festgekoppelten Übertragers auftreten.

**Aufgabe 2.10**

Der im Bild 2.10a dargestellte Transformator mit dem Windungszahlverhältnis $w_1/w_2$ soll als sogenannter Stromwandler zur Messung sehr großer Wechselströme verwendet werden, da es aus verschiedenen Gründen unzweckmäßig wäre, diese Ströme auf direktem Wege zu messen. Auf der Primärseite dieses Transformators wird der interessierende Strom $\underline{I}_1$ eingespeist, während die Sekundärseite durch ein Strommeßgerät abgeschlossen ist, das mit guter Näherung als Kurzschluß aufgefaßt werden darf und vom Strom $\underline{I}_2$ durchflossen wird.

Es soll erreicht werden, daß der Strom $\underline{I}_2$ auf der Sekundärseite näherungsweise mit $(-w_1/w_2)\underline{I}_1$ übereinstimmt und im Hinblick auf die Messung im Vergleich zu $\underline{I}_1$ betragsmäßig klein wird. Der Wandler muß daher so dimensioniert werden, daß die Differenz der beiden Zeiger $\underline{I}_2$ und $(-w_1/w_2)\underline{I}_1$ nach Betrag und Phase vorgeschriebene Toleranzen einhält. Damit kann vom Wert des gemessenen Stromes $\underline{I}_2$ mit ausreichender Genauigkeit auf den Wert des Stromes $\underline{I}_1$ geschlossen werden.

*a)* Man ersetze im Netzwerk nach Bild 2.10a den Übertrager durch das Ersatznetzwerk gemäß EN, Bild 1.61 und gebe den Zusammenhang zwischen $(-w_1/w_2)\underline{I}_1$ und $\underline{I}_2$ anhand eines Zeigerdiagramms an. Hierbei und im folgenden soll ohne Einschränkung der Allgemeinheit das Windungszahlverhältnis $w_1/w_2$ positiv vorausgesetzt werden.

*b)* Man bestimme mit Hilfe der komplexen Wechselstromrechnung den relativen Betragsfehler des Sekundärstroms

$$F_i = \frac{|\underline{I}_2| - \left|-\frac{w_1}{w_2}\underline{I}_1\right|}{\left|-\frac{w_1}{w_2}\underline{I}_1\right|}$$

und den sogenannten Fehlwinkel

$$\delta_i = \arg \underline{I}_2 - \arg\left(-\frac{w_1}{w_2}\underline{I}_1\right)$$

als Funktion der Parameter des Ersatznetzwerks.

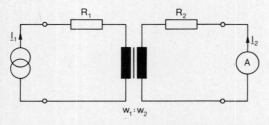

Bild 2.10a. Netzwerktheoretische Darstellung eines Transformators, der als Stromwandler betrieben werden soll.

c) Nach EN, Gln.(1.49a,b) gilt

$$L_{11} = kw_1^2, \qquad L_{22} = kw_2^2, \qquad L_{s1} = k_1 w_1^2, \qquad L_{s2} = k_2 w_2^2.$$

Weiterhin ist[1])

$$R_2 = A_R w_2^2.$$

Die Konstanten $k_1$, $k_2$ und $A_R$ hängen von der Geometrie des Transformators ab, $k$ ist zusätzlich noch näherungsweise proportional zur relativen Permeabilität $\mu_r = \mu/\mu_0$ des magnetischen Kernmaterials. Es gilt also $k = k_0 \mu_r$, wobei $k_0$ eine im wesentlichen nur von der Geometrie des Transformators abhängige Konstante ist. Nimmt man die geometrische Form als gegeben an, so kann durch die Wahl des Kernmaterials also lediglich die Konstante $k$ beeinflußt werden.

Man drücke $F_i$ und $\delta_i$ als Funktionen von $k_0$, $k_2$, $\mu_r$, $A_R$ und $\omega$ aus. In welchem Wertebereich bewegt sich $F_i$ bzw. $\delta_i$, wenn $\mu_r$ das Intervall $1 \leq \mu_r \leq \infty$ durchläuft.

Man zeige, wie die relative Permeabilität $\mu_r$ für gegebene Werte von $k_0$, $k_2$, $A_R$ und $\omega$ bei vorgeschriebenem Betragsfehler $F_i$ bzw. Winkelfehler $\delta_i$ bestimmt werden kann.

d) Man berechne $F_i$ und $\delta_i$ für

$$k = \frac{10^{-4}}{\pi}\,\text{H}, \qquad k_2/k = 5 \cdot 10^{-3}, \qquad A_R = 10^{-3}\,\Omega,$$

$$w_1 = 1, \qquad w_2 = 100, \qquad f = 50\,\text{Hz}.$$

e) Welche Spannung $\underline{U}_2$ entsteht auf der Sekundärseite des Wandlers, wenn der Sekundärkreis geöffnet wird und der Primärstrom $\underline{I}_1 = 500\,\text{A}$ ist. Man verwende dabei die Transformatordaten von Teilaufgabe $d$.

---

[1]) Diese Beziehung gilt nur unter der Voraussetzung, daß der für die Sekundärwicklung zur Verfügung stehende Wickelraum voll ausgefüllt ist. Eine Änderung der Windungszahl $w_2$ hat demnach eine entsprechende Änderung des Drahtquerschnitts zur Folge. Aus diesem Grund ist der ohmsche Widerstand $R_2$ proportional dem Quadrat der Windungszahl $w_2$, wie sich der Leser im einzelnen selbst überlegen möge.

**Lösung zu Aufgabe 2.10**

*a)* Das Bild 2.10b zeigt das gesamte Ersatznetzwerk des Stromwandlers. Ausgehend vom Strom $\underline{I}_2$ kann man die Spannungen $\underline{I}_2 R_2$ und $\underline{I}_2 j\omega L_{s2}$ am Widerstand $R_2$ bzw. an der Induktivität $L_{s2}$ und damit die Summenspannung $-\underline{U}_h$ konstruieren (Bild 2.10c). Aus der Spannung $-\underline{U}_h$ läßt sich der Stromzeiger $-\underline{I}_h = -\underline{U}_h/(j\omega L_{22})$ ermitteln. Schließlich liefert die Summe der Zeiger $-\underline{I}_h$ und $\underline{I}_2$ den Stromzeiger $-(w_1/w_2)\underline{I}_1$.

*b)* Zur Berechnung des relativen Betragsfehlers

$$F_i = \frac{|\underline{I}_2| - \left|-\frac{w_1}{w_2}\underline{I}_1\right|}{\left|-\frac{w_1}{w_2}\underline{I}_1\right|} = \left|\frac{\underline{I}_2}{-\frac{w_1}{w_2}\underline{I}_1}\right| - 1$$

bestimmt man zunächst gemäß Bild 2.10c die Größen

$$\underline{U}_h = -\underline{I}_2 (j\omega L_{s2} + R_2)$$

und

$$\underline{I}_h = \frac{\underline{U}_h}{j\omega L_{22}} = \left(-\frac{L_{s2}}{L_{22}} + j\frac{R_2}{\omega L_{22}}\right)\underline{I}_2 \ .$$

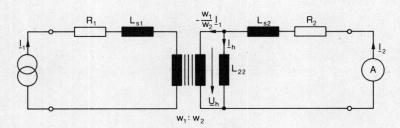

Bild 2.10b. Zur Analyse des Netzwerks von Bild 2.10a.

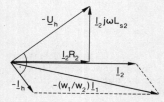

Bild 2.10c. Zeigerdiagramm der im Netzwerk von Bild 2.10b auftretenden Größen.

Damit wird

$$-\frac{w_1}{w_2}\underline{I}_1 = \left(1 + \frac{L_{s2}}{L_{22}} - j\frac{R_2}{\omega L_{22}}\right)\underline{I}_2 \ ,$$

also

$$\frac{\underline{I}_2}{-\frac{w_1}{w_2}\underline{I}_1} = \frac{1}{1 + \frac{L_{s2}}{L_{22}} - j\frac{R_2}{\omega L_{22}}} \ . \tag{1}$$

Somit erhält man als Fehler

$$F_i = \frac{1}{\sqrt{\left(1 + \frac{L_{s2}}{L_{22}}\right)^2 + \left(\frac{R_2}{\omega L_{22}}\right)^2}} - 1 \ . \tag{2a}$$

Für den Fehlwinkel $\delta_i$ ergibt sich nach Gl.(1)

$$\delta_i = \arctan \frac{\frac{R_2}{\omega L_{22}}}{1 + \frac{L_{s2}}{L_{22}}} \ .$$

Es gilt also

$$\tan \delta_i = \frac{\frac{R_2}{\omega L_{22}}}{1 + \frac{L_{s2}}{L_{22}}} \ . \tag{2b}$$

c) Setzt man die in Teilaufgabe c angegebenen Beziehungen in die Gln.(2a,b) ein, so erhält man

$$F_i = \frac{1}{\sqrt{\left(1 + \frac{k_2}{k_0 \mu_r}\right)^2 + \left(\frac{A_R}{\omega k_0 \mu_r}\right)^2}} - 1 \tag{3a}$$

bzw.

$$\tan \delta_i = \frac{\frac{A_R}{\omega}}{k_2 + k_0 \mu_r} \ . \tag{3b}$$

Durchläuft $\mu_r$ das Intervall $1 \leq \mu_r \leq \infty$, so bewegt sich $F_i$ monoton steigend im Intervall

$$\frac{1}{\sqrt{\left(1 + \frac{k_2}{k_0}\right)^2 + \left(\frac{A_R}{\omega k_0}\right)^2}} - 1 \leq F_i \leq 0 \tag{4a}$$

und $\delta_i$ monoton fallend im Intervall

$$0 \leq \delta_i \leq \arctan \frac{A_R}{\omega(k_2 + k_0)} \ . \tag{4b}$$

Aus Gl.(3a) folgt

$$\frac{1}{(1 + F_i)^2} = \left(1 + \frac{k_2}{k_0 \mu_r}\right)^2 + \left(\frac{A_R}{\omega k_0 \mu_r}\right)^2$$

oder als quadratische Gleichung zur Bestimmung von $\mu_r$

$$\left[\frac{1}{(1 + F_i)^2} - 1\right] \mu_r^2 - 2\frac{k_2}{k_0} \mu_r - \left(\frac{k_2}{k_0}\right)^2 - \left(\frac{A_R}{\omega k_0}\right)^2 = 0 \ .$$

Hieraus ergibt sich

$$\mu_r = \frac{\frac{k_2}{k_0} + \sqrt{\left(\frac{k_2}{k_0}\right)^2 \frac{1}{(1 + F_i)^2} + \left(\frac{A_R}{\omega k_0}\right)^2 \left[\frac{1}{(1 + F_i)^2} - 1\right]}}{\frac{1}{(1 + F_i)^2} - 1} \ .$$

Zur Berechnung von $\mu_r$ bei Vorgabe von $\delta_i$ erhält man aus Gl.(3b)

$$\mu_r = \frac{A_R}{\omega k_0 \tan \delta_i} - \frac{k_2}{k_0} \ .$$

## 2. Die komplexe Wechselstromrechnung

Bei der Vorgabe einer unteren Schranke für $F_i$ und einer oberen Schranke für $\delta_i$ sind die Ungleichungen (4a,b) zu beachten. Man erhält zwei im allgemeinen voneinander verschiedene Mindestwerte $\mu_r$, von denen der größere für die Dimensionierung des Transformators zu wählen ist.

*d*) Führt man die gegebenen Zahlenwerte für $k_2/k = k_2/(k_0\mu_r)$ und $\omega = 2\pi f$ in die Gln.(3a,b) ein, so ergibt sich

$$F_i = \frac{1}{\sqrt{(1 + 5 \cdot 10^{-3})^2 + \left(\dfrac{10^{-3}\pi}{2\pi \cdot 50 \cdot 10^{-4}}\right)^2}} - 1 \approx -0{,}00986$$

und

$$\tan \delta_i = \frac{\dfrac{10^{-3}}{2\pi \cdot 50}}{\dfrac{5}{\pi} \cdot 10^{-7} + \dfrac{10^{-4}}{\pi}} \approx 0{,}09950 \ .$$

Damit ist $\delta_i \approx 0{,}09918$ ($\approx 5{,}7°$).

*e*) Nach Bild 2.10b ist

$$\underline{U}_h = j\omega L_{22} \underline{I}_h \ .$$

Nach Auftrennung der Sekundärseite gilt

$$\underline{I}_h = \frac{w_1}{w_2} \underline{I}_1 \ .$$

Damit ergibt sich aus vorstehenden Gleichungen sowie mit $L_{22} = kw_2^2$ und $\underline{I}_1 = 500\,\text{A}$ die Spannung

$$\underline{U}_2 = \underline{U}_h = j\omega k w_2^2 \frac{w_1}{w_2} \underline{I}_1 = j\,500\,\text{V} \ .$$

Der Effektivwert $U_2$ beträgt demnach 500 V.

## Aufgabe 2.11

Zur netzwerktheoretischen Beschreibung technischer Gyratoren, die mit Hilfe aktiver Bauelemente verwirklicht werden können, genügt es in vielen Fällen, das Netzwerk des idealen Gyrators durch die ohmschen Leitwerte $G_1$ und $G_2$ parallel zum Eingang bzw. Ausgang zu ergänzen. Das Wechselstromverhalten dieses Netzwerks soll untersucht werden.

*a)* Zunächst wird ein idealer Gyrator (vgl. EN, Abschnitt 1.3.7) betrachtet, an dessen Eingang die Wechselspannung $\underline{U}_1$ anliegt und dessen Ausgang durch einen Zweipol mit der Impedanz $\underline{Z}$ abgeschlossen ist (Bild 2.11a). Man ermittle den Strom $\underline{I}_1$ am Eingang des Gyrators und die Eingangsimpedanz $\underline{U}_1/\underline{I}_1$.

*b)* Im Bild 2.11b ist das Ersatznetzwerk eines mit der Kapazität $C$ abgeschlossenen technischen Gyrators dargestellt. Für das Gesamtnetzwerk berechne man die Güte $Q$ nach der in EN, Abschnitt 2.4 angegebenen Beziehung

$$Q = 2\pi \; \frac{\text{maximal gespeicherte Energie}}{\text{innerhalb einer Periode verbrauchte Energie}}.$$

Dabei ist zu beachten, daß der Gyrator selbst keine Energie speichern kann.

*c)* Bei welcher Kreisfrequenz $\omega_0$ erreicht die Güte ihren maximalen Wert? Wie groß ist diese maximal erreichbare Güte?

*d)* Man versuche einen Zweipol aus zwei Widerständen und einer Induktivität zu bilden, dessen Impedanz für alle Frequenzen mit der Eingangsimpedanz $\underline{U}_1/\underline{I}_1$ des Gyratornetzwerks nach Bild 2.11b übereinstimmt.

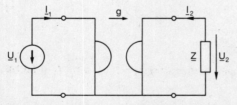

Bild 2.11a. Ein mit der Impedanz $\underline{Z}$ abgeschlossener, von einer Wechselspannung $\underline{U}_1$ erregter idealer Gyrator.

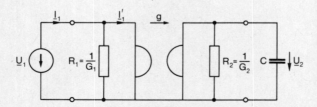

Bild 2.11b. Ein mit der Kapazität $C$ abgeschlossener, von einer Wechselspannung $\underline{U}_1$ erregter nichtidealer Gyrator.

## Lösung zu Aufgabe 2.11

*a)* Im Fall harmonischen Betriebs können (ganz analog wie beim Übertrager) die in den Gyratorgleichungen (1.39a,b) von EN auftretenden zeitveränderlichen Ströme und Spannungen durch entsprechende Zeigergrößen ersetzt werden. Es gilt also

$$\underline{I}_2 = -g\underline{U}_1, \tag{1a}$$

$$\underline{I}_1 = g\underline{U}_2. \tag{1b}$$

Damit ergibt sich für das Gesamtnetzwerk nach Bild 2.11a

$$\underline{U}_2 = -\underline{Z}\underline{I}_2,$$

woraus mit den Gln.(1a,b) der Strom

$$\underline{I}_1 = g^2 \underline{Z} \underline{U}_1$$

und die Eingangsimpedanz

$$\frac{\underline{U}_1}{\underline{I}_1} = \frac{1}{g^2 \underline{Z}}$$

folgt. Der Gyrator invertiert also eine Impedanz $\underline{Z}$ mit dem Proportionalitätsfaktor $1/g^2$.

*b)* Für den idealen Gyrator gilt wegen der Strom-Spannungs-Beziehungen Gln.(1.39a,b) aus EN

$$u_1 i_1 + u_2 i_2 = 0.$$

Die von außen zugeführte Gesamtleistung $u_1 i_1 + u_2 i_2$ ist also zu allen Zeiten gleich Null. Der Gyrator kann daher keine Leistung aufnehmen und demzufolge auch keine Energie speichern. Die Kapazität $C$ ist somit der einzige Energiespeicher im Netzwerk. Nach EN, Abschnitt 1.8.2 hat die in $C$ maximal gespeicherte Energie den Wert

$$W_C = \frac{1}{2} C (\sqrt{2}\, U_2)^2 = C U_2^2, \tag{2}$$

wobei $U_2$ den Effektivwert der Spannung

$$\underline{U}_2 = \frac{-\underline{I}_2}{G_2 + j\omega C}$$

bezeichnet. Für diesen Effektivwert ergibt sich die Beziehung

$$U_2 = \frac{gU_1}{\sqrt{G_2^2 + \omega^2 C^2}} , \qquad (3)$$

wenn man die Gl.(1a) berücksichtigt. Die innerhalb einer Periode $T$ verbrauchte Energie

$$W_T = \int_{t_0}^{t_0+T} p(t)\,dt \qquad \text{mit} \qquad p(t) = u_1(t)\,i_1(t)$$

kann unter Verwendung der in EN, Gl.(2.25) definierten Wirkleistung $P_w$ in der Form

$$W_T = TP_w$$

geschrieben werden. Da nur in den beiden Widerständen Wirkleistung verbraucht wird, ergibt sich

$$W_T = T(G_1 U_1^2 + G_2 U_2^2) = \frac{2\pi}{\omega}\left(G_1 + \frac{g^2 G_2}{G_2^2 + \omega^2 C^2}\right)U_1^2 . \qquad (4)$$

Mit den Gln.(2), (3) und (4) erhält man nach kurzer Rechnung die Güte des Gesamtnetzwerks

$$Q(\omega) = 2\pi \frac{W_C}{W_T} = \frac{\omega C g^2}{G_2(g^2 + G_1 G_2) + \omega^2 C^2 G_1} .$$

c) Zur Berechnung der Frequenz $\omega_0$, bei der die Güte ihren maximalen Wert erreicht, ist der Differentialquotient

$$\frac{dQ(\omega)}{d\omega} = \frac{Cg^2\,[G_2(g^2 + G_1 G_2) - \omega^2 C^2 G_1]}{[G_2(g^2 + G_1 G_2) + \omega^2 C^2 G_1]^2}$$

gleich Null zu setzen. Als einziger endlicher, positiver Frequenzwert ergibt sich

$$\omega_0 = \frac{G_2}{C}\sqrt{1 + \frac{g^2}{G_1 G_2}} .$$

Der zugehörige Funktionswert

$$Q(\omega_0) = \frac{\dfrac{g^2}{G_1 G_2}}{2\sqrt{1 + \dfrac{g^2}{G_1 G_2}}}$$

muß ein Maximum von $Q(\omega)$ sein, da der Differentialquotient $dQ(\omega)/d\omega$ für $\omega < \omega_0$ positiv und für $\omega > \omega_0$ negativ ist.

*d*) Für die Eingangsadmittanz des Netzwerks von Bild 2.11b erhält man unter Berücksichtigung des Ergebnisses von Teilaufgabe *a*

$$\frac{\underline{I}_1}{\underline{U}_1} = G_1 + \frac{\underline{I}_1'}{\underline{U}_1} = G_1 + \frac{g^2}{G_2 + j\omega C} \ .$$

Als äquivalentes, aus zwei Widerständen und einer Induktivität bestehendes Netzwerk wird der im Bild 2.11c dargestellte Zweipol ins Auge gefaßt. Seine Eingangsadmittanz ist

$$\frac{\underline{I}_1}{\underline{U}_1} = G_1' + \frac{1}{\dfrac{1}{G_2'} + j\omega L'} \ .$$

Wählt man

$$G_1' = G_1, \qquad G_2' = \frac{g^2}{G_2}, \qquad L' = \frac{C}{g^2},$$

dann sind die Admittanzen (und folglich auch die Impedanzen) beider Zweipole für alle Werte $\omega$ identisch; die Netzwerke sind also äquivalent.
Eine weitere Lösung ist durch das Netzwerk von Bild 2.11d gegeben, wenn man

$$R_1'' = \frac{G_2}{g^2 + G_1 G_2}, \qquad R_2'' = \frac{\dfrac{g^2}{G_1}}{g^2 + G_1 G_2}, \qquad L'' = \frac{g^2 C}{(g^2 + G_1 G_2)^2}$$

wählt.

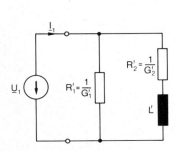

Bild 2.11c. Ein erstes, zum Zweipol von Bild 2.11b äquivalentes Netzwerk.

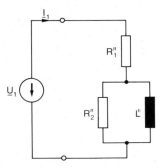

Bild 2.11d. Ein zweites, zum Zweipol von Bild 2.11b äquivalentes Netzwerk.

# 3. Allgemeine Verfahren zur Analyse von Netzwerken

Die Aufgaben dieses Kapitels sind dazu gedacht, das Maschenstromanalyseverfahren (Aufgaben 1-5) und das Knotenpotentialverfahren (Aufgaben 6-8) einzuüben. Über das in die zweite Auflage von EN aufgenommene Verfahren zur Netzwerkanalyse mit Hilfe von Zustandsvariablen sind keine Aufgaben gestellt. Dieser Stoff ist jedoch in EN mit verhältnismäßig umfangreichem Beispielmaterial versehen.

Dem Bearbeiter wird empfohlen zu untersuchen, inwieweit es vom Arbeitsaufwand her sinnvoll erscheint, die durchzuführenden Analysen mit einem anderen als dem in der Aufgabenstellung genannten Lösungsverfahren durchzuführen.

# Aufgabe 3.1

Das Bild 3.1a zeigt einen sogenannten Wechselstromkompensator zur belastungsfreien Messung von Betrag und Phase einer harmonischen Spannung $\underline{U}_x$ mit der festen Kreisfrequenz $\omega$.

Der Kompensator wird von einer harmonischen Urspannungsquelle $\underline{U}_0$ mit der gleichen Kreisfrequenz $\omega$ gespeist. Er besteht aus einem Ohmwiderstand $R_0$, einem festgekoppelten Übertrager, dessen Sekundärseite einen variablen Abgriff besitzt, einem Potentiometer und einem Strommesser für den Betrag des Stromes $\underline{I}_2$. Die Stellung der beiden Abgriffe läßt sich durch die reellen Parameter $a$ bzw. $b$ beschreiben, die in den Grenzen $0 \leq a \leq 1$ und $0 \leq b \leq 1$ kontinuierlich verändert werden können.

Die Wirkungweise des Wechselstromkompensators soll in den folgenden Teilaufgaben schrittweise analysiert werden.

a) Im Bild 3.1b ist der Übertrager für sich allein dargestellt. Man drücke die Spannungen $\underline{U}_1$ und $\underline{U}_2$ durch die Ströme $\underline{I}_1$ und $\underline{I}_2$ sowie durch die Kenngrößen $L_1, w_1, w_2$ und $a$ aus. Wie hängt die sekundärseitige Induktivität $L_2$ und die Gegeninduktivität $M$ von $L_1, w_1, w_2$ und $a$ ab?

b) Durch Einführung eines geeigneten Systems von Maschenströmen im Netzwerk von Bild 3.1a gebe man ein Gleichungssystem zur Bestimmung der Ströme $\underline{I}_1$ und $\underline{I}_2$ an. Dabei sollen die Ergebnisse und Bezeichnungen von Teilaufgabe $a$ berücksichtigt, der Innenwiderstand des Strommeßgerätes vernachlässigt und die Spannung $\underline{U}_x$ zunächst als eingeprägt betrachtet werden. Die Ströme $\underline{I}_1$ und $\underline{I}_2$ sind explizit anzugeben.

c) Man zeige, wie sich für den kompensierten Zustand $\underline{I}_2 = 0$ der Betrag der Spannung $\underline{U}_x$ und die Phasenverschiebung $\varphi$ zwischen $\underline{U}_x$ und $\underline{U}_0$ aufgrund der Abgriffstellungen $a$ und $b$ in Abhängigkeit von den Kenngrößen $R_0, R, L_1, w_1, w_2$ und der

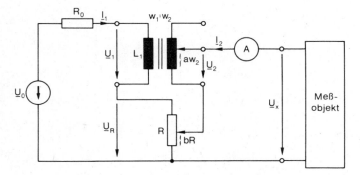

Bild 3.1a. Wechselstromkompensator zur belastungsfreien Messung von Betrag und Phase einer harmonischen Wechselspannung.

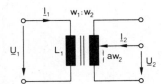

Bild 3.1b. Zur Ermittlung des Zusammenhangs zwischen den Strömen und Spannungen am Übertrager aus Bild 3.1a.

Urspannung $\underline{U}_0$ berechnen lassen. Wie vereinfachen sich diese Beziehungen, wenn das Netzwerk so dimensioniert wird, daß im kompensierten Zustand die Spannung $\underline{U}_2$ für $a = 1$ betragsmäßig gleich der Spannung $\underline{U}_R$ ist?

d) Man zeichne ein Zeigerdiagramm für das Netzwerk aus Bild 3.1a im kompensierten Zustand unter Berücksichtigung der in Teilaufgabe c genannten Dimensionierungsbedingung und für den Fall, daß $w_2 : w_1 > 1$ ist. Man gebe im Zeigerdiagramm den Bereich an, in dem die Spannung $\underline{U}_x$ liegen darf, damit sie durch den Kompensator noch gemessen werden kann.
Anleitung: Man beginne mit einem waagrechten Zeiger für $\underline{I}_1$.

e) In der Praxis wird die Schaltung so dimensioniert, daß der Phasenwinkel zwischen $\underline{U}_0$ und $\underline{I}_1$ sehr klein wird. Dies erreicht man, indem man $R_0 \gg R \geqslant \omega L_1$ wählt. Welche Näherungen können dann für die Berechnung von $|\underline{U}_x|$ und $\varphi$ verwendet werden? Wie groß ist der Betragsfehler, der gemacht wird, wenn $R_0 = 20R$ und $R = \omega L_1$ ist?

### Lösung zu Aufgabe 3.1

a) Im vorliegenden Fall eines festgekoppelten Übertragers besteht zwischen dem Zeiger des magnetischen Flusses $\underline{\Phi}$ und den Strömen $\underline{I}_1, \underline{I}_2$ die Verknüpfung

$$\underline{\Phi} = k(w_1 \underline{I}_1 + a w_2 \underline{I}_2).$$

Hiermit lassen sich die Spannungen am Übertrager in der Form

$$\underline{U}_1 = j\omega w_1 \underline{\Phi} = j\omega k (w_1^2 \underline{I}_1 + w_1 a w_2 \underline{I}_2)$$

und

$$\underline{U}_2 = j\omega a w_2 \underline{\Phi} = j\omega k (w_1 a w_2 \underline{I}_1 + a^2 w_2^2 \underline{I}_2)$$

ausdrücken. Für $\underline{I}_2 = 0$ ergibt sich speziell

$$\underline{U}_1 = j\omega k w_1^2 \underline{I}_1 = j\omega L_1 \underline{I}_1,$$

woraus

$$k = \frac{L_1}{w_1^2}$$

folgt. Die Strom-Spannungs-Beziehungen am Übertrager können damit in der Form

$$\underline{U}_1 = j\omega L_1 \underline{I}_1 + j\omega \frac{aw_2}{w_1} L_1 \underline{I}_2 \,,$$

$$\underline{U}_2 = j\omega \frac{aw_2}{w_1} L_1 \underline{I}_1 + j\omega \left(\frac{aw_2}{w_1}\right)^2 L_1 \underline{I}_2$$

geschrieben werden. Hieraus liest man direkt die gewünschte sekundärseitige Induktivität

$$L_2 = \left(\frac{aw_2}{w_1}\right)^2 L_1 \tag{1a}$$

bzw. die Gegeninduktivität

$$M = \frac{aw_2}{w_1} L_1 \tag{1b}$$

ab.

*b)* Im Bild 3.1c sind die gewählten Maschenströme $\underline{I}_1$ und $\underline{I}_2$ angegeben. Sie sind durch das Gleichungssystem

| $\underline{I}_1$ | $\underline{I}_2$ | |
|---|---|---|
| $R_0 + R + j\omega L_1$ | $bR + j\omega M$ | $\underline{U}_0$ |
| $bR + j\omega M$ | $bR + j\omega L_2$ | $\underline{U}_x$ |

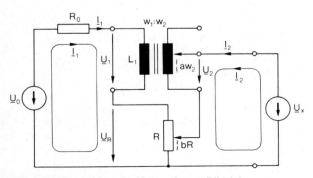

Bild 3.1c. Zur Analyse des Netzwerks von Bild 3.1a.

bestimmt. Die Lösung dieses Gleichungssystems lautet

$$\underline{I}_1 = \frac{(bR + j\omega L_2)\underline{U}_0 - (bR + j\omega M)\underline{U}_x}{bR[R_0 + R(1-b)] + j\omega[bR(L_1 - 2M) + L_2(R_0 + R)]}, \tag{2a}$$

$$\underline{I}_2 = \frac{(R_0 + R + j\omega L_1)\underline{U}_x - (bR + j\omega M)\underline{U}_0}{bR[R_0 + R(1-b)] + j\omega[bR(L_1 - 2M) + L_2(R_0 + R)]}. \tag{2b}$$

c) Im kompensierten Zustand ist $\underline{I}_2 = 0$, und es gilt dann nach Gl.(2b) mit Gl.(1b)

$$\underline{U}_x = \frac{bR + j\omega \dfrac{aw_2}{w_1} L_1}{R_0 + R + j\omega L_1} \underline{U}_0.$$

Nach Betrag und Phase lautet diese Bedingung

$$|\underline{U}_x| = \frac{\sqrt{(bR)^2 + \left(\omega \dfrac{aw_2}{w_1} L_1\right)^2}}{\sqrt{(R_0 + R)^2 + (\omega L_1)^2}} |\underline{U}_0| \tag{3a}$$

bzw.

$$\varphi = \arctan \frac{\omega \dfrac{aw_2}{w_1} L_1}{bR} - \arctan \frac{\omega L_1}{R_0 + R}. \tag{3b}$$

Im Fall $\underline{I}_2 = 0$ gilt weiterhin

$$\underline{U}_R = R\underline{I}_1$$

und

$$\underline{U}_2 \bigg|_{a=1} = j\omega \frac{w_2}{w_1} L_1 \underline{I}_1.$$

Die zusätzliche Forderung $|\underline{U}_R| = |\underline{U}_2|_{a=1}$ liefert somit die Dimensionierungsvorschrift

$$R = \omega \frac{w_2}{w_1} L_1.$$

Dadurch vereinfachen sich die Gln.(3a,b) zu

$$|\underline{U}_x| = \frac{\sqrt{a^2 + b^2}\, R}{\sqrt{(R_0 + R)^2 + (\omega L_1)^2}} |\underline{U}_0| \qquad (4a)$$

bzw.

$$\varphi = \arctan\frac{a}{b} - \arctan\frac{\omega L_1}{R_0 + R}. \qquad (4b)$$

d) Im Bild 3.1d ist das Zeigerdiagramm unter den in der Aufgabenstellung genannten Voraussetzungen angegeben. Die Spannung $\underline{U}_x$ ergibt sich für $\underline{I}_2 = 0$ als Summe der dem Strom $\underline{I}_1$ um $\pi/2$ vorauseilenden Spannung $\underline{U}_2$ und der mit $\underline{I}_1$ phasengleichen Spannung $b\underline{U}_R$. Da $a$ und $b$ sich nur zwischen den Werten Null und Eins bewegen dürfen, kann der kompensierte Zustand nur erreicht werden, wenn der Spannungszeiger $\underline{U}_x$ innerhalb des schraffierten Bereiches von Bild 3.1d liegt. Eine Erweiterung dieses Bereiches auf den vierten Quadranten könnte beispielsweise durch Umpolen des Übertragers erreicht werden.

e) Unter der Voraussetzung $R_0 \gg R \geqslant \omega L_1$ erhält man aus den Gln.(4a,b) die Näherungswerte

$$|\underline{U}_{xa}| = \sqrt{a^2 + b^2}\, \frac{R}{R_0} |\underline{U}_0|$$

bzw.

$$\varphi_a = \arctan\frac{a}{b}.$$

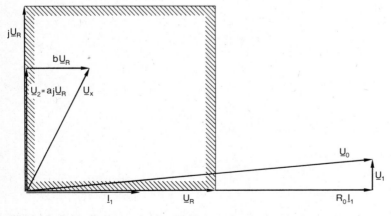

Bild 3.1d. Zeigerdiagramm der im Bild 3.1c auftretenden Größen unter der Voraussetzung $\underline{I}_2 = 0$.

Für $R_0 = 20R$, $R = \omega L_1$ ergibt sich speziell

$$|\underline{U}_x| = \frac{\sqrt{a^2 + b^2}}{\sqrt{(20 + 1)^2 + 1}} |\underline{U}_0|$$

und

$$|\underline{U}_{xa}| = \sqrt{a^2 + b^2}\, \frac{1}{20}\, |\underline{U}_0|.$$

Der prozentuale Betragsfehler ist also

$$\frac{|\underline{U}_{xa}| - |\underline{U}_x|}{|\underline{U}_x|} 100\% = \frac{\dfrac{1}{20} - \dfrac{1}{\sqrt{442}}}{\dfrac{1}{\sqrt{442}}} 100\% = 5{,}12\%.$$

**Aufgabe 3.2**[1])

Zwei Zweipole mit den Impedanzen $\underline{Z}_1$ bzw. $\underline{Z}_2$ werden nach Bild 3.2a über einen idealen Übertrager an die Spannungsquelle $\underline{U}$ mit dem komplexen Innenwiderstand $\underline{Z}_0$ angeschlossen. Parallel zum Übertrager wird der Zweipol mit der Impedanz $\underline{Z}$ geschaltet. Durch dieses Netzwerk soll erreicht werden, daß der Strom $\underline{I}_1$ von $\underline{Z}_2$ und umgekehrt der Strom $\underline{I}_2$ von $\underline{Z}_1$ unabhängig wird.

a) Wie ließe sich die genannte Forderung erfüllen, wenn $\underline{Z}_0 = 0$ wäre?

b) Man berechne nach dem Maschenstromverfahren die beiden Ströme $\underline{I}_1$ und $\underline{I}_2$ für das Netzwerk im Bild 3.2a.

c) Wie hängt bei gegebener Spannung $\underline{U}$ und für beliebige Werte der Impedanzen der Strom $\underline{I}_1$ von $\underline{Z}_2$ ab (Funktionstyp)? Wie muß daher $\underline{Z}$ gewählt werden, damit $\underline{I}_1$ von $\underline{Z}_2$ unabhängig ist? Man überzeuge sich, daß bei dieser Wahl von $\underline{Z}$ auch umgekehrt $\underline{I}_2$ von $\underline{Z}_1$ nicht abhängt. Man berechne unter dieser Voraussetzung die Ströme $\underline{I}_1$ und $\underline{I}_2$.

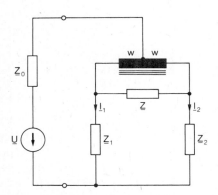

Bild 3.2a. Netzwerk, das mit Hilfe des Maschenstromverfahrens analysiert werden soll.

**Lösung zu Aufgabe 3.2**

a) Falls $\underline{Z}_0 = 0$ wäre, könnten die Zweipole mit den Impedanzen $\underline{Z}_1$ bzw. $\underline{Z}_2$ direkt an die Spannungsquelle $\underline{U}$ gelegt werden, und es wäre

$$\underline{I}_1 = \frac{\underline{U}}{\underline{Z}_1} \neq f(\underline{Z}_2), \qquad \underline{I}_2 = \frac{\underline{U}}{\underline{Z}_2} \neq f(\underline{Z}_1).$$

---

[1]) Diese Aufgabe wurde aus den Übungen zur Vorlesung „Theorie der Wechselströme" übernommen, die Herr Prof. Dr.-Ing. habil. Dr.-Ing. E.h. W. Bader an der Technischen Hochschule Stuttgart über viele Jahre gehalten hat.

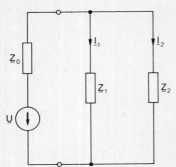

Bild 3.2b. Parallelanordnung zweier Zweipole, die durch eine harmonische Spannungsquelle mit komplexem Innenwiderstand erregt wird.

Bei $\underline{Z}_0 \neq 0$ ist dies nicht möglich; denn hier gilt (Bild 3.2b)

$$\underline{I}_1 = \frac{\underline{Z}_2 \, \underline{U}}{\underline{Z}_0 \, \underline{Z}_1 + \underline{Z}_1 \, \underline{Z}_2 + \underline{Z}_2 \, \underline{Z}_0}, \quad \underline{I}_2 = \frac{\underline{Z}_1 \, \underline{U}}{\underline{Z}_0 \, \underline{Z}_1 + \underline{Z}_1 \, \underline{Z}_2 + \underline{Z}_2 \, \underline{Z}_0}.$$

b) Im Bild 3.2c sind die gewählten Maschenströme $\underline{I}_\mathrm{I} = \underline{I}_1$, $\underline{I}_\mathrm{II} = \underline{I}_2$, $\underline{I}_\mathrm{III}$ sowie ein dem Netzwerk zugeordneter Baum und das zugehörige Baumkomplement angegeben. Die gewählten Maschenströme bilden ein vollständiges System derartiger Ströme, weil ihre Verknüpfung mit den Baumkomplementströmen in Form der linearen Gleichungen

| $\underline{I}_\mathrm{I}$ | $\underline{I}_\mathrm{II}$ | $\underline{I}_\mathrm{III}$ | |
|---|---|---|---|
| 0 | 1 | 1 | $\underline{I}_{13}$ |
| $-1$ | $-1$ | 0 | $\underline{I}_{14}$ |
| 0 | 1 | 0 | $\underline{I}_{34}$ |

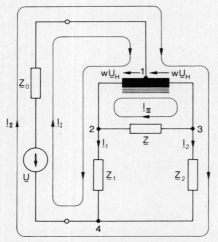
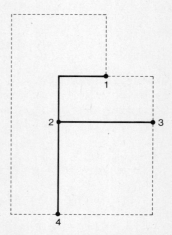

Bild 3.2c. Wahl eines Satzes von Maschenströmen und eines Baumes zur Analyse des im Bild 3.2a dargestellten Netzwerks.

umkehrbar eindeutig ist. Dies folgt aus der Tatsache, daß die Koeffizientendeterminante

$$\begin{vmatrix} 0 & 1 & 1 \\ -1 & -1 & 0 \\ 0 & 1 & 0 \end{vmatrix} = -1$$

des Gleichungssystems von Null verschieden ist.
Berücksichtigt man die Besonderheit des idealen Übertragers, daß nämlich der Magnetisierungsstrom $w(\underline{I}_I - \underline{I}_{III}) - w(\underline{I}_{II} + \underline{I}_{III})$ verschwinden muß, und führt man die Hilfsspannung $\underline{U}_H$ (die in einer Windung induzierte Spannung, siehe auch EN, Abschnitt 3.1.6) ein, dann erhält man zunächst das folgende lineare Gleichungssystem:

| $\underline{I}_I$ | $\underline{I}_{II}$ | $\underline{I}_{III}$ | $\underline{U}_H$ | |
|---|---|---|---|---|
| $\underline{Z}_0 + \underline{Z}_1$ | $\underline{Z}_0$ | $0$ | $w$ | $\underline{U}$ |
| $\underline{Z}_0$ | $\underline{Z}_0 + \underline{Z}_2$ | $0$ | $-w$ | $\underline{U}$ |
| $0$ | $0$ | $\underline{Z}$ | $-2w$ | $0$ |
| $w$ | $-w$ | $-2w$ | $0$ | $0$ . |

Aus den beiden letzten dieser Gleichungen ergibt sich die Gleichungskette

$$w\underline{U}_H = \frac{\underline{Z}}{2}\underline{I}_{III} = \frac{\underline{Z}}{2}\frac{\underline{I}_I - \underline{I}_{II}}{2} .$$

Berücksichtigt man diese in den beiden ersten Gleichungen, so entsteht das reduzierte Gleichungssystem

| $\underline{I}_I$ | $\underline{I}_{II}$ | |
|---|---|---|
| $\underline{Z}_0 + \underline{Z}_1 + \dfrac{\underline{Z}}{4}$ | $\underline{Z}_0 - \dfrac{\underline{Z}}{4}$ | $\underline{U}$ |
| $\underline{Z}_0 - \dfrac{\underline{Z}}{4}$ | $\underline{Z}_0 + \underline{Z}_2 + \dfrac{\underline{Z}}{4}$ | $\underline{U}$ . |

Die Lösung lautet

$$\underline{I}_{\mathrm{I}} = \underline{I}_1 = \frac{2\,(\underline{Z} + 2\,\underline{Z}_2)\,\underline{U}}{4\,\underline{Z}_0\,\underline{Z} + (4\,\underline{Z}_0 + \underline{Z})(\underline{Z}_1 + \underline{Z}_2) + 4\,\underline{Z}_1\,\underline{Z}_2}, \qquad (1)$$

$$\underline{I}_{\mathrm{II}} = \underline{I}_2 = \frac{2\,(\underline{Z} + 2\,\underline{Z}_1)\,\underline{U}}{4\,\underline{Z}_0\,\underline{Z} + (4\,\underline{Z}_0 + \underline{Z})(\underline{Z}_1 + \underline{Z}_2) + 4\,\underline{Z}_1\,\underline{Z}_2}. \qquad (2)$$

*c*) Die Abhängigkeit des Stromes $\underline{I}_1$ von der Impedanz $\underline{Z}_2$ hat die Form

$$\underline{I}_1 = \frac{\underline{A} + \underline{B}\,\underline{Z}_2}{\underline{C} + \underline{D}\,\underline{Z}_2}\,\underline{U}$$

mit $\underline{A}, \underline{B}, \underline{C}, \underline{D} \neq f(\underline{Z}_2)$. Damit $\underline{I}_1$ von $\underline{Z}_2$ unabhängig wird, muß offensichtlich die Bedingung

$$\frac{\underline{A}}{\underline{C}} = \frac{\underline{B}}{\underline{D}}$$

erfüllt werden. Mit

$$\underline{A} = 2\,\underline{Z}, \qquad \underline{B} = 4,$$

$$\underline{C} = 4\,\underline{Z}_0\,\underline{Z} + (4\,\underline{Z}_0 + \underline{Z})\,\underline{Z}_1,$$

$$\underline{D} = 4\,\underline{Z}_0 + \underline{Z} + 4\,\underline{Z}_1$$

lautet diese Bedingung, wie nach einer kurzen Zwischenrechnung zu erkennen ist,

$$(\underline{Z} - 4\,\underline{Z}_0)(\underline{Z} + 2\,\underline{Z}_1) = 0.$$

Hieraus resultieren zwei Wahlmöglichkeiten für die Impedanz $\underline{Z}$, nämlich

*α*) $\underline{Z} = 4\,\underline{Z}_0$

oder

*β*) $\underline{Z} = -2\,\underline{Z}_1$.

Die Möglichkeit *β* wird ausgeschieden, weil $\underline{Z}$ sonst belastungsabhängig wäre (außerdem müßte $\underline{Z}_1$ ein Blindwiderstand sein).

Führt man nun die Bedingung $\underline{Z} = 4\underline{Z}_0$ in die Gln.(1) und (2) ein, dann erhält man

$$\underline{I}_1 = \frac{4(2\underline{Z}_0 + \underline{Z}_2)\underline{U}}{4(2\underline{Z}_0 + \underline{Z}_1)(2\underline{Z}_0 + \underline{Z}_2)}$$

oder

$$\underline{I}_1 = \frac{\underline{U}}{2\underline{Z}_0 + \underline{Z}_1}$$

und in ganz entsprechender Weise

$$\underline{I}_2 = \frac{\underline{U}}{2\underline{Z}_0 + \underline{Z}_2}.$$

**Aufgabe 3.3**

Ein streuungsfreier Stelltransformator (Bild 3.3a) besitzt eine aus $w_0$ Windungen bestehende Wicklung mit der Induktivität $L_0$ und dem ohmschen Widerstand $R_0$. Über einen variablen Abgriff, der kontinuierlich im Intervall $0 \leq w \leq w_0$ verändert werden kann, wird ein ohmscher Lastwiderstand $R$ gespeist. Die Primärseite liegt an einer harmonischen Urspannungsquelle $\underline{U}_1$ mit der Kreisfrequenz $\omega$. Im folgenden soll das Netzwerk mit Hilfe des Maschenstromverfahrens untersucht werden.

a) Man ermittle den Strom $\underline{I}_1$, mit dem die Quelle belastet wird, und die Spannung $\underline{U}_2$ am Lastwiderstand $R$ in Abhängigkeit von $\underline{U}_1$, $\omega$, $L_0$, $R_0$, $R$ und der normierten Größe $x = w/w_0$. Man zeige, daß die Spannung $\underline{U}_2$ von der Kreisfrequenz $\omega$ unabhängig und in Phase mit $\underline{U}_1$ ist.

b) Man trage den prinzipiellen Verlauf von $\underline{U}_2/\underline{U}_1$ für den Sonderfall des sekundär unbelasteten Transformators ($R \to \infty$) sowie für einen endlichen Wert $R$ über $x$ in einem Diagramm auf. Die beiden Funktionen seien mit $f_1(x)$ bzw. $f_2(x, R_0/R)$ bezeichnet.

c) Wie groß darf das Verhältnis $R_0/R$ höchstens sein, damit im gesamten Bereich $0 \leq x \leq 1$ die relative Abweichung

$$\frac{|f_2(x, R_0/R) - f_1(x)|}{|f_1(x)|}$$

höchstens ein Prozent beträgt?

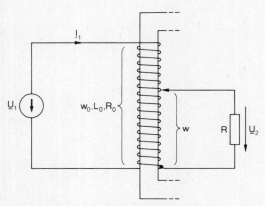

Bild 3.3a. Streuungsfreier Stelltransformator.

## Lösung zu Aufgabe 3.3

*a)* Im Bild 3.3b ist das Netzwerk in der Weise dargestellt, daß die Netzwerkelemente in Abhängigkeit vom Parameter $x$ und die gewählten Maschenströme zu erkennen sind. Für die Maschenströme $\underline{I}_1$ und $\underline{I}_2$ läßt sich direkt das folgende Gleichungssystem angeben:

| $\underline{I}_1$ | $\underline{I}_2$ | |
|---|---|---|
| $R_0 + j\omega L_0$ | $xR_0 + xj\omega L_0$ | $\underline{U}_1$ |
| $xR_0 + xj\omega L_0$ | $R + xR_0 + x^2 j\omega L_0$ | $0$ . |

Die Lösung lautet

$$\underline{I}_1 = \frac{R + xR_0 + x^2 j\omega L_0}{(R_0 + j\omega L_0)\,[R + x(1-x)R_0]} \underline{U}_1$$

und

$$\underline{I}_2 = -\frac{x(R_0 + j\omega L_0)}{(R_0 + j\omega L_0)\,[R + x(1-x)R_0]} \underline{U}_1 \,.$$

Weiterhin erhält man jetzt

$$\underline{U}_2 = -R\underline{I}_2 = \frac{xR}{R + x(1-x)R_0} \underline{U}_1 \,. \tag{1}$$

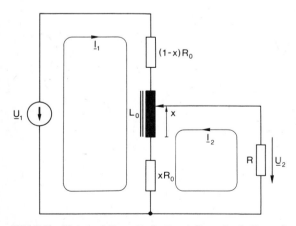

Bild 3.3b. Netzwerktheoretische Darstellung des Stelltransformators von Bild 3.3a.

*b)* Aus Gl.(1) ergibt sich das Spannungsverhältnis

$$\frac{\underline{U}_2}{\underline{U}_1} = \frac{xR}{R + x(1-x)R_0}.$$

Hieraus folgt für $R \to \infty$ die Funktion

$$f_1(x) = x$$

und für $R < \infty$

$$f_2\left(x, \frac{R_0}{R}\right) = \frac{x}{1 + x(1-x)\dfrac{R_0}{R}}.$$

Im Bild 3.3c ist der Verlauf beider Funktionen graphisch veranschaulicht.

*c)* Als relative Abweichung zwischen den in Teilaufgabe *b* berechneten Funktionen erhält man

$$\epsilon_{\text{rel}} = \frac{1}{x}\left|\frac{x}{1 + x(1-x)\dfrac{R_0}{R}} - x\right| \quad (0 < x \leq 1)$$

oder

$$\epsilon_{\text{rel}} = 1 - \frac{1}{1 + x(1-x)\dfrac{R_0}{R}}.$$

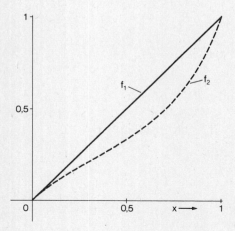

Bild 3.3c. Verlauf der Funktion $f_1(x)$ und der Funktion $f_2(x, R_0/R)$ für $R_0/R = 2$.

Aus der Forderung $\epsilon_{rel} \leq 0{,}01$ folgt die Bedingung

$$1 + x(1-x)\frac{R_0}{R} \leq \frac{100}{99}$$

oder

$$x(1-x)\frac{R_0}{R} \leq \frac{1}{99}.$$

Die linke Seite dieser Ungleichung erreicht ihr Maximum für $x = 1/2$. Damit läßt sich die Bedingung auch in der Form

$$\frac{R_0}{R} \leq \frac{4}{99}$$

ausdrücken.

## Aufgabe 3.4

Im Bild 3.4a ist ein Netzwerk dargestellt, welches neben einem idealen Übertrager und dem ohmschen Widerstand $R$ zwei Zweipole mit den frequenzabhängigen Impedanzen $\underline{Z}_1$ und $\underline{Z}_{2a}$ enthält. Das Netzwerk wird von der harmonischen Spannung $\underline{U}_1$ gespeist. Das Netzwerk im Bild 3.4b ist gegenüber dem von Bild 3.4a insofern modifiziert, als $\underline{Z}_{2a}$ durch $\underline{Z}_{2b}$ und der ideale Übertrager durch einen festgekoppelten Übertrager (angezapfte Induktivität $L_0$) ersetzt wurde. Beide Netzwerke sollen nach dem Maschenstromverfahren analysiert werden.

*a)* Man berechne allgemein in Abhängigkeit von $R, \underline{Z}_1$ und $\underline{Z}_{2a}$ die Eingangsimpedanz $\underline{W}_a = \underline{U}_1/\underline{I}_{1a}$ des im Bild 3.4a gezeigten Netzwerks sowie das Verhältnis $\underline{U}_{2a}/\underline{U}_1$.

*b)* Welcher Zusammenhang muß zwischen $\underline{Z}_1$ und $\underline{Z}_{2a}$ bestehen, damit die Eingangsimpedanz $\underline{W}_a$ den reellen Wert $R$ annimmt? Wie groß ist in diesem Fall $\underline{U}_{2a}/\underline{U}_1$?

*c)* Unter der Annahme, daß $\underline{Z}_1$ durch die Reihenschaltung einer Induktivität $L_1$ und einer Kapazität $C_1$ dargestellt wird, gebe man einen einfachen, aus einer Kapazität und einer Induktivität bestehenden Zweipol an, dessen Impedanz $\underline{Z}_{2a}$ die in Teilaufgabe *b* herzuleitende Bedingung erfüllt. Wie groß ist dann $|\underline{U}_{2a}/\underline{U}_1|$?

*d)* Man führe die in den Teilaufgaben *a* bis *c* beschriebenen Untersuchungen für das im Bild 3.4b dargestellte Netzwerk durch. Kann bei gegebener Induktivität $L_0$ zu jedem Zweipol mit der Impedanz $\underline{Z}_1 = j\omega L_1 + 1/(j\omega C_1)$ ein Zweipol mit der Impedanz $\underline{Z}_{2b}$ angegeben werden, so daß die Eingangsimpedanz $\underline{W}_b = \underline{U}_1/\underline{I}_{1b}$ des Netzwerks von Bild 3.4b den konstanten Wert $R$ annimmt? Man nenne gegebenenfalls die Einschränkungen. Wie ist der Unterschied zwischen $\underline{Z}_{2a}$ und $\underline{Z}_{2b}$ für den betrachteten Sonderfall $\underline{Z}_1 = j\omega L_1 + 1/(j\omega C_1)$ zu erklären?

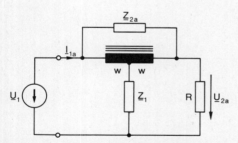

Bild 3.4a. Netzwerk mit idealem Übertrager.

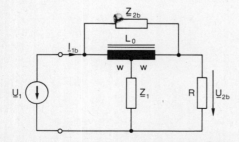

Bild 3.4b. Netzwerk mit festgekoppeltem Übertrager.

**Lösung zu Aufgabe 3.4**

*a)* Zur Anwendung der Maschenstromanalyse werden als Variablen die im Bild 3.4c angegebenen Maschenströme $\underline{I}_1, \underline{I}_2, \underline{I}_3$ und die in einer Windung des Übertragers induzierte Spannung $\underline{U}_H$ gewählt. Aufgrund der Maschenregel und der Bedingung für den idealen Übertrager - man vergleiche die Gl.(3.12) aus EN - erhält man das Gleichungssystem

| $\underline{I}_1$ | $\underline{I}_2$ | $\underline{I}_3$ | $\underline{U}_H$ | |
|---|---|---|---|---|
| $\underline{Z}_1$ | $-\underline{Z}_1$ | 0 | $w$ | $\underline{U}_1$ |
| $-\underline{Z}_1$ | $\underline{Z}_1 + R$ | 0 | $w$ | 0 |
| 0 | 0 | $\underline{Z}_{2a}$ | $2w$ | 0 |
| $w$ | $w$ | $2w$ | 0 | 0 , |

aus dem sich die gewählten Variablen bestimmen lassen. Aus der dritten und vierten Gleichung folgt

$$w\underline{U}_H = -\frac{\underline{I}_3}{2}\underline{Z}_{2a} = \frac{\underline{I}_1 + \underline{I}_2}{4}\underline{Z}_{2a} .$$

Ersetzt man hiermit $w\underline{U}_H$ in den beiden ersten Gleichungen, so entsteht folgendes Gleichungssystem für $\underline{I}_1$ und $\underline{I}_2$:

| $\underline{I}_1$ | $\underline{I}_2$ | |
|---|---|---|
| $\underline{Z}_1 + \dfrac{\underline{Z}_{2a}}{4}$ | $-\underline{Z}_1 + \dfrac{\underline{Z}_{2a}}{4}$ | $\underline{U}_1$ |
| $-\underline{Z}_1 + \dfrac{\underline{Z}_{2a}}{4}$ | $\underline{Z}_1 + R + \dfrac{\underline{Z}_{2a}}{4}$ | 0 . |

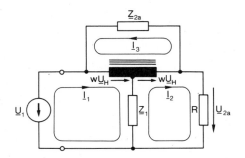

Bild 3.4c. Wahl der Netzwerkvariablen zur Maschenstromanalyse des Netzwerks von Bild 3.4a.

Da der Strom $\underline{I}_{1a}$ mit dem Maschenstrom $\underline{I}_1$ übereinstimmt, erhält man hieraus

$$\underline{I}_{1a} = \frac{\underline{Z}_1 + R + \dfrac{\underline{Z}_{2a}}{4}}{\underline{Z}_1 \underline{Z}_{2a} + R\left(\underline{Z}_1 + \dfrac{\underline{Z}_{2a}}{4}\right)} \underline{U}_1 \;.$$

Als Eingangsimpedanz ergibt sich somit

$$\underline{W}_a = \frac{\underline{Z}_1 \underline{Z}_{2a} + R\left(\underline{Z}_1 + \dfrac{\underline{Z}_{2a}}{4}\right)}{\underline{Z}_1 + R + \dfrac{\underline{Z}_{2a}}{4}}, \tag{1}$$

und in gleicher Weise folgt mit $\underline{U}_{2a} = \underline{I}_{2a} R$ das Verhältnis

$$\frac{\underline{U}_{2a}}{\underline{U}_1} = \frac{\left(\underline{Z}_1 - \dfrac{\underline{Z}_{2a}}{4}\right) R}{\underline{Z}_1 \underline{Z}_{2a} + R\left(\underline{Z}_1 + \dfrac{\underline{Z}_{2a}}{4}\right)} \;. \tag{2}$$

b) Die Forderung $\underline{W}_a = R$ liefert aufgrund der Gl.(1) die Beziehung

$$\underline{Z}_{2a} = \frac{R^2}{\underline{Z}_1} \;. \tag{3}$$

Aus Gl.(2) folgt in diesem Fall das Verhältnis

$$\frac{\underline{U}_{2a}}{\underline{U}_1} = \frac{\left(\underline{Z}_1 - \dfrac{R^2}{4\underline{Z}_1}\right) R}{R^2 + R\left(\underline{Z}_1 + \dfrac{R^2}{4\underline{Z}_1}\right)} = \frac{4\underline{Z}_1^2 - R^2}{4\underline{Z}_1^2 + 4R\underline{Z}_1 + R^2}$$

oder

$$\frac{\underline{U}_{2a}}{\underline{U}_1} = \frac{2\underline{Z}_1 - R}{2\underline{Z}_1 + R} \;. \tag{4}$$

c) Mit

$$\underline{Z}_1 = j\omega L_1 + \frac{1}{j\omega C_1}$$

erhält man aus Gl.(3) die Impedanz

$$\underline{Z}_{2a} = \frac{1}{j\omega \frac{L_1}{R^2} + \frac{1}{j\omega C_1 R^2}}$$

eines Zweipols, der offensichtlich als Parallelschaltung der Kapazität $C_{2a} = L_1/R^2$ und der Induktivität $L_{2a} = C_1 R^2$ aufgefaßt werden kann (Bild 3.4d). Dieser Zweipol wird *dual* zum Zweipol mit der Impedanz $\underline{Z}_1$ (Reihenschaltung der Induktivität $L_1$ und der Kapazität $C_1$) genannt.
Da hier $\underline{Z}_1$ rein imaginär ist, ergibt sich mit der Abkürzung $2\underline{Z}_1/R = jX$ ($X$ reell) aus Gl.(4)

$$\left|\frac{\underline{U}_{2a}}{\underline{U}_1}\right| = \left|\frac{jX - 1}{jX + 1}\right| = 1 \ .$$

Aufgrund dieser Eigenschaft, die für den gesamten Frequenzbereich $0 \leqslant \omega \leqslant \infty$ gilt, ist das Netzwerk ein sogenannter Allpaß.

d) Im Bild 3.4e sind die für die Maschenstromanalyse gewählten Maschenströme $\underline{I}_1, \underline{I}_2, \underline{I}_3$ angegeben. Mit diesen Strömen läßt sich der Zeiger des magnetischen Flusses in der Form

$$\underline{\Phi} = k(w\underline{I}_1 + w\underline{I}_2 + 2w\underline{I}_3)$$

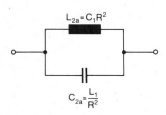

Bild 3.4d. Zweipol mit der Impedanz $\underline{Z}_{2a}$ für den Fall, daß $\underline{Z}_1$ durch die Reihenschaltung einer Induktivität und einer Kapazität gegeben ist.

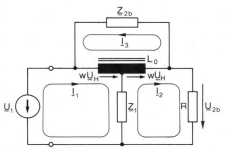

Bild 3.4e. Wahl der Netzwerkvariablen zur Maschenstromanalyse des Netzwerks von Bild 3.4b.

und damit die Hilfsspannung als

$$\underline{U}_H = j\omega\underline{\Phi} = j\omega k(w\underline{I}_1 + w\underline{I}_2 + 2w\underline{I}_3)$$

ausdrücken. Für $\underline{I}_1 = \underline{I}_2 = 0$ erhält man die Impedanz der Induktivität

$$\frac{2w\underline{U}_H}{\underline{I}_3} = j\omega 4kw^2 = j\omega L_0 \, .$$

Hieraus folgt

$$k = \frac{L_0}{4w^2}$$

und damit

$$w\underline{U}_H = wj\omega\frac{L_0}{4w^2}\left(w\underline{I}_1 + w\underline{I}_2 + 2w\underline{I}_3\right)$$

oder

$$w\underline{U}_H = j\omega\frac{L_0}{4}\left(\underline{I}_1 + \underline{I}_2 + 2\underline{I}_3\right) \, .$$

Nach dieser Vorbereitung läßt sich für die Maschenströme das folgende lineare Gleichungssystem angeben:

| $\underline{I}_1$ | $\underline{I}_2$ | $\underline{I}_3$ | |
|---|---|---|---|
| $\underline{Z}_1 + j\omega\dfrac{L_0}{4}$ | $-\underline{Z}_1 + j\omega\dfrac{L_0}{4}$ | $j\omega\dfrac{L_0}{2}$ | $\underline{U}_1$ |
| $-\underline{Z}_1 + j\omega\dfrac{L_0}{4}$ | $\underline{Z}_1 + R + j\omega\dfrac{L_0}{4}$ | $j\omega\dfrac{L_0}{2}$ | $0$ |
| $j\omega\dfrac{L_0}{2}$ | $j\omega\dfrac{L_0}{2}$ | $\underline{Z}_{2b} + j\omega L_0$ | $0 \, .$ |

3. Allgemeine Verfahren zur Analyse von Netzwerken

Durch einfache Linearkombination dieser Gleichungen ergibt sich das neue Gleichungssystem

| $\underline{I}_1$ | $\underline{I}_2$ | $\underline{I}_3$ | |
|---|---|---|---|
| $0$ | $R$ | $-\underline{Z}_{2b}$ | $\underline{U}_1$ |
| $-\underline{Z}_1$ | $\underline{Z}_1 + R$ | $-\dfrac{\underline{Z}_{2b}}{2}$ | $0$ |
| $j\omega \dfrac{L_0}{2}$ | $j\omega \dfrac{L_0}{2}$ | $\underline{Z}_{2b} + j\omega L_0$ | $0$ . |

Hieraus lassen sich die Ströme $\underline{I}_1 = \underline{I}_{1b}$ und $\underline{I}_2 = \underline{I}_{2b} = \underline{U}_{2b}/R$ berechnen, aus denen die Impedanz

$$\underline{W}_b = \frac{\underline{U}_1}{\underline{I}_{1b}} = \frac{R\underline{Z}_1\underline{Z}_{2b} + j\omega L_0 \left(R\underline{Z}_1 + \underline{Z}_1\underline{Z}_{2b} + \dfrac{R\underline{Z}_{2b}}{4}\right)}{\underline{Z}_1\underline{Z}_{2b} + R\underline{Z}_{2b} + j\omega L_0 \left(\underline{Z}_1 + R + \dfrac{\underline{Z}_{2b}}{4}\right)} \tag{5}$$

und das Spannungsverhältnis

$$\frac{\underline{U}_{2b}}{\underline{U}_1} = \frac{R\underline{Z}_1\underline{Z}_{2b} + j\omega L_0 R \left(\underline{Z}_1 - \dfrac{\underline{Z}_{2b}}{4}\right)}{R\underline{Z}_1\underline{Z}_{2b} + j\omega L_0 \left(R\underline{Z}_1 + \underline{Z}_1\underline{Z}_{2b} + \dfrac{R\underline{Z}_{2b}}{4}\right)} \tag{6}$$

folgt. Die Forderung $\underline{W}_b = R$ liefert aus Gl.(5) nach kurzer Zwischenrechnung den Impedanzwert

$$\underline{Z}_{2b} = \frac{j\omega L_0 R^2}{j\omega L_0 \underline{Z}_1 - R^2} . \tag{7}$$

Setzt man diesen Ausdruck in Gl.(6) ein, so ergibt sich schließlich das Spannungsverhältnis

$$\frac{\underline{U}_{2b}}{\underline{U}_1} = \frac{2\underline{Z}_1 - R}{2\underline{Z}_1 + R} . \tag{8}$$

Für $\underline{Z}_1 = j\omega L_1 + 1/(j\omega C_1)$ folgt aus Gl.(7)

$$\underline{Z}_{2b} = \frac{1}{j\omega \dfrac{L_1}{R^2} + \dfrac{1}{j\omega}\left(\dfrac{1}{C_1 R^2} - \dfrac{1}{L_0}\right)}.$$

Dies ist die Impedanz eines Parallelschwingkreises mit der Kapazität

$$C_{2b} = \frac{L_1}{R^2}$$

und der Induktivität

$$L_{2b} = \frac{L_0 C_1 R^2}{L_0 - C_1 R^2}.$$

Wie man sieht, ist eine Realisierung genau dann möglich, wenn die Bedingung

$$L_0 \geqslant C_1 R^2 = L_{2a}$$

eingehalten wird. Weiterhin ist aus Gl.(8) zu erkennen, daß

$$\left|\frac{\underline{U}_{2b}}{\underline{U}_1}\right| = 1$$

sein muß, da $\underline{Z}_1$ rein imaginär ist.
Der Unterschied zwischen den Impedanzen $\underline{Z}_{2a}$ und $\underline{Z}_{2b}$ ist anhand der Beziehungen

$$C_{2a} = C_{2b} = \frac{L_1}{R^2}$$

und

$$\frac{1}{L_{2a}} = \frac{1}{L_{2b}} + \frac{1}{L_0} = \frac{1}{C_1 R^2} \tag{9}$$

zu erkennen.
Wie die vorstehenden Überlegungen zeigen, können die Eigenschaften $\underline{W}_b = R$ und $|\underline{U}_{2b}/\underline{U}_1| = 1$ nicht mehr erreicht werden, wenn die Induktivität $L_0$ des festgekoppelten Übertragers kleiner ist als $L_{2a}$. Diese Ergebnisse sind unmittelbar einzusehen, wenn man berücksichtigt, daß die angezapfte Induktivität $L_0$ im Bild 3.4b durch einen

idealen Übertrager und eine parallel dazu angeordnete Induktivität $L_0$ ersetzt werden kann. Das auf diese Weise entstehende Zweitor (Bild 3.4f) unterscheidet sich von demjenigen im Bild 3.4a nur dadurch, daß an die Stelle des Zweipols mit der Impedanz $\underline{Z}_{2a}$ die aus der Induktivität $L_0$ und dem Zweipol mit der Impedanz $\underline{Z}_{2b}$ gebildete Parallelschaltung tritt. Die Eingangsimpedanz des Netzwerks im Bild 3.4f hat daher genau dann den frequenzunabhängigen Wert $R$, wenn

$$\frac{1}{\underline{Z}_{2b}} + \frac{1}{j\omega L_0} = \frac{1}{\underline{Z}_{2a}} \quad \text{mit} \quad \underline{Z}_{2a} = \frac{R^2}{\underline{Z}_1}$$

gilt. Hieraus läßt sich für den betrachteten Sonderfall $\underline{Z}_1 = j\omega L_1 + 1/(j\omega C_1)$ die zulässige untere Grenze für $L_0$ direkt entnehmen.

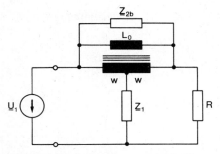

Bild 3.4f. Äquivalente Darstellung des Netzwerks von Bild 3.4b.

**Aufgabe 3.5**

Das im Bild 3.5a gezeigte Netzwerk besteht aus vier gleichen ohmschen Widerständen mit dem Wert $R$, zwei Spannungsquellen $\underline{U}_1$ bzw. $\underline{U}_2$ mit der gleichen Kreisfrequenz $\omega$ sowie aus einer Induktivität $L$ und einer Kapazität $C$.

a) Man zeichne den zum Netzwerk gehörigen Graphen sowie sämtliche Bäume und die entsprechenden Baumkomplemente.

b) Zur Durchführung einer Maschenstromanalyse wähle man Maschenströme in den Elementarmaschen und stelle für diese ein Gleichungssystem auf. Durch Einführung der Normierungskreisfrequenz $\omega_0 = 1/\sqrt{LC}$ und der Größe $Q = \omega_0 L/R$ normiere man das Gleichungssystem so, daß in den Koeffizienten neben der normierten Kreisfrequenz $\Omega = \omega/\omega_0$ nur noch $Q$ und $R$ auftreten.

c) Man berechne die drei Maschenströme und zeige, daß für den Sonderfall $Q = 1$ der vom Knoten 3 zum Knoten 1 fließende Strom $I_{31}$ von der Spannung $\underline{U}_2$ unabhängig ist und daß der Strom, der vom Knoten 2 zum Knoten 4 fließt, von der Spannung $\underline{U}_1$ nicht abhängt. Welche Phasenverschiebung hat für $Q = 1$ die Kapazitätsspannung $\underline{U}_C$ gegenüber der Spannung $\underline{U}_1$, wenn $\underline{U}_2 = j\underline{U}_1$ gilt? Man stelle den Verlauf der Phasenverschiebung in Abhängigkeit von $\Omega$ in einem Diagramm dar.

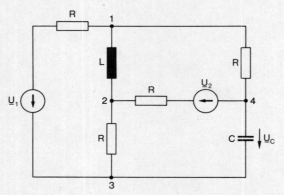

Bild 3.5a. Zu analysierendes Brückennetzwerk mit zwei Spannungsquellen.

**Lösung zu Aufgabe 3.5**

a) Im Bild 3.5b ist der Graph mit $k = 4$ Knoten und $l = 6$ Zweigen dargestellt; das Bild 3.5c zeigt sämtliche Bäume[1]) und die zugehörigen Baumkomplemente.

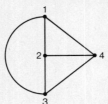

Bild 3.5b. Zum Netzwerk von Bild 3.5a gehöriger Graph.

---

[1]) Aus der Graphentheorie ist bekannt, daß $k^{k-2}$ die Anzahl der Bäume bei einem vollständig vermaschten $k$-Eck ist.

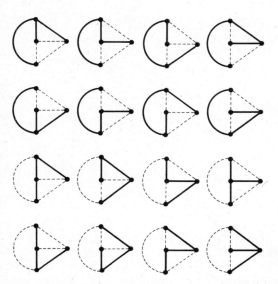

Bild 3.5c. Sämtliche möglichen Bäume und Baumkomplemente des Graphen von Bild 3.5b.

b) Im Bild 3.5d sind die gewählten Maschenströme angegeben. Aufgrund der Maschenregel ergibt sich zunächst das lineare Gleichungssystem

| $\underline{I}_1$ | $\underline{I}_2$ | $\underline{I}_3$ | |
|---|---|---|---|
| $2R + j\omega L$ | $-j\omega L$ | $-R$ | $\underline{U}_1$ |
| $-j\omega L$ | $2R + j\omega L$ | $-R$ | $-\underline{U}_2$ |
| $-R$ | $-R$ | $2R + \dfrac{1}{j\omega C}$ | $\underline{U}_2$ |

(1)

zur Bestimmung dieser Maschenströme. Wegen $\omega_0 = 1/\sqrt{LC}$ und $Q = \omega_0 L/R$ gilt

$$\omega L = \frac{\omega}{\omega_0} \frac{\omega_0 L}{R} R = \Omega Q R , \qquad \omega C = \frac{\omega}{\omega_0^2 L} = \frac{\omega}{\omega_0} \frac{R}{\omega_0 L} \frac{1}{R} = \frac{\Omega}{QR} .$$

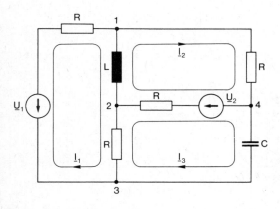

Bild 3.5d. Wahl der Maschenströme in den Elementarmaschen zur Analyse des im Bild 3.5a dargestellten Netzwerks.

Berücksichtigt man diese Beziehungen im Gleichungssystem (1) und dividiert sämtliche Gleichungen anschließend durch $R$, dann erhält man das modifizierte Gleichungssystem

| $\underline{I}_1$ | $\underline{I}_2$ | $\underline{I}_3$ | |
|---|---|---|---|
| $2 + j\Omega Q$ | $-j\Omega Q$ | $-1$ | $\dfrac{\underline{U}_1}{R}$ |
| $-j\Omega Q$ | $2 + j\Omega Q$ | $-1$ | $-\dfrac{\underline{U}_2}{R}$ |
| $-1$ | $-1$ | $2 + \dfrac{Q}{j\Omega}$ | $\dfrac{\underline{U}_2}{R}$ |

(2)

c) Zur Lösung der Gln.(2) kann man folgendermaßen verfahren: Zunächst wird die erste Gleichung durch die Summe der drei Gleichungen ersetzt. Durch Linearkombination der so modifizierten ersten Gleichung und der zweiten läßt sich in dieser der Maschenstrom $\underline{I}_1$ eliminieren. Weiterhin können in der dritten Gleichung durch Addition mit der modifizierten ersten Gleichung die Maschenströme $\underline{I}_1$ und $\underline{I}_2$ eliminiert werden. Auf diese Weise entsteht das Gleichungssystem

| $\underline{I}_1$ | $\underline{I}_2$ | $\underline{I}_3$ | |
|---|---|---|---|
| $1$ | $1$ | $\dfrac{Q}{j\Omega}$ | $\dfrac{\underline{U}_1}{R}$ |
| $0$ | $2(1 + jQ\Omega)$ | $Q^2 - 1$ | $\dfrac{jQ\Omega \underline{U}_1 - \underline{U}_2}{R}$ |
| $0$ | $0$ | $2\left(1 + \dfrac{Q}{j\Omega}\right)$ | $\dfrac{\underline{U}_1 + \underline{U}_2}{R}$ |

das sich wegen der Dreiecksgestalt der Koeffizientenmatrix rekursiv auflösen läßt. Das Ergebnis lautet

$$\underline{I}_1 = \frac{[2Q + j(3 + Q^2)\Omega - 2Q\Omega^2]\underline{U}_1 - j(Q^2 - 1)\Omega \underline{U}_2}{4R(Q + j\Omega)(1 + jQ\Omega)},$$

$$\underline{I}_2 = \frac{j\Omega[1 + Q^2 + j2Q\Omega]\underline{U}_1 - [2Q + j(1 + Q^2)\Omega]\underline{U}_2}{4R(Q + j\Omega)(1 + jQ\Omega)},$$

$$\underline{I}_3 = \frac{j\Omega(\underline{U}_1 + \underline{U}_2)}{2R(Q + j\Omega)}.$$

Hieraus erhält man für den Sonderfall $Q = 1$ die Ströme

$$\underline{I}_{31} = \underline{I}_1 = \frac{\underline{U}_1}{2R} \quad \text{und} \quad \underline{I}_{24} = \underline{I}_3 - \underline{I}_2 = \frac{\underline{U}_2}{2R}.$$

Die Kapazitätsspannung

$$\underline{U}_C = \frac{\underline{I}_3}{j\omega C} = \frac{RQ}{j\Omega} \underline{I}_3$$

hat im Fall $Q = 1$, $\underline{U}_2 = j\underline{U}_1$ den Wert

$$\underline{U}_C = \frac{1+j}{1+j\Omega} \frac{\underline{U}_1}{2}.$$

Damit kann die Phasenverschiebung der Kapazitätsspannung $\underline{U}_C$ gegenüber der Spannung $\underline{U}_1$ in der Form

$$\varphi = \frac{\pi}{4} - \arctan \Omega$$

ausgedrückt werden. Den hieraus resultierenden Kurvenverlauf zeigt das Bild 3.5e.

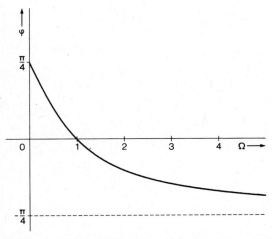

Bild 3.5e. Verlauf der Phasenverschiebung zwischen der Kapazitätsspannung $\underline{U}_C$ und der Spannung $\underline{U}_1 = -j\underline{U}_2$ in Abhängigkeit von $\Omega$.

**Aufgabe 3.6**

Um die unbekannte Admittanz $\underline{G}_x = G_x + jY_x$ eines passiven Zweipols bei einer gegebenen Kreisfrequenz $\omega$ zu bestimmen, wird das im Bild 3.6 dargestellte Netzwerk verwendet. Es besteht aus einer harmonischen Spannungsquelle $\underline{U}_g$ mit der Kreisfrequenz $\omega$, einem ohmschen Leitwert $G_s$, einer Kapazität $C_s$ und einem idealen Übertrager. Die Übertragerwicklung, die insgesamt $w$ Windungen umfaßt, besitzt neben einer festen Mittelanzapfung zwei variable Abgriffe, die es ermöglichen, die entsprechenden Windungszahlen innerhalb der Grenzen 0 und $w$ unabhängig voneinander zu variieren. Der Effektivwert der Spannung $\underline{U}_a$ wird von einem Meßinstrument angezeigt, dessen Innenwiderstand so groß ist, daß $\underline{U}_a$ nicht belastet wird, d.h. daß der durch das Meßinstrument fließende Strom gegenüber den Strömen in den übrigen Zweigen des Netzwerks vernachlässigt werden kann.

Im abgeglichenen Zustand $\underline{U}_a = 0$ bestehen zwischen $G_x, G_s$ und $w_2$ bzw. zwischen $Y_x, \omega C_s$ und $w_1$ direkte Zusammenhänge, aus denen $G_x$ und $Y_x$ bei Kenntnis der übrigen Größen berechnet werden können.

a) Man bestimme die Spannung $\underline{U}_a$ in Abhängigkeit von $\underline{U}_g, \omega, G_s, C_s, \underline{G}_x$ und den normierten Windungszahlen $x_1 = w_1/w$ und $x_2 = w_2/w$.

b) Wie lauten die Bedingungen für den Abgleich $\underline{U}_a = 0$?

c) Innerhalb welcher Bereiche dürfen sich die Größen $G_x$ und $Y_x$ bewegen, damit überhaupt ein Abgleich möglich ist?

d) Welcher Wertebereich von $w_1$ entspricht im abgeglichenen Zustand positiven, welcher entspricht negativen $Y_x$-Werten?

e) Wie lauten die Abgleichbedingungen, wenn den Berechnungen kein idealer, sondern ein festgekoppelter Übertrager, d.h. eine angezapfte Induktivität $L$ zugrunde gelegt wird und wenn das Meßinstrument einen endlichen ohmschen Innenwiderstand $R_a$ besitzt?

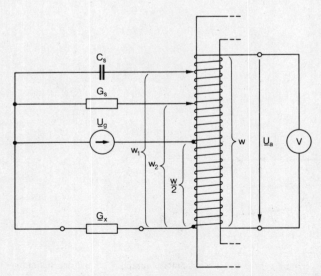

Bild 3.6. Meßanordnung zur Ermittlung der Admittanz eines passiven Zweipols.

**Hinweis:** Falls zur Lösung von Teilaufgabe *a* Maschenströme verwendet werden, soll darauf geachtet werden, daß die Zweige mit den Admittanzen $G_s$, $j\omega C_s$ und $\underline{G}_x$ jeweils nur von einem Maschenstrom durchflossen werden.

**Lösung zu Aufgabe 3.6**

*a)* Für die Ströme $\underline{I}_C, \underline{I}_G$ und $\underline{I}_x$, die durch die Netzwerkzweige mit den Admittanzen $j\omega C_s, G_s$ bzw. $\underline{G}_x$ in Richtung zum Übertrager fließen, gilt

$$\underline{I}_C = \left[\underline{U}_g - \frac{1}{w}\left(w_1 - \frac{w}{2}\right)\underline{U}_a\right]j\omega C_s = \left[\underline{U}_g - \left(x_1 - \frac{1}{2}\right)\underline{U}_a\right]j\omega C_s, \qquad (1)$$

$$\underline{I}_G = \left[\underline{U}_g - \frac{1}{w}\left(w_2 - \frac{w}{2}\right)\underline{U}_a\right]G_s = \left[\underline{U}_g - \left(x_2 - \frac{1}{2}\right)\underline{U}_a\right]G_s, \qquad (2)$$

$$\underline{I}_x = \left[\underline{U}_g + \frac{\underline{U}_a}{2}\right]\underline{G}_x. \qquad (3)$$

Diese Ströme werden nun entsprechend dem Hinweis am Ende der Aufgabenstellung zu Maschenströmen erweitert, die sich ausnahmslos über die Quelle $\underline{U}_g$ schließen sollen. Die Besonderheit beim idealen Übertrager, daß der Magnetisierungsstrom verschwindet, läßt sich dann durch den Zusammenhang

$$\left(w_1 - \frac{w}{2}\right)\underline{I}_C + \left(w_2 - \frac{w}{2}\right)\underline{I}_G - \frac{w}{2}\underline{I}_x = 0 \qquad (4)$$

ausdrücken. Dividiert man die Gl.(4) durch $w$ und setzt man die Gln.(1), (2) und (3) ein, so erhält man die Beziehung

$$\left(x_1 - \frac{1}{2}\right)\left[\underline{U}_g - \left(x_1 - \frac{1}{2}\right)\underline{U}_a\right]j\omega C_s + \left(x_2 - \frac{1}{2}\right)\left[\underline{U}_g - \left(x_2 - \frac{1}{2}\right)\underline{U}_a\right]G_s$$

$$- \frac{1}{2}\left[\underline{U}_g + \frac{\underline{U}_a}{2}\right]\underline{G}_x = 0.$$

Hieraus folgt die gesuchte Spannung

$$\underline{U}_a = \frac{\left(x_1 - \frac{1}{2}\right)j\omega C_s + \left(x_2 - \frac{1}{2}\right)G_s - \frac{1}{2}\underline{G}_x}{\left(x_1 - \frac{1}{2}\right)^2 j\omega C_s + \left(x_2 - \frac{1}{2}\right)^2 G_s + \frac{1}{4}\underline{G}_x}\underline{U}_g. \qquad (5)$$

*b*) Damit die Spannung $\underline{U}_a$ verschwindet, muß nach Gl.(5)

$$\left(x_1 - \frac{1}{2}\right)j\omega C_s + \left(x_2 - \frac{1}{2}\right)G_s - \frac{1}{2}\underline{G}_x = 0$$

sein. Hieraus folgen die Abgleichbedingungen

$$\left(x_1 - \frac{1}{2}\right)\omega C_s = \frac{1}{2}Y_x \qquad (0 \leqslant x_1 \leqslant 1)$$

und

$$\left(x_2 - \frac{1}{2}\right)G_s = \frac{1}{2}G_x \qquad (0 \leqslant x_2 \leqslant 1).$$

*c*) Aus den Abgleichbedingungen erhält man für $G_x$ und $Y_x$ die zulässigen Intervalle $|G_x| \leqslant G_s$ bzw. $|Y_x| \leqslant \omega C_s$, von denen das erste wegen der vorausgesetzten Passivität des zu messenden Zweipols auf

$$0 \leqslant G_x \leqslant G_s$$

zusätzlich begrenzt wird.

*d*) Aus der ersten Abgleichbedingung folgt

$$x_1 > \frac{1}{2}, \text{d.h. } w_1 > \frac{w}{2} \qquad \text{für} \qquad Y_x > 0$$

und

$$x_1 < \frac{1}{2}, \text{d.h. } w_1 < \frac{w}{2} \qquad \text{für} \qquad Y_x < 0.$$

*e*) Im abgeglichenen Zustand $\underline{U}_a = 0$ müssen auch der durch das Meßgerät fließende Strom und der magnetische Fluß im Übertrager verschwinden. Das ist genau dann der Fall, wenn Gl.(4) gilt. Da die Gln.(1), (2) und (3) auch für den festgekoppelten Übertrager bei beliebigen Einstellungen der Abgriffe gelten, ändern sich die Abgleichbedingungen also nicht.

**Aufgabe 3.7**

In einem allgemeinen $k$-Eck sei zwischen je zwei Knoten der gleiche ohmsche Leitwert $g$ eingefügt. Zwei beliebige Knoten werden als Eingangsklemmen des nun als Zweipol betrachteten Netzwerks aufgefaßt. Der zwischen diesen Klemmen gemessene Gesamtleitwert sei $G$. Die Abhängigkeit $G/g = f(k)$ ist zu ermitteln.

*a*) Man löse die gestellte Aufgabe mit Hilfe des Knotenpotentialverfahrens.

*b*) Man prüfe das Ergebnis für die leicht übersehbaren Fälle $k = 2, 3, 4$.

*c*) Man vergegenwärtige sich die Potentiallage der Netzwerkknoten und versuche, $f(k)$ ohne lange Rechnung direkt aus dem Netzwerk abzulesen.

**Lösung zu Aufgabe 3.7**

*a*) Im Bild 3.7a ist das Netzwerk als Zweipol mit den Eingangsklemmen 1 und $k$ dargestellt. Die Einspeisung erfolgt durch den Gleichstrom $I$. Für die Knotenpotentiale $\varphi_1$,

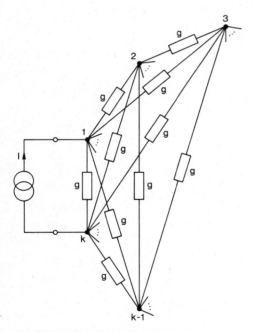

Bild 3.7a. Allgemeines ohmsches $k$-Eck.

$\varphi_2, \ldots, \varphi_{k-1}$ läßt sich aufgrund des Knotenpotentialverfahrens das folgende Gleichungssystem angeben:

| $\varphi_1$ | $\varphi_2$ | $\varphi_3$ | ... | $\varphi_{k-1}$ | |
|---|---|---|---|---|---|
| $(k-1)g$ | $-g$ | $-g$ | ... | $-g$ | $I$ |
| $-g$ | $(k-1)g$ | $-g$ | ... | $-g$ | $0$ |
| $-g$ | $-g$ | $(k-1)g$ | ... | $-g$ | $0$ |
| $\vdots$ | $\vdots$ | $\vdots$ | | $\vdots$ | $\vdots$ |
| $-g$ | $-g$ | $-g$ | ... | $(k-1)g$ | $0$ . |

Addiert man zur ersten Gleichung die Hälfte der Summe aller übrigen Gleichungen, so entsteht die Beziehung

$$\frac{k}{2} g \varphi_1 = I,$$

woraus sich mit $G = I/\varphi_1$ der gesuchte Zusammenhang

$$\frac{G}{g} = \frac{k}{2}$$

ergibt.

b) Im Bild 3.7b findet man den Zweipol speziell für $k = 2, 3$ und $4$. Hieraus sind in Übereinstimmung mit dem Ergebnis von Teilaufgabe a direkt die Werte $G/g = 1$ ($k=2$), $G/g = 1 + 1/2 = 3/2$ ($k=3$) und $G/g = 1 + 1/2 + 1/2 = 2$ ($k=4$) abzulesen, wobei im letzteren Fall beachtet wurde, daß der Leitwert zwischen den Knoten 2 und 3 entfernt werden darf, weil $\varphi_2 = \varphi_3$ gilt.

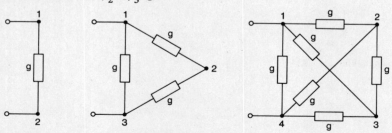

Bild 3.7b. Netzwerk für die Fälle $k = 2$, $k = 3$ und $k = 4$.

c) Beseitigt man im Netzwerk alle Leitwerte, die weder mit dem Knoten 1 noch mit dem Knoten $k$ direkt verbunden sind (Bild 3.7c), so entsteht ein Netzwerk, das unmittelbar erkennen läßt, daß $\varphi_2 = \varphi_3 = ... = \varphi_{k-1}$ gilt. Das erneute Einfügen der entfernten Leitwerte hat auf die Werte der Ströme und Potentiale bei Wahl der Knoten 1 und $k$ als Eingangsklemmen keinen Einfluß. Daher kann der Gesamtleitwert direkt am vereinfachten Netzwerk von Bild 3.7c berechnet werden. Auf diese Weise erhält man sofort

$$G = g + \frac{g}{2}(k-2)$$

oder

$$\frac{G}{g} = \frac{k}{2}.$$

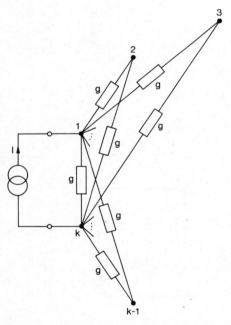

Bild 3.7c. Zur direkten Berechnung des Eingangsleitwerts für das ohmsche $k$-Eck von Bild 3.7a.

**Aufgabe 3.8**

Das Bild 3.8a zeigt ein Netzwerk, das als aktiver $RC$-Bandpaß verwendet werden kann. Das Netzwerk enthält fünf ohmsche Widerstände, von denen vier den festen Wert $R$ besitzen, während der fünfte den einstellbaren Wert $R_5 = kR$ ($0 \leqslant k < 3$) hat. Weiterhin enthält das Netzwerk zwei Kapazitäten mit dem gleichen Wert $C$ und einen sogenannten Differenzverstärker. Das Netzwerk wird von einer Wechselspannungsquelle mit dem Effektivwert $U_1$ und der Kreisfrequenz $\omega$ gespeist.

Zur Vereinfachung der Analyse, die mit Hilfe des Knotenpotentialverfahrens erfolgen soll, ist die normierte Kreisfrequenz $\Omega = \omega CR$ einzuführen.

a) Man ermittle das Spannungsverhältnis $\underline{U}_2/\underline{U}_1$ des Bandpasses in Abhängigkeit von $\Omega, k$ und der Verstärkung $V$ des Differenzverstärkers. Welche Vereinfachung ergibt sich für den Fall des idealen Operationsverstärkers ($V \to \infty$), der allen weiteren Teilaufgaben zugrunde gelegt werden soll?

b) Man berechne das Betragsverhältnis $|\underline{U}_2/\underline{U}_1|$ als Funktion von $\Omega$ mit $k$ als Parameter. Bei welchem Wert $\Omega_m$ der normierten Kreisfrequenz erreicht dieses Betragsverhältnis seinen maximalen Wert $A_m$. Wie hängt $A_m$ von $k$ ab?

c) Man bestimme allgemein in Abhängigkeit von $k$ die beiden normierten Kreisfrequenzen $\Omega_1$ und $\Omega_2 > \Omega_1$, für die $|\underline{U}_2/\underline{U}_1|$ den Wert $A_g = A_m/\sqrt{2}$ annimmt. Wie groß ist die Bandbreite $\Delta\Omega = \Omega_2 - \Omega_1$ des Bandpasses? Man stelle die Funktion $|\underline{U}_2/\underline{U}_1|$ für $k = 2$ und $k = 2,5$ im Intervall $0 \leqslant \Omega \leqslant 5$ graphisch dar.

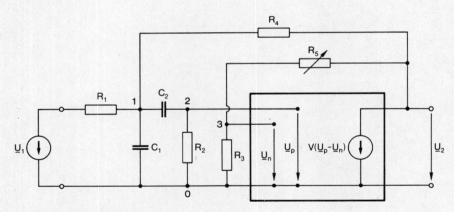

Bild 3.8a. Aktives $RC$-Netzwerk.

**Lösung zu Aufgabe 3.8**

a) Zur Durchführung des Knotenpotentialverfahrens werden in den Knoten 1, 2 und 3 die Knotenpotentiale $\varphi_1, \varphi_2$ bzw. $\varphi_3$ eingeführt, wobei der Knoten 0 als Bezugsknoten zu betrachten ist. Für die Knotenpotentiale läßt sich nun durch Anwendung der Knotenregel auf die Knoten 1, 2 und 3 das folgende Gleichungssystem aufstellen:

## 3. Allgemeine Verfahren zur Analyse von Netzwerken — Lösung 3.8

| $\underline{\varphi}_1$ | $\underline{\varphi}_2$ | $\underline{\varphi}_3$ | |
|---|---|---|---|
| $\dfrac{2}{R}+2j\omega C$ | $-\dfrac{V}{R}-j\omega C$ | $\dfrac{V}{R}$ | $\dfrac{U_1}{R}$ |
| $-j\omega C$ | $\dfrac{1}{R}+j\omega C$ | $0$ | $0$ |
| $0$ | $-\dfrac{V}{kR}$ | $\dfrac{1}{R}+\dfrac{1+V}{kR}$ | $0$ . |

Dabei ist zu beachten, daß für die Ausgangsspannung

$$\underline{U}_2 = V(\underline{\varphi}_2 - \underline{\varphi}_3)$$

gilt. Führt man die normierte Kreisfrequenz $\Omega = \omega CR$ ein, dann kann das Gleichungssystem auf die Form

| $\underline{\varphi}_1$ | $\underline{\varphi}_2$ | $\underline{\varphi}_3$ | |
|---|---|---|---|
| $2+j2\Omega$ | $-V-j\Omega$ | $V$ | $\underline{U}_1$ |
| $-j\Omega$ | $1+j\Omega$ | $0$ | $0$ |
| $0$ | $-V$ | $1+k+V$ | $0$ |

gebracht werden. Hieraus entsteht nach der Elimination des Knotenpotentials $\underline{\varphi}_1$ für $\underline{\varphi}_2$ und $\underline{\varphi}_3$ das neue Gleichungssystem

| $\underline{\varphi}_2$ | $\underline{\varphi}_3$ | |
|---|---|---|
| $2+j(4-V)\Omega-\Omega^2$ | $jV\Omega$ | $j\Omega\underline{U}_1$ |
| $-V$ | $1+k+V$ | $0$ . |

Seine Lösungen lauten

$$\underline{\varphi}_2 = \frac{j(1+k+V)\Omega\underline{U}_1}{D},$$

$$\underline{\varphi}_3 = \frac{jV\Omega \underline{U}_1}{D}$$

mit

$$D = (1 + k + V)(2 + j4\Omega - \Omega^2) - jV(1 + k)\Omega.$$

Wegen der Beziehung $\underline{U}_2 = V(\underline{\varphi}_2 - \underline{\varphi}_3)$ erhält man nun für das gesuchte Spannungsverhältnis die Darstellung

$$\frac{\underline{U}_2}{\underline{U}_1} = \frac{j(1+k)\Omega}{\left(1 + \frac{1+k}{V}\right)(2 + j4\Omega - \Omega^2) - j(1+k)\Omega}.$$

Für $V \to \infty$ erhält diese Funktion die Form

$$\frac{\underline{U}_2}{\underline{U}_1} = \frac{j(1+k)\Omega}{2 - \Omega^2 + j(3-k)\Omega}. \tag{1}$$

b) Aus Gl.(1) folgt für $\Omega > 0$

$$\left|\frac{\underline{U}_2}{\underline{U}_1}\right| = A(\Omega) = \frac{(1+k)\Omega}{\sqrt{(2-\Omega^2)^2 + (3-k)^2\Omega^2}}. \tag{2}$$

Das Maximum von $A(\Omega)$ tritt dort auf, wo die Funktion

$$f(\Omega^2) = \frac{(1+k)^2}{A^2(\Omega)} = \frac{4}{\Omega^2} + (3-k)^2 - 4 + \Omega^2$$

ihr Minimum erreicht. Der gesuchte Wert $\Omega_m$ muß also Lösung der Gleichung

$$\frac{df(\Omega^2)}{d\Omega} \equiv -\frac{8}{\Omega^3} + 2\Omega = 0$$

sein. Hieraus folgt

$$\Omega_m = \sqrt{2}$$

und nach dem Einsetzen von $\Omega_m$ in die Gl.(2)

$$A_m = \frac{1+k}{3-k}. \tag{3}$$

c) Aus der Forderung $A(\Omega) = A_g = A_m/\sqrt{2}$ erhält man mit den Gln.(2) und (3) zur Bestimmung der normierten Kreisfrequenzen $\Omega_1$ und $\Omega_2$ die Beziehung

$$\frac{(1+k)\Omega}{\sqrt{(2-\Omega^2)^2 + (3-k)^2\Omega^2}} = \frac{1}{\sqrt{2}} \frac{1+k}{3-k}.$$

Hieraus läßt sich durch elementare Umformungen die Gleichung

$$|2 - \Omega^2| = (3-k)\Omega$$

mit den positiven Lösungen

$$\Omega_1 = \frac{k - 3 + \sqrt{(k-3)^2 + 8}}{2}$$

und

$$\Omega_2 = \frac{3 - k + \sqrt{(k-3)^2 + 8}}{2}$$

gewinnen. Für die Bandbreite des Bandpasses ergibt sich somit

$$\Delta\Omega = \Omega_2 - \Omega_1 = 3 - k.$$

Der Verlauf der Funktion $A(\Omega)$ ist im Bild 3.8b für die Parameterwerte $k = 2$ und $k = 2{,}5$ in Abhängigkeit von $\Omega$ aufgetragen.

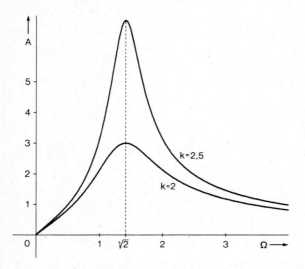

Bild 3.8b. Verlauf der Funktion $|\underline{U}_2/\underline{U}_1|$ in Abhängigkeit von der normierten Frequenz $\Omega$ für zwei verschiedene Werte von $k = R_5/R$.

# 4. Netzwerktheoreme

Dieses Kapitel enthält Aufgaben, in denen Netzwerke unter Verwendung
— des Überlagerungssatzes (Aufgaben 1, 2, 6),
— der Ersatzquellensätze (Aufgaben 3, 4),
— der Methode einfacher Netzwerkumwandlungen (Aufgabe 5),
— des Kompensationstheorems (Aufgabe 6),
— des Umkehrungssatzes (Aufgaben 6, 7)
zu untersuchen sind. Weiterhin wird die Möglichkeit der Leistungsanpassung mit Hilfe eines Gyrators behandelt (Aufgabe 8).

## Aufgabe 4.1

Das im Bild 4.1a dargestellte, aus ohmschen Widerständen und $n$ eingeprägten Stromquellen aufgebaute Netzwerk ist im folgenden mit Hilfe des Überlagerungssatzes zu analysieren.

a) Man ermittle den Wellenwiderstand des im Bild 4.1b gezeigten Zweitors, d.h. denjenigen Widerstand $Z$, mit dem das Zweitor abgeschlossen werden muß, damit sein Eingangswiderstand ebenfalls den Wert $Z$ annimmt.

b) Welchen Eingangswiderstand besitzt eine Kettenschaltung von $n$ derartigen Zweitoren, die mit dem in Teilaufgabe $a$ bestimmten Widerstand $Z$ abgeschlossen ist? Wie groß ist der Strom $I_Z$ im Abschlußwiderstand $Z$, wenn diese Zweitorkette nach Bild 4.1c durch eine Urstromquelle $I_0$ erregt wird?

c) Man bestimme nunmehr für das Netzwerk nach Bild 4.1a unter Verwendung des Überlagerungssatzes und der in Teilaufgabe $b$ gewonnenen Ergebnisse den Strom $I$ als Funktion der Ströme $I_1, I_2, ..., I_n$.

d) Wie groß ist $I$, wenn die Ströme $I_1, I_2, ..., I_n$ alle denselben Wert $I_0$ besitzen?

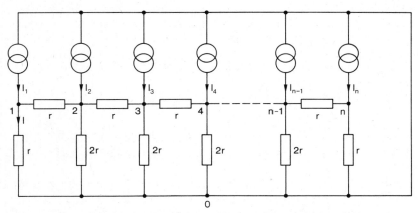

Bild 4.1a. Ein mit Hilfe des Überlagerungssatzes zu analysierendes Netzwerk.

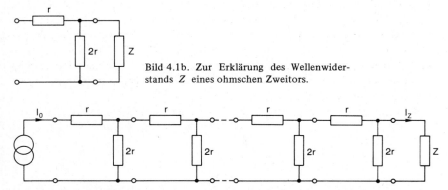

Bild 4.1b. Zur Erklärung des Wellenwiderstands $Z$ eines ohmschen Zweitors.

Bild 4.1c. Eine Kettenanordnung mehrerer gleicher Zweitore, die mit dem Wellenwiderstand $Z$ abgeschlossen ist.

**Lösung zu Aufgabe 4.1**

*a*) Schließt man das im Bild 4.1b gezeigte Zweitor mit dem Widerstand $Z$ ab und fordert man, daß dann der Eingangswiderstand gleich $Z$ ist, so ergibt sich die Beziehung

$$Z = r + \frac{2rZ}{2r + Z}$$

oder, wenn man diese Gleichung mit $2r + Z$ durchmultipliziert,

$$Z^2 - rZ - 2r^2 = 0 \, .$$

Hieraus folgt als einzige positive Lösung

$$Z = 2r \, .$$

*b*) Eine Kette gleicher Zweitore, die am Ende mit dem Wellenwiderstand $Z$ abgeschlossen ist, besitzt stets den Eingangswiderstand $Z$. Im Fall der vorliegenden Zweitorkette wird mit dem Widerstand $Z = 2r$ abgeschlossen. Da der Querwiderstand $2r$ eines jeden Teilzweitors und der Eingangswiderstand am folgenden Teilzweitor übereinstimmen, teilt sich der Strom in jedem Teilzweitor in zwei gleiche Hälften auf. Durch den Abschlußwiderstand fließt der Strom

$$I_Z = \frac{I_0}{2^n} \, .$$

*c*) Mit Hilfe der Ergebnisse von Teilaufgabe *b* lassen sich die Beiträge der Ströme $I_1, I_2, ..., I_n$ zum Strom $I$ im Netzwerk von Bild 4.1a ohne nennenswerten Rechenaufwand ermitteln.
Ist $I_1 \neq 0$ und $I_2 = I_3 = ... = I_n = 0$, dann fließt aufgrund der Stromteilungsgleichung in dem zwischen den Knoten 1 und 0 liegenden Zweig mit dem Widerstand $r$ der Strom $2I_1/3$, da das parallel zu diesem Zweig liegende Kettennetzwerk nach Teilaufgabe *b* den Eingangswiderstand $2r$ besitzt.
Ganz entsprechend erhält man im Fall $I_1 = I_2 = ... = I_{n-1} = 0$, $I_n \neq 0$ für den vom Knoten $n$ zum Knoten $n-1$ fließenden Strom den Wert $I_n/3$. Dieser Strom wird, wie in Teilaufgabe *b* gezeigt, in den Knoten $n-1, n-2, ..., 2$ jeweils halbiert, so daß vom Knoten 1 zum Knoten 0 schließlich noch der Strom $I_n/(3 \cdot 2^{n-2})$ fließt.
Falls nur der Strom $I_\nu$ ($\nu = 2, 3, ..., n-1$) von Null verschieden ist, hat der Strom im Zweig zwischen den Knoten $\nu$ und $\nu - 1$ den Wert $I_\nu/3$. Der vom Knoten 1 zum Knoten 0 fließende Anteil des Stromes $I_\nu$ ist dann $I_\nu/(3 \cdot 2^{\nu-2})$.
Durch die Anwendung des Überlagerungssatzes erhält man nun den gesuchten Strom

$$I = \frac{2}{3} \left( I_1 + \frac{I_2}{2} + \frac{I_3}{4} + ... + \frac{I_n}{2^{n-1}} \right) \, . \tag{1}$$

Für den interessierten Leser soll hier noch angemerkt werden, daß sich das Netzwerk von Bild 4.1a dazu verwenden läßt, die in *dualer* Darstellung vorliegende Zahl

$$z = a_1 \cdot 2^{n-1} + a_2 \cdot 2^{n-2} + \dots + a_{n-1} \cdot 2^1 + a_n \qquad (2)$$
$(a_\nu = 0 \text{ oder } a_\nu = 1, \quad \nu = 1, 2, \dots, n)$

in einen zu $z$ proportionalen Gleichstrom $I$ umzusetzen. Dies wird durch die Zuordnung $I_\nu = a_\nu I_0$ ($\nu = 1, 2, \dots, n$) erreicht, wobei die Koeffizienten $a_\nu$, wie bereits erwähnt, lediglich die Werte 0 oder 1 annehmen. Aufgrund der Gln.(1) und (2) ergibt sich somit der zu $z$ proportionale Strom

$$I = \frac{2}{3}\left(a_1 + \frac{a_2}{2} + \frac{a_3}{2^2} + \dots + \frac{a_n}{2^{n-1}}\right) I_0 = \frac{I_0}{3 \cdot 2^{n-2}} z \ .$$

Netzwerke mit der hier beschriebenen Eigenschaft werden als *Digital-Analog-Umsetzer* bezeichnet.

*d)* Gilt $I_\nu = I_0$ ($\nu = 1, 2, \dots, n$), dann läßt sich das Ergebnis folgendermaßen vereinfachen:

$$I = \frac{2}{3}\left(1 + \frac{1}{2} + \frac{1}{4} + \dots + \frac{1}{2^{n-1}}\right) I_0 = \frac{4}{3}(1 - 2^{-n}) I_0 \ .$$

**Aufgabe 4.2[1])**

Zwei Fernsprech-Teilnehmerstationen seien über eine Zweidrahtleitung miteinander verbunden. Eine dieser Teilnehmerstationen ist im Bild 4.2a dargestellt, wobei der Einfachheit halber alle Schaltungsteile weggelassen sind, die der Spannungsversorgung und der Gesprächsvermittlung dienen.

Die zweite Teilnehmerstation, die über die Leitung an die Klemmen 1 und 1' angeschlossen ist, kann hier näherungsweise durch eine Ersatzspannungsquelle mit der Leerlaufspannung $u_1(t)$ und dem ohmschen Innenwiderstand $R_1$ dargestellt werden. In gleicher Weise läßt sich das zwischen den Klemmen 2 und 2' liegende Mikrofon durch eine Ersatzspannungsquelle mit der Leerlaufspannung $u_2(t)$ und dem ohmschen Innenwiderstand $R_2$ beschreiben. Der Widerstand des Telefons soll als rein ohmisch, der Übertrager als ideal angenommen werden.

Unter diesen vereinfachenden Voraussetzungen läßt sich das im Bild 4.2b dargestellte Netzwerk zur Analyse der Teilnehmerstation verwenden. Dabei ist im Sendebetrieb $u_1(t) \equiv 0$, im Empfangsbetrieb $u_2(t) \equiv 0$.

Die ohmschen Widerstände $R_1$ und $R_4$ sowie die Spannungen $u_1(t)$ und $u_2(t)$ sind als gegebene Größen zu betrachten; die zunächst noch freien Parameter $R_2$, $R_3$, $w_2/w_1$ und $w_3/w_1$ sollen im folgenden derart bestimmt werden, daß

1. die vom Mikrofon ausgehenden Sprechsignale im eigenen Telefon nicht zu hören sind,
2. ein möglichst großer Anteil der vom Mikrofon ausgehenden Sprechleistung auf die Leitung gelangt,
3. ein möglichst großer Teil der über die Leitung gelieferten Sprechleistung zum Telefon gelangt.

*a)* Welcher Zusammenhang muß zwischen den Quotienten $R_3/R_1$ und $w_2/w_1$ bestehen, damit der Strom $i(t)$ im Widerstand $R_4$ von der Spannung $u_2(t)$ nicht abhängt?

*b)* Man bestimme unter Berücksichtigung des in Teilaufgabe *a* gefundenen Ergebnisses die von der Spannungsquelle $u_2(t)$ an den Widerstand $R_1$ abgegebene Leistung $p_{21}(t)$ und den Quotienten

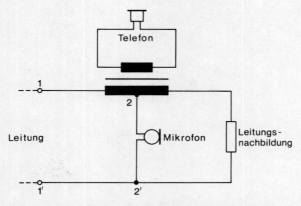

Bild 4.2a. Vereinfachte Darstellung einer Fernsprech-Teilnehmerstation.

$$V_S = \frac{p_{20}(t)}{p_{21}(t)},$$

wobei $p_{20}(t)$ die von der Spannungsquelle $u_2(t)$ mit dem Innenwiderstand $R_2$ maximal abgebbare Leistung bedeutet.

c) Durch entsprechende Wahl des Widerstandsverhältnisses $R_1/R_2$ soll der Quotient $p_{21}(t)/p_{20}(t)$, der nur Werte im Intervall zwischen Null und Eins annehmen kann, möglichst groß, d.h. $V_S$ möglichst klein gemacht werden. Man ermittle den Minimalwert $V_{SM}$ und das zugehörige Verhältnis $R_1/R_2$.

d) Man bestimme - ebenfalls unter Berücksichtigung des Ergebnisses von Teilaufgabe a - die von der Spannungsquelle $u_1(t)$ an den Widerstand $R_4$ abgegebene Leistung $p_{14}(t)$ und den Quotienten

$$V_E = \frac{p_{10}(t)}{p_{14}(t)},$$

wobei $p_{10}(t)$ die von der Spannungsquelle $u_1(t)$ mit dem Innenwiderstand $R_1$ maximal abgebbare Leistung bedeutet.

e) Wie ist das Windungszahlverhältnis $w_3/w_1$ zu wählen, damit $V_E$ möglichst klein wird? Man ermittle diesen Minimalwert $V_{EM}$.

f) Wie ist das Windungszahlverhältnis $w_2/w_1$ zu wählen, damit das Produkt $V_{EM} V_{SM}$ möglichst klein wird?

g) Man setze das Ergebnis von Teilaufgabe f in die unter Teilaufgabe a, c und e gefundenen Beziehungen für $R_3/R_1$, $R_1/R_2$ und $w_3/w_1$ ein und bestimme hieraus $R_2$, $R_3$ und $w_3/w_1$ in Abhängigkeit von $R_1$ und $R_4$. Für den Sonderfall $R_4 = R_1/2$ ermittle man

1. im Empfangsbetrieb ($u_2 \equiv 0$)
   den Eingangswiderstand an den Klemmen 1 und 1', mit dem die aus $u_1(t)$ und $R_1$ gebildete Ersatzspannungsquelle belastet ist, sowie die in den Widerständen $R_1$, $R_2, R_3$ und $R_4$ fließenden Ströme,

2. im Sendebetrieb ($u_1 \equiv 0$)
   den Eingangswiderstand an den Klemmen 2 und 2', mit dem die aus $u_2(t)$ und $R_2$ gebildete Ersatzspannungsquelle belastet ist, sowie die in den Widerständen $R_1$, $R_2, R_3$ und $R_4$ fließenden Ströme.

---

[1]) Diese Aufgabe geht auf den Abschnitt 5.5.1 des folgenden Buches zurück.
K. Steinbuch und W. Rupprecht: Nachrichtentechnik, Springer-Verlag Berlin/Heidelberg/New York 1967.

**Lösung zu Aufgabe 4.2**

*a)* Der interessierende Strom $i(t)$ durch den Widerstand $R_4$ hat die Form

$$i(t) = K_1 u_1(t) + K_2 u_2(t),$$

wobei $K_1$ und $K_2$ Konstanten sind, die durch die Parameter des Netzwerks $R_1, R_2, R_3, R_4, w_1, w_2, w_3$ bestimmt sind. Da die Abhängigkeit des Stroms $i(t)$ von der Spannung $u_1(t)$ in dieser Teilaufgabe nicht interessiert, wird zunächst $u_1(t) \equiv 0$ gewählt. Die im folgenden zu lösende Aufgabe besteht darin, die Parameter des Netzwerks so einzuschränken, daß $K_2 = 0$ wird.

Zur Analyse des Netzwerks von Bild 4.2b, in dem man sich die Spannungsquelle $u_1(t)$ durch einen Kurzschluß ersetzt zu denken hat, werden die Maschenströme $i_1(t), i_2(t)$ und $i_3(t) \equiv i(t)$ eingeführt. Der erste Maschenstrom $i_1(t)$ verläuft im Uhrzeigersinn durch die Widerstände $R_1, R_2$, die Spannungsquelle $u_2(t)$ und die Übertragerwicklung mit $w_1$ Windungen. Der Maschenstrom $i_2(t)$ geht, ebenfalls im Uhrzeigersinn verlaufend, durch die Widerstände $R_2, R_3$, die Spannungsquelle $u_2(t)$ und die Übertragerwicklung mit $w_2$ Windungen hindurch. Der Maschenstrom $i_3(t)$ fließt im Gegenuhrzeigersinn durch den Widerstand $R_4$ und die Übertragerwicklung mit $w_3$ Windungen. Bezeichnet man schließlich noch die Spannung vom Knoten 1 zum Knoten 2 mit $w_1 u_H(t)$, dann lassen sich folgende Gleichungen für die Maschenströme und die Hilfsspannung $u_H(t)$ aufstellen:

$$(R_1 + R_2) i_1(t) \quad - R_2 i_2(t) \quad + w_1 u_H(t) + u_2(t) = 0, \tag{1a}$$

$$- R_2 i_1(t) + (R_2 + R_3) i_2(t) \quad + w_2 u_H(t) - u_2(t) = 0, \tag{1b}$$

$$R_4 i_3(t) + w_3 u_H(t) = 0, \tag{1c}$$

$$w_1 i_1(t) \quad + w_2 i_2(t) + w_3 i_3(t) = 0. \tag{1d}$$

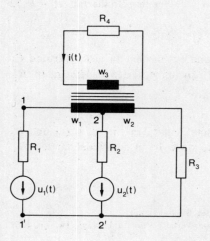

Bild 4.2b. Netzwerktheoretische Darstellung der Fernsprech-Teilnehmerstation von Bild 4.2a.

Die Forderung $K_2 = 0$ ist genau dann erfüllt, wenn $i(t) \equiv i_3(t) \equiv 0$ bei beliebigem Verlauf von $u_2(t)$ gilt. Aus $i_3(t) \equiv 0$ folgt nach Gl.(1c) $u_H(t) \equiv 0$ und nach Gl.(1d) $i_2(t) = -(w_1/w_2)i_1(t)$. Berücksichtigt man dies in den Gln.(1a,b) so erhält man die Beziehungen

$$\left[R_1 + R_2 + R_2 \frac{w_1}{w_2}\right] i_1(t) = -u_2(t) , \qquad (2a)$$

$$\left[R_2 + (R_2 + R_3)\frac{w_1}{w_2}\right] i_1(t) = -u_2(t) . \qquad (2b)$$

Damit sich beide Gleichungen nicht widersprechen, muß die Übereinstimmung der beiden Klammerausdrücke auf den linken Seiten verlangt werden. Die Bedingung für die Unabhängigkeit des Stromes $i(t)$ von $u_2(t)$ lautet somit

$$R_1 = R_3 \frac{w_1}{w_2} . \qquad (3)$$

b) Aus Gl.(2a) oder aus Gl.(2b) mit Gl.(3) erhält man den Strom

$$i_1(t) = \frac{-u_2(t)}{R_1 + R_2\left(1 + \dfrac{w_1}{w_2}\right)} .$$

Die an den Widerstand $R_1$ von der Spannungsquelle $u_2(t)$ abgegebene Leistung läßt sich damit ausdrücken als

$$p_{21}(t) = i_1^2(t) R_1 = \frac{u_2^2(t) R_1}{\left[R_1 + R_2\left(1 + \dfrac{w_1}{w_2}\right)\right]^2} .$$

Nach dem Satz von der maximalen Leistungsübertragung (EN, Abschnitt 4.5) gibt die Spannungsquelle $u_2(t)$ mit dem Innenwiderstand $R_2$ den Maximalwert der Leistung ab, wenn die Reihenschaltung aus dieser Quelle und dem Innenwiderstand mit einem Widerstand belastet wird, der den Wert $R_2$ hat. Es fließt dann aus der Quelle der Strom $u_2(t)/(2R_2)$ und für die dem Belastungswiderstand zugeführte Leistung gilt

$$p_{20}(t) = \frac{u_2^2(t)}{4R_2} .$$

Als Quotient der berechneten Leistungen ergibt sich

$$V_S = \frac{p_{20}(t)}{p_{21}(t)} = \frac{1}{4\dfrac{R_2}{R_1}} \left[1 + \frac{R_2}{R_1}\left(1 + \frac{w_1}{w_2}\right)\right]^2. \tag{4}$$

c) Setzt man zur Abkürzung $R_2/R_1 = x$, dann besteht die Aufgabe darin, das Leistungsverhältnis

$$V_S = \frac{1}{4}\left[\frac{1}{x} + 2\left(1 + \frac{w_1}{w_2}\right) + \left(1 + \frac{w_1}{w_2}\right)^2 x\right] \tag{5}$$

in Abhängigkeit von $x$ zum Minimum zu machen. Die Forderung

$$\frac{dV_S}{dx} = 0,$$

aus der mit Gl.(5) die Beziehung

$$-\frac{1}{x^2} + \left(1 + \frac{w_1}{w_2}\right)^2 = 0$$

folgt, liefert als einzige positive Lösung den Wert

$$x_{min} = \frac{1}{1 + \dfrac{w_1}{w_2}}.$$

Da für $x > 0$ die zweite Ableitung $d^2V_S/dx^2$ positiv ist, muß es sich um die gesuchte Minimumstelle handeln. Wählt man also

$$\frac{R_1}{R_2} = 1 + \frac{w_1}{w_2}, \tag{6a}$$

dann erreicht $V_S$ seinen kleinstmöglichen Wert

$$V_{SM} = 1 + \frac{w_1}{w_2}. \tag{6b}$$

d) Die bei der Lösung von Teilaufgabe $a$ durchgeführte Maschenstromanalyse wird wiederholt, wobei jetzt allerdings im Netzwerk von Bild 4.2b $u_2(t) \equiv 0$ und $u_1(t) \not\equiv 0$

## 4. Netzwerktheoreme

zu wählen sind. Diese Änderung wirkt sich nur in den Gln.(1a,b) aus, während die Gln.(1c,d) unverändert bleiben. An die Stelle der Gln.(1a,b) treten die Beziehungen

$$(R_1 + R_2)i_1(t) \quad - R_2 i_2(t) + w_1 u_H(t) = u_1(t) , \tag{7a}$$

$$-R_2 i_1(t) + (R_2 + R_3)i_2(t) + w_2 u_H(t) = 0 . \tag{7b}$$

Löst man Gl.(1c) nach $u_H(t)$, Gl.(1d) nach $i_1(t)$ auf und substituiert man hiermit in den Gln.(7a,b) $u_H(t), i_1(t)$, dann ergeben sich die weiteren Beziehungen

$$-\left[\frac{w_2}{w_1}(R_1 + R_2) + R_2\right]i_2(t) - \left[\frac{w_3}{w_1}(R_1 + R_2) + \frac{w_1}{w_3}R_4\right]i_3(t) = u_1(t) \tag{8a}$$

und

$$\left[\frac{w_2}{w_1}R_2 + R_2 + R_3\right]i_2(t) \quad + \left[\frac{w_3}{w_1}R_2 - \frac{w_2}{w_3}R_4\right]i_3(t) = 0$$

oder, wenn man in der letzten Gleichung $R_3$ nach Gl.(3) ersetzt,

$$\left[\frac{w_2}{w_1}(R_1 + R_2) + R_2\right]i_2(t) \quad + \left[\frac{w_3}{w_1}R_2 - \frac{w_2}{w_3}R_4\right]i_3(t) = 0 . \tag{8b}$$

Addiert man die Gln.(8a,b) und löst die entstehende Beziehung nach $i_3(t)$ auf, dann erhält man

$$i_3(t) = \frac{-u_1(t)}{\frac{w_3}{w_1}R_1 + \frac{w_1}{w_3}R_4\left(1 + \frac{w_2}{w_1}\right)} . \tag{9}$$

Die von der Spannungsquelle $u_1(t)$ an den Widerstand $R_4$ abgegebene Leistung ist damit

$$p_{14}(t) = i_3^2(t)R_4 = \frac{u_1^2(t)R_4}{\left[\frac{w_3}{w_1}R_1 + \frac{w_1}{w_3}R_4\left(1 + \frac{w_2}{w_1}\right)\right]^2} .$$

Nach dem Satz von der maximalen Leistungsübertragung gibt die Spannungsquelle $u_1(t)$ mit dem Innenwiderstand $R_1$ die Maximalleistung

$$p_{10}(t) = \frac{u_1^2(t)}{4R_1}$$

ab. Als Quotient der berechneten Leistungen ergibt sich folglich

$$V_E = \frac{p_{10}(t)}{p_{14}(t)} = \frac{1}{4R_1R_4}\left[\frac{w_3}{w_1}R_1 + \frac{w_1}{w_3}R_4\left(1 + \frac{w_2}{w_1}\right)\right]^2. \tag{10}$$

e) Setzt man zur Abkürzung $(w_3/w_1)^2 = y$, dann besteht die Aufgabe darin, $y$ so zu wählen, daß

$$V_E = \frac{1}{4R_1R_4}\left[R_1^2 y + 2R_1R_4\left(1 + \frac{w_2}{w_1}\right) + R_4^2\left(1 + \frac{w_2}{w_1}\right)^2 \frac{1}{y}\right]$$

möglichst klein wird. Entsprechend der Vorgehensweise in Teilaufgabe $c$ erhält man für

$$y = \frac{R_4}{R_1}\left(1 + \frac{w_2}{w_1}\right),$$

also für

$$\frac{w_3}{w_1} = \sqrt{\frac{R_4}{R_1}}\sqrt{1 + \frac{w_2}{w_1}} \tag{11a}$$

den gesuchten Minimalwert

$$V_{EM} = 1 + \frac{w_2}{w_1}. \tag{11b}$$

f) Aufgrund der Gln.(6b) und (11b) ergibt sich das Produkt

$$F = V_{SM} V_{EM} = 2 + \frac{w_1}{w_2} + \frac{w_2}{w_1}.$$

Das Minimum von $F$ bezüglich $w_1/w_2 = z$ kann aus der Bedingung $dF/dz = 0$, d.h.

$$-\frac{1}{z^2} + 1 = 0$$

bestimmt werden, wenn man noch berücksichtigt, daß wegen Gl.(3) nur positive $z$-Werte sinnvoll sind. Wählt man also

$$z = \frac{w_2}{w_1} = 1, \qquad (12a)$$

so erhält man den kleinstmöglichen Wert für das Produkt $F = V_{SM} V_{EM}$, nämlich $F = 4$.

g) Aus den Resultaten der Teilaufgaben $a$, $c$, $e$ und $f$, d.h. aus den Gln.(3), (6a), (11a) und (12a), lassen sich nun die restlichen, bisher noch unbekannten Parameter des Netzwerks bestimmen. Unter der Annahme $R_4 = R_1/2$ ergibt sich aus den genannten Gleichungen

$$R_3 = R_1, \qquad R_2 = \frac{R_1}{2}, \qquad \frac{w_3}{w_1} = \sqrt{\frac{2R_4}{R_1}} = 1. \qquad (12\text{b-d})$$

Dimensioniert man das Netzwerk gemäß den Gln.(12a-d), dann erhält man im reinen Empfangsbetrieb ($u_2 \equiv 0$) aus den Gln.(8b) und (9) die Maschenströme

$$i_2(t) = 0, \qquad i_3(t) = -\frac{u_1(t)}{2R_1} \qquad (13a,b)$$

und mit Hilfe von Gl.(1d)

$$i_1(t) = -i_3(t) = \frac{u_1(t)}{2R_1}. \qquad (13c)$$

Die Widerstände $R_1, R_2$ und $R_4$ werden somit von den betragsgleichen Strömen

$$i_1(t) = \frac{u_1(t)}{2R_1}, \qquad i_1(t) - i_2(t) = \frac{u_1(t)}{2R_1} \qquad \text{bzw.} \qquad i_3(t) = -\frac{u_1(t)}{2R_1}$$

durchflossen, der Widerstand $R_3$ ist stromlos. Die aus $u_1(t)$ und $R_1$ gebildete Ersatzspannungsquelle wird mit dem Widerstand

$$R_{11'} = \frac{u_1(t)}{i_1(t)} - R_1 = R_1$$

belastet. Praktisch bedeuten diese Ergebnisse, daß der Eingangswiderstand der Teilnehmerstation an den Leitungswiderstand angepaßt ist. Die von der Teilnehmerstation aufgenommene Leistung gelangt zur Hälfte zum Hörer und wird zur Hälfte im Innenwiderstand des Mikrofons verbraucht.

Im reinen Sendebetrieb ($u_1 \equiv 0$) erhält man unter Berücksichtigung der Gln.(12a,c) aus Gl.(2a) den Maschenstrom

$$i_1(t) = -\frac{u_2(t)}{2R_1}. \tag{14a}$$

Da wegen Gl.(3)

$$i_3(t) = 0 \tag{14b}$$

ist, folgt schließlich aus den Gln.(1d), (12a) und (14b)

$$i_2(t) = \frac{u_2(t)}{2R_1}. \tag{14c}$$

Durch die Widerstände $R_1, R_2$ und $R_3$ fließen somit die Ströme

$$i_1(t) = -\frac{u_2(t)}{2R_1}, \qquad i_1(t) - i_2(t) = -\frac{u_2(t)}{R_1} \qquad \text{bzw.} \qquad i_2(t) = \frac{u_2(t)}{2R_1},$$

während $R_4$ stromlos ist. Die aus $u_2(t)$ und $R_2$ gebildete Ersatzspannungsquelle wird mit dem Widerstand

$$R_{22'} = \frac{u_2(t)}{i_2(t) - i_1(t)} - R_2,$$

d.h. aufgrund der Gln.(12c) und (14a,c) mit

$$R_{22'} = \frac{R_1}{2}$$

belastet. Praktisch bedeuten diese Ergebnisse, daß zwischen dem Innenwiderstand des Mikrofons und dem Rest der Teilnehmerstation Anpassung besteht. Die Sprechleistung wird zur Hälfte an die Leitung abgegeben und zur Hälfte in der Leitungsnachbildung verbraucht. Die vom Mikrofon ausgehenden Sprechsignale sind, wie gewünscht, im eigenen Telefon nicht zu hören.

# 4. Netzwerktheoreme

## Aufgabe 4.3

Das im Bild 4.3a gezeigte Netzwerk besteht aus vier ohmschen Widerständen $R_1, ..., R_4$, der Stromquelle mit dem eingeprägten Gleichstrom $I$, der Spannungsquelle mit der eingeprägten Gleichspannung $U$ und der stromgesteuerten Stromquelle $I_g = aI_s$ ($a \neq -1$). Man bestimme die Spannung $U_A$ in Abhängigkeit von $U, I, R_1, ..., R_4$ und $a$

a) mit Hilfe des Maschenstromverfahrens,

b) mit Hilfe des Knotenpotentialverfahrens,

c) mit Hilfe des Überlagerungssatzes,

d) mit Hilfe des Satzes von der Ersatzspannungsquelle.

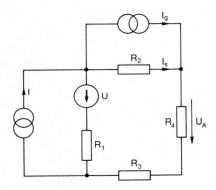

Bild 4.3a. Netzwerk zur Anwendung und zum Vergleich verschiedener Analysemethoden.

## Lösung zu Aufgabe 4.3

a) Zur Anwendung des Maschenstromverfahrens werden die im Bild 4.3b angegebenen Maschenströme eingeführt. Dabei ist zu beachten, daß der Maschenstrom $I$ festliegt und daß für den gesteuerten Strom $I_g = I_2$ die Beziehung

$$I_2 = a(I_1 - I_2)$$

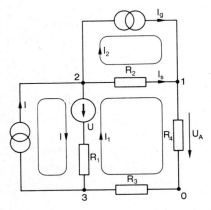

Bild 4.3b. Zur Analyse des Netzwerks von Bild 4.3a nach dem Maschenstrom- bzw. dem Knotenpotentialverfahren.

gilt. Wendet man noch auf die Masche, in welcher der Strom $I_1$ fließt, die Maschenregel an, dann entsteht das Gleichungssystem

| $I_1$ | $I_2$ | |
|---|---|---|
| $R_1 + R_2 + R_3 + R_4$ | $-R_2$ | $U + R_1 I$ |
| $-a$ | $a + 1$ | $0$ , |

(1)

aus dem sich die unbekannten Maschenströme direkt angeben lassen. Auf diese Weise erhält man

$$U_A = R_4 I_1 = \frac{R_4 (a+1)(U + R_1 I)}{(a+1)(R_1 + R_3 + R_4) + R_2} \,. \tag{2}$$

*b*) Zur Anwendung des Knotenpotentialverfahrens werden die Potentiale $\varphi_1, \varphi_2, \varphi_3$ in den Knoten 1, 2 bzw. 3 bei Wahl des Knotens 0 als Bezugsknoten eingeführt (Bild 4.3b). Der Steuerstrom $I_s$ läßt sich mit Hilfe der Knotenpotentiale in der Form

$$I_s = \frac{\varphi_2 - \varphi_1}{R_2}$$

angeben. Wendet man nun auf die Knoten 1, 2, 3 die Knotenregel an, dann entsteht das System von drei Gleichungen

| $\varphi_1$ | $\varphi_2$ | $\varphi_3$ | |
|---|---|---|---|
| $\dfrac{1}{R_4} + \dfrac{a+1}{R_2}$ | $-\dfrac{a+1}{R_2}$ | $0$ | $0$ |
| $-\dfrac{a+1}{R_2}$ | $\dfrac{a+1}{R_2} + \dfrac{1}{R_1}$ | $-\dfrac{1}{R_1}$ | $I + \dfrac{U}{R_1}$ |
| $0$ | $-\dfrac{1}{R_1}$ | $\dfrac{1}{R_1} + \dfrac{1}{R_3}$ | $-I - \dfrac{U}{R_1}$ . |

Die erste Gleichung wird jetzt durch die Summe aller drei Gleichungen, die zweite Gleichung durch die Summe der zweiten und dritten Gleichung ersetzt, während die dritte Gleichung unverändert bleibt. Auf diese Weise ergibt sich das neue Gleichungssystem

# 4. Netzwerktheoreme　　　　　　　　　　　　　　　Lösung 4.3

| $\varphi_1$ | $\varphi_2$ | $\varphi_3$ | |
|---|---|---|---|
| $\dfrac{1}{R_4}$ | $0$ | $\dfrac{1}{R_3}$ | $0$ |
| $-\dfrac{a+1}{R_2}$ | $\dfrac{a+1}{R_2}$ | $\dfrac{1}{R_3}$ | $0$ |
| $0$ | $-\dfrac{1}{R_1}$ | $\dfrac{1}{R_1}+\dfrac{1}{R_3}$ | $-I-\dfrac{U}{R_1}$, |

dem sich direkt die Spannung $U_A = \varphi_1$ in der Form

$$U_A = \frac{\left(I+\dfrac{U}{R_1}\right)\dfrac{a+1}{R_2 R_3}}{\dfrac{1}{R_4}\left[\dfrac{a+1}{R_2}\left(\dfrac{1}{R_1}+\dfrac{1}{R_3}\right)+\dfrac{1}{R_1 R_3}\right]+\dfrac{a+1}{R_1 R_2 R_3}}$$

entnehmen läßt. Dieses Ergebnis kann dadurch in die Gl.(2) überführt werden, daß man mit dem Faktor $R_1 R_2 R_3 R_4$ erweitert.

c) Zunächst wird der Anteil $U_A' = R_4 I_1'$ der Spannung $U_A$ bestimmt, welcher ausschließlich von der Spannung $U$ und nicht vom Strom $I$ hervorgerufen wird. Dazu denkt man sich im Netzwerk von Bild 4.3b die Stromquelle durch einen Leerlauf ersetzt, und man verfährt zweckmäßigerweise entsprechend den Gln.(1) mit $I_1 = I_1'$, $I_2 = I_2'$ und $I = 0$. Eliminiert man $I_2'$, so erhält man $I_1'$ und damit sofort

$$U_A' = R_4 I_1' = \frac{R_4 U}{R_1 + R_3 + R_4 + \dfrac{R_2}{1+a}}. \tag{3a}$$

Um den Anteil $U_A'' = R_4 I_1''$ der Spannung $U_A$ zu bestimmen, welche nur vom Strom $I$ herrührt, denkt man sich im Netzwerk von Bild 4.3b die Spannungsquelle $U$ durch einen Kurzschluß ersetzt. Man verfährt dann zweckmäßigerweise wieder entsprechend den Gln.(1) mit $I_1 = I_1''$, $I_2 = I_2''$ und $U = 0$. Eliminiert man $I_2''$, so erhält man $I_1''$ und damit sofort

$$U_A'' = R_4 I_1'' = \frac{R_4 R_1 I}{R_1 + R_3 + R_4 + \dfrac{R_2}{a+1}}. \tag{3b}$$

Dabei zeigt sich ein Unterschied zur Berechnung von $U'_A$ nur darin, daß vom Anfang der Rechnung an anstelle von $U$ das Produkt $R_1 I$ auftritt. Insofern kann die Spannung $U''_A$ in der Darstellung nach Gl.(3b) direkt aus Gl.(3a) angegeben werden. Durch Addition der Spannungen $U'_A$ Gl.(3a) und $U''_A$ Gl.(3b) erhält man die Spannung $U_A$, ein Ergebnis, das mit Gl.(2) übereinstimmt.

Wie man sieht, bietet die Anwendung des Überlagerungssatzes hier wegen der speziellen Struktur des Netzwerks keine Vorteile gegenüber anderen Analyseverfahren.

d) Zur Anwendung des Satzes von der Ersatzspannungsquelle wird zunächst die Leerlaufspannung $U_{AL}$ nach Bild 4.3c bestimmt. Da offensichtlich $I_s = 0$ gilt, erhält man

$$U_{AL} = U + R_1 I.$$

Der Innenwiderstand wird nach Beseitigung der Quellen $U$ und $I$ entsprechend Bild 4.3d als Quotient $U_0/I_0$ berechnet. Dabei wurde der Strom $I_0$ nur zur Rechnung eingeführt. Er läßt sich in der Form

$$I_0 = (a + 1) I_s$$

ausdrücken, während die Spannung in der Form

$$U_0 = (a + 1)(R_1 + R_3) I_s + R_2 I_s$$

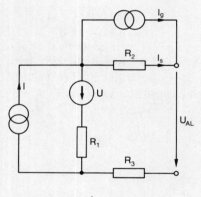

Bild 4.3c. Zur Berechnung der Leerlaufspannung für die Analyse des Netzwerks von Bild 4.3a mit Hilfe des Satzes von der Ersatzspannungsquelle.

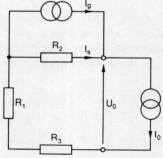

Bild 4.3d. Zur Berechnung des Innenwiderstands für die Analyse des Netzwerks von Bild 4.3a mit Hilfe des Satzes von der Ersatzspannungsquelle.

angeschrieben werden kann. Hieraus folgt der Innenwiderstand

$$Z_0 = \frac{U_0}{I_0} = R_1 + R_3 + \frac{R_2}{a+1} \, .$$

Schließt man nun die aus der Reihenschaltung der Urspannungsquelle $U_{AL}$ mit dem Widerstand $Z_0$ gebildete Ersatzspannungsquelle durch den Widerstand $R_4$ ab, dann erhält man an diesem Widerstand die Spannung

$$U_A = \frac{R_4}{Z_0 + R_4} U_{AL} = \frac{R_4 \, (U + R_1 I)}{R_1 + R_3 + \dfrac{R_2}{a+1} + R_4}$$

in Übereinstimmung mit Gl.(2).

## Aufgabe 4.4

Das Bild 4.4 zeigt ein durch den harmonischen Wechselstrom $\underline{I}_0$ gespeistes Netzwerk mit einer gesteuerten Stromquelle, zwei ohmschen Widerständen und einem Zweipol mit der Impedanz $\underline{Z}$. Die Größen $R_0, R, \underline{Z}, \underline{I}_0$ und $a \neq 1$ sind als bekannt zu betrachten. Die am Zweipol mit der Impedanz $\underline{Z}$ auftretende Spannung $\underline{U}$ soll mit Hilfe der Ersatzquellensätze bestimmt werden.

a) Man ermittle für den Fall, daß der Zweipol mit der Impedanz $\underline{Z}$ vom übrigen Netzwerk abgetrennt wird, die zwischen den Klemmen 1 und 2 auftretende Leerlaufspannung $\underline{U}_L$ und für den Fall, daß diese beiden Klemmen kurzgeschlossen werden, den in der Kurzschlußverbindung fließenden Strom $\underline{I}_K$. Hieraus sind für den links vom Klemmenpaar 1,2 liegenden Teil des Netzwerks von Bild 4.4 die beiden zugehörigen Ersatzquellen (Thevenin-Netzwerk, Norton-Netzwerk) abzuleiten.

b) Man ermittle unter Verwendung der in Teilaufgabe a bestimmten Ersatzgrößen die Spannung $\underline{U}$ im Netzwerk von Bild 4.4.

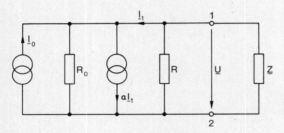

Bild 4.4. Ein mit Hilfe der Ersatzquellensätze zu analysierendes Netzwerk.

## Lösung zu Aufgabe 4.4

a) Trennt man den Zweipol mit der Impedanz $\underline{Z}$ aus dem Netzwerk von Bild 4.4 heraus, dann läßt sich die gesuchte Leerlaufspannung $\underline{U}_L$ zwischen den Klemmen 1 und 2 aus den beiden Gleichungen

$$\underline{I}_0 = \frac{\underline{U}_L}{R_0} + a\underline{I}_1 + \frac{\underline{U}_L}{R}$$

und

$$\underline{I}_1 = -\frac{\underline{U}_L}{R}$$

berechnen. Das Ergebnis lautet

$$\underline{U}_L = \frac{RR_0}{R + (1-a)R_0}\underline{I}_0 \, .$$

Werden die beiden Klemmen 1 und 2 im Netzwerk von Bild 4.4 kurzgeschlossen, dann sind die Widerstände $R_0$ und $R$ stromlos. Für den Strom $\underline{I}_K = -\underline{I}_1$ in der Kurzschlußverbindung ergibt sich somit die Beziehung

$$\underline{I}_0 + \underline{I}_1 - a\underline{I}_1 = \underline{I}_0 - \underline{I}_K(1-a) = 0,$$

aus der

$$\underline{I}_K = \frac{\underline{I}_0}{1-a}$$

folgt.

Aufgrund der Ersatzquellensätze kann der links von den Klemmen 1,2 liegende Teil des Netzwerks entweder durch die Reihenschaltung einer Urspannungsquelle $\underline{U}_L$ und eines Zweipols mit der Impedanz

$$\underline{Z}_0 = \frac{\underline{U}_L}{\underline{I}_K} = \frac{(1-a)RR_0}{R + (1-a)R_0}$$

oder durch die Parallelschaltung einer Urstromquelle $\underline{I}_K$ und eines Zweipols mit der Impedanz $\underline{Z}_0$ ersetzt werden.

b) Die gesuchte Spannung $\underline{U}$ an der Impedanz $\underline{Z}$ im Netzwerk von Bild 4.4 läßt sich nun aus einer der beiden Beziehungen

$$\underline{U} = \frac{\underline{Z}}{\underline{Z} + \underline{Z}_0} \underline{U}_L, \qquad \underline{U} = \frac{\underline{Z}\,\underline{Z}_0}{\underline{Z} + \underline{Z}_0} \underline{I}_K$$

mit den in Teilaufgabe a ermittelten Größen $\underline{U}_L$ und $\underline{Z}_0$ bzw. $\underline{I}_K$ und $\underline{Z}_0$ berechnen.

## Aufgabe 4.5

Das Bild 4.5a zeigt einen Drahtwürfel, dessen sämtliche Kanten AB, AD, AE, ... aus Drahtstücken mit gleichem Widerstandswert $r$ bestehen. Welcher Widerstand wird

a) zwischen den Eckpunkten A und G,

b) zwischen den Eckpunkten A und F,

c) zwischen den Eckpunkten A und B

gemessen?

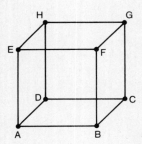

Bild 4.5a. Drahtwürfel.

## Lösung zu Aufgabe 4.5

a) Zweckmäßigerweise denkt man sich einen Gleichstrom $I$ an der Ecke A des Würfels zugeführt und an der Ecke G entnommen. Aus Symmetriegründen teilt sich dieser Strom von der Ecke A aus in drei gleiche Anteile auf. Aus diesem Grund sind die an den Kanten AB, AD und AE abfallenden Spannungen gleich groß. Da demzufolge zwischen den Eckpunkten B, D und E keine Spannungen auftreten, dürfen diese Punkte kurzgeschlossen werden, ohne daß sich die Stromverteilung im Würfel ändert. Entsprechend darf mit den Eckpunkten C, F und H verfahren werden. Damit ergibt sich der gesuchte Widerstand $R_{AG}$ als ohmscher Widerstand des im Bild 4.5b dargestellten Zweipols. Wie man direkt sieht, ist

$$R_{AG} = \frac{r}{3} + \frac{r}{6} + \frac{r}{3} = \frac{5}{6}r.$$

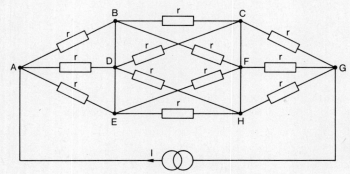

Bild 4.5b. Zur Berechnung des Widerstands zwischen den Eckpunkten A und G des Drahtwürfels.

b) Aus Symmetriegründen darf zwischen den Eckpunkten B und E sowie zwischen den Eckpunkten C und H keine Spannung auftreten, wenn an die Eckpunkte A und F eine Gleichstromquelle $I$ angelegt wird. Schließt man jeweils die Eckpunkte B und E sowie die Eckpunkte C und H kurz und vereinigt man parallel liegende Widerstände, dann ergibt sich das im Bild 4.5c dargestellte Brückennetzwerk, das bezüglich der Knoten B und C abgeglichen ist. Der zwischen diesen beiden Knoten liegende Widerstand darf daher weggelassen werden, und man erhält

$$R_{AF} = \frac{r \cdot 3r}{r + 3r} = \frac{3}{4}r.$$

c) Verbindet man die Eckpunkte A und B mit den Klemmen einer Gleichstromquelle, dann sind aus Symmetriegründen die in den Kanten AD, AE, CB und FB fließenden Ströme gleich groß. Daher dürfen die Eckpunkte D und E sowie die Eckpunkte C und F jeweils kurzgeschlossen werden. Nach dem Zusammenfassen parallel liegender Widerstände ergibt sich das im Bild 4.5d dargestellte Netzwerk. Hieraus läßt sich

$$R_{AB} = \frac{r \left( r + \dfrac{\dfrac{r}{2} \cdot 2r}{\dfrac{r}{2} + 2r} \right)}{r + r + \dfrac{\dfrac{r}{2} \cdot 2r}{\dfrac{r}{2} + 2r}} = \frac{7}{12}r$$

entnehmen.

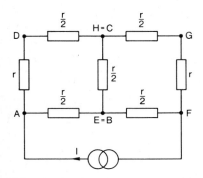

Bild 4.5c. Zur Berechnung des Widerstands zwischen den Eckpunkten A und F des Drahtwürfels.

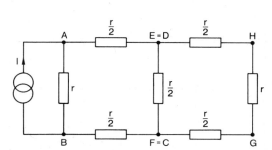

Bild 4.5d. Zur Berechnung des Widerstands zwischen den Eckpunkten A und B des Drahtwürfels.

# Aufgabe 4.6

Das Bild 4.6a zeigt einen aus ohmschen Widerständen, Induktivitäten, Kapazitäten und Übertragern aufgebauten Zweipol, der von einer harmonischen Stromquelle $\underline{I}$ erregt wird. Die Eingangsimpedanz des Zweipols sei $\underline{Z} = \underline{U}/\underline{I}$.

Es wird nun ein beliebiges zweipoliges, vom Strom $\underline{I}_\nu$ durchflossenes Netzwerkelement mit der Impedanz $\underline{Z}_\nu$ im Innern des Zweipols betrachtet. Eine Änderung der Impedanz $\underline{Z}_\nu$ um den Wert $\Delta \underline{Z}_\nu$ hat unter anderem zur Folge, daß sich der Strom $\underline{I}_\nu$ um den Wert $\Delta \underline{I}_\nu$ und die Eingangsimpedanz $\underline{Z}$ um den Wert $\Delta \underline{Z}$ ändert.

Im folgenden soll gezeigt werden, daß der Differentialquotient $d\underline{Z}/d\underline{Z}_\nu$, d.h. der Grenzwert des Quotienten $\Delta \underline{Z}/\Delta \underline{Z}_\nu$ für $\Delta \underline{Z}_\nu \to 0$, in einfacher Weise als Funktion von $\underline{I}_\nu/\underline{I}$ ausgedrückt werden kann. Hierzu geht man zweckmäßigerweise folgendermaßen vor: Man kompensiert zunächst den Einfluß von $\Delta \underline{Z}_\nu$ durch eine zu $\underline{Z}_\nu$ in Reihe geschaltete Spannungsquelle $\underline{U}_0$. Durch diese Maßnahme bleibt die Stromverteilung im gesamten Netzwerk erhalten, und auch die Eingangsspannung ändert sich gegenüber der Eingangsspannung am ursprünglichen Zweipol (Bild 4.6a) nicht. Man kann $\underline{U}$ daher als Linearkombination

$$\underline{U} = \underline{a}\underline{I} - \underline{b}\underline{U}_0 \qquad (1)$$

schreiben und die Koeffizienten $\underline{a}$ und $\underline{b}$ aus dem modifizierten Netzwerk (Bild 4.6b) bestimmen.

Da die Kompensationsspannung $\underline{U}_0$ alle durch die Impedanzänderung $\Delta \underline{Z}_\nu$ hervorgerufenen Strom- und Spannungsänderungen im Netzwerk aufhebt, beschreibt der Term $\underline{b}\underline{U}_0$ in Gl.(1) formal die Änderung der Spannung am Eingang des Zweipols, wenn $\underline{Z}_\nu$ um den Wert $\Delta \underline{Z}_\nu$ geändert wird. Hieraus läßt sich der gesuchte Differenzenquotient $\Delta \underline{Z}/\Delta \underline{Z}_\nu$ ermitteln.

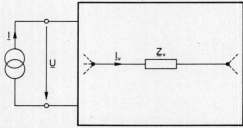

Bild 4.6a. Ein RLCÜ-Zweipol, dessen Eingangsimpedanz in Abhängigkeit von der Impedanz $\underline{Z}_\nu$ eines Netzwerkelements untersucht werden soll.

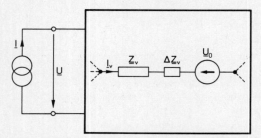

Bild 4.6b. Modifikation des Netzwerks von Bild 4.6a bei Anwendung des Kompensationstheorems.

# 4. Netzwerktheoreme    Aufgabe 4.6    175

a) Wie muß $\underline{U}_0$ gewählt werden, damit der Einfluß von $\Delta \underline{Z}_\nu$ kompensiert wird? Man drücke die in Gl.(1) auftretenden Konstanten $\underline{a}$ und $\underline{b}$ durch die Größen $\underline{Z}$, $\Delta \underline{Z}$, $\underline{I}$, $\underline{I}_\nu$ und $\Delta \underline{I}_\nu$ aus, wobei es für die Bestimmung von $\underline{b}$ empfehlenswert ist, den Umkehrungssatz heranzuziehen.

b) Unter Verwendung der in Teilaufgabe a gewonnenen Ergebnisse und der für den ursprünglichen Zweipol (Bild 4.6a) gültigen Beziehung $\underline{U} = \underline{Z}\underline{I}$ drücke man den Quotienten $\Delta \underline{Z}/\Delta \underline{Z}_\nu$ durch die Größen $\underline{I}$, $\underline{I}_\nu$ und $\Delta \underline{I}_\nu$ aus und führe den Grenzübergang $\Delta \underline{Z}_\nu \to 0$ durch.

c) Man verwende das Ergebnis von Teilaufgabe b, um den Differentialquotienten $d\underline{Z}/dR$ für den im Bild 4.6c dargestellten Zweipol zu berechnen. Zur Kontrolle soll der Differentialquotient durch Ableiten der Impedanz $\underline{Z}$ bestimmt werden.

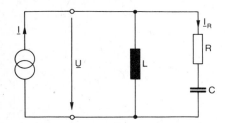

Bild 4.6c. Anwendungsbeispiel.

**Lösung zu Aufgabe 4.6**

a) Nach EN, Abschnitt 4.3.3 wird der Einfluß der Impedanzänderung $\Delta \underline{Z}_\nu$ im Netzwerk kompensiert, wenn

$$\underline{U}_0 = \Delta \underline{Z}_\nu \underline{I}_\nu \qquad (2)$$

gewählt wird.
Die Spannung $\underline{U}$ am Eingang des Zweipols von Bild 4.6b läßt sich aufgrund des Überlagerungssatzes als Summe einer nur vom Eingangsstrom $\underline{I}$ herrührenden Spannung $\underline{U}' = \underline{a}\underline{I}$ und einer nur von der Kompensationsspannung $\underline{U}_0$ herrührenden Spannung $\underline{U}'' = -\underline{b}\underline{U}_0$ schreiben.
Zur Bestimmung von $\underline{U}'$ wird die Spannungsquelle $\underline{U}_0$ im Bild 4.6b durch einen Kurzschluß ersetzt. Da $\underline{U}'/\underline{I}$ offensichtlich gleich $\underline{Z} + \Delta \underline{Z}$ ist, muß

$$\underline{a} = \underline{Z} + \Delta \underline{Z} \qquad (3)$$

gelten.
Den ausschließlich von $\underline{U}_0$ herrührenden Anteil $\underline{U}''$ an der Eingangsspannung erhält man, wenn die Stromquelle $\underline{I}$ aus dem Netzwerk von Bild 4.6b entfernt wird. Aufgrund des Umkehrungssatzes in der speziellen Form von EN, Gl.(4.49) bzw. Bild 4.34 läßt sich das Spannungsverhältnis $\underline{U}''/\underline{U}_0$ durch das Stromverhältnis $-(\underline{I}_\nu + \Delta \underline{I}_\nu)/\underline{I}$

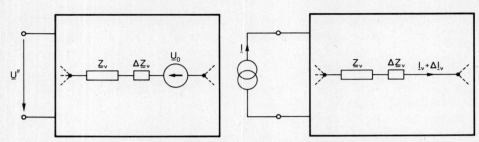

Bild 4.6d. Substitution des Spannungsverhältnisses $\underline{U}''/\underline{U}_0$ durch das Stromverhältnis $-(\underline{I}_\nu+\Delta\underline{I}_\nu)/\underline{I}$ mit Hilfe des Umkehrungssatzes.

ersetzen, wie im Bild 4.6d im einzelnen erläutert ist. Die interessierende Größe $\underline{b}$ kann somit in der Form

$$\underline{b} = \frac{\underline{I}_\nu + \Delta\underline{I}_\nu}{\underline{I}} \tag{4}$$

geschrieben werden.

*b)* Setzt man die Gln.(2), (3) und (4) in die Gl.(1) ein und berücksichtigt den Zusammenhang $\underline{U} = \underline{Z}\underline{I}$, so erhält man

$$\underline{Z}\underline{I} = (\underline{Z} + \Delta\underline{Z})\underline{I} - \frac{\underline{I}_\nu + \Delta\underline{I}_\nu}{\underline{I}} \Delta\underline{Z}_\nu \underline{I}_\nu$$

und hieraus den Quotienten

$$\frac{\Delta\underline{Z}}{\Delta\underline{Z}_\nu} = \left(\frac{\underline{I}_\nu}{\underline{I}}\right)^2 \left(1 + \frac{\Delta\underline{I}_\nu}{\underline{I}_\nu}\right). \tag{5}$$

Läßt man $\Delta\underline{Z}_\nu \to 0$ gehen, dann geht auch $\Delta\underline{I}_\nu \to 0$, und es folgt aus Gl.(5)

$$\frac{d\underline{Z}}{d\underline{Z}_\nu} = \left(\frac{\underline{I}_\nu}{\underline{I}}\right)^2. \tag{6}$$

Man beachte, daß sich der Quotient $\underline{I}_\nu/\underline{I}$ und damit der Differentialquotient $d\underline{Z}/d\underline{Z}_\nu$ durch eine reine Analyse ermitteln läßt. Eine Differentiation ist also nicht erforderlich.

*c)* Für den im Bild 4.6c dargestellten Zweipol erhält man nach kurzer Rechnung die Eingangsimpedanz

$$\underline{Z} = \frac{-\omega^2 LCR + j\omega L}{1 - \omega^2 LC + j\omega CR}$$

## 4. Netzwerktheoreme

und das Stromverhältnis

$$\frac{I_R}{I} = \frac{-\omega^2 LC}{1 - \omega^2 LC + j\omega CR}.$$

Gemäß Gl.(6) ist somit

$$\frac{d\underline{Z}}{dR} = \frac{\omega^4 L^2 C^2}{(1 - \omega^2 LC + j\omega CR)^2},$$

was sich durch Ableiten des für $\underline{Z}$ ermittelten Ausdrucks nach $R$ bestätigen läßt.
Ergänzend soll noch darauf hingewiesen werden, daß die Vergrößerung eines ohmschen Widerstands in einem Zweipol nicht in jedem Fall eine Vergrößerung des Realteils der Zweipol-Impedanz bewirkt. Dies ist im vorliegenden Beispiel unmittelbar ersichtlich, da $d\underline{Z}/dR$ für $\omega = 1/\sqrt{LC}$ den negativen Wert $-L/(CR^2)$ annimmt. Eine Vergrößerung von $R$ verkleinert also bei dieser Kreisfrequenz den Realteil von $\underline{Z}$.
Eine Sonderstellung nehmen in dieser Hinsicht solche Zweipole ein, die nur ohmsche Widerstände enthalten. Da das Verhältnis $\underline{I}_\nu/\underline{I}$ für jeden beliebigen Zweigstrom $\underline{I}_\nu$ im Zweipol reell und konstant ist, müssen die Ableitungen $dZ/dR_\nu$ notwendigerweise nicht-negative Konstanten sein. Die Vergrößerung (Verkleinerung) eines beliebigen stromdurchflossenen Widerstands bewirkt also hier stets auch eine Vergrößerung (Verkleinerung) des Eingangswiderstands $Z$.

**Aufgabe 4.7**

Ein nur aus ohmschen Widerständen, Induktivitäten, Kapazitäten und Übertragern aufgebautes Zweitor wird nach Bild 4.7a von einer harmonischen Quelle mit der Leerlaufspannung $\underline{U}_0$ und dem ohmschen Innenwiderstand $R$ gespeist; am Ausgang ist das Zweitor mit dem ohmschen Widerstand $R$ abgeschlossen. Die Spannung am Abschlußwiderstand sei $\underline{U}_2$. Im Bild 4.7b ist das Zweitor umgedreht. Die am Abschlußwiderstand auftretende Spannung soll nun mit $\underline{U}'_1$ bezeichnet werden. Man beweise ohne große Rechnung, daß die Beziehung

$$\frac{\underline{U}_2}{\underline{U}_0} = \frac{\underline{U}'_1}{\underline{U}_0} \tag{1}$$

besteht.

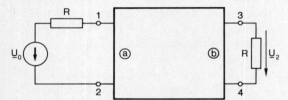

Bild 4.7a. Ein zwischen zwei Widerständen eingebettetes und durch eine Spannungsquelle erregtes Zweitor.

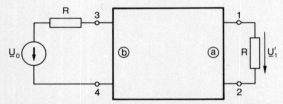

Bild 4.7b. Modifikation der Anordnung von Bild 4.7a durch Umdrehen des Zweitors.

**Lösung zu Aufgabe 4.7**

Bezeichnet man im Bild 4.7a den Strom vom Knoten 4 zum Knoten 3 durch den Widerstand $R$ mit $\underline{I}_2$, im Bild 4.7b den Strom vom Knoten 2 zum Knoten 1 durch den Widerstand $R$ mit $\underline{I}'_1$, dann gilt aufgrund des Umkehrungssatzes [vgl. EN, Bild 4.33 und Gl.(4.48)]

$$\frac{\underline{I}_2}{\underline{U}_0} = \frac{\underline{I}'_1}{\underline{U}_0} \,.$$

Erweitert man beide Seiten dieser Gleichung mit dem Faktor $-R$ und berücksichtigt die Beziehungen $-R\underline{I}_2 = \underline{U}_2$, $-R\underline{I}'_1 = \underline{U}'_1$, dann ergibt sich unmittelbar die Gl.(1).

# 4. Netzwerktheoreme

Zur gleichen Aussage gelangt man, wenn man zunächst in beiden Netzwerken (Bild 4.7a und Bild 4.7b) auf die Spannungsquelle $\underline{U}_0$ mit dem Innenwiderstand $R$ das Norton-Theorem anwendet. Durch diese Maßnahme ergeben sich Netzwerke, die von einer Stromquelle $\underline{I}_K = \underline{U}_0/R$ mit parallelgeschaltetem Innenwiderstand $R$ gespeist werden. Aus dem Umkehrungssatz [vgl. EN, Bild 4.32 und Gl.(4.47)] folgt dann

$$\frac{\underline{U}_2}{\underline{I}_K} = \frac{\underline{U}'_1}{\underline{I}_K} .$$

Dividiert man beide Gleichungsseiten durch $R$ und berücksichtigt den Zusammenhang $\underline{I}_K = \underline{U}_0/R$, dann erhält man ebenfalls die Gl.(1).

# Aufgabe 4.8

An Hand des im Bild 4.8a dargestellten Netzwerks soll untersucht werden, inwieweit eine Leistungsanpassung mit Hilfe eines Gyrators möglich ist. Hierzu wird ein Verbraucher, der aus der Reihenschaltung eines ohmschen Widerstands $R_1$ und einer Induktivität $L_1$ besteht, von einer harmonischen Quelle mit der Kreisfrequenz $\omega$ erregt. Die Leerlaufspannung der Quelle sei $\underline{U}$, der komplexe Innenwiderstand wird durch den ohmschen Widerstand $R_0$ und die hierzu in Reihe liegende Induktivität $L_0$ gebildet. Der Gyrator, der den Verbraucher mit der Quelle verbindet, besitzt den wählbaren Gyrator-Leitwert $g$.

a) Man zeige, daß die an den Verbraucher abgegebene Wirkleistung $P_w$ mit der dem Gyrator am Eingang zugeführten Wirkleistung übereinstimmt, und berechne unter Beachtung dieser Tatsache die Größe $P_w$.

b) Man berechne denjenigen Gyrator-Leitwert $g_M$, für den $P_w(g)$ maximal wird. Wie groß ist dieser Maximalwert $P_w(g_M)$?

c) Da für die Anpassung von Real- und Imaginärteil des komplexen Verbraucherwiderstands nur ein Parameter, nämlich $g$, zur Verfügung steht, muß die Ungleichung

$$P_w(g_M) \leq P_{wo} \tag{1}$$

gelten, wobei $P_{wo}$ die von der Quelle maximal abgebbare Leistung bezeichnet. Welche Beziehung muß zwischen den Parametern $R_0$, $L_0$, $R_1$ und $L_1$ bestehen, damit $P_w(g_M) = P_{wo}$ ist? Welchen Wert $\hat{g}_M$ nimmt dann $g_M$ an? Man überzeuge sich davon, daß $P_w(\hat{g}_M)$ tatsächlich mit $P_{wo}$ übereinstimmt.

d) Man berechne die Wirkleistung $P_{wd}$, die ohne Zwischenschaltung des Gyrators im Belastungszweipol verbraucht wird. Für den Sonderfall $R_0 = R_1$, $L_0/R_0 = L_1/R_1 = T$ gebe man das Verhältnis

$$V = \frac{P_w(g_M)}{P_{wd}} \tag{2}$$

an.

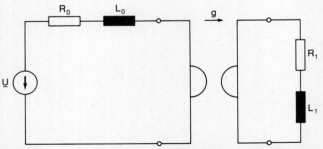

Bild 4.8a. Zur Untersuchung der Leistungsanpassung mit Hilfe eines Gyrators.

# 4. Netzwerktheoreme

## Lösung zu Aufgabe 4.8

*a*) Bezeichnet man unter Verwendung der in EN vereinbarten Pfeilrichtungen die Primärgrößen des Gyrators mit $u_1(t), i_1(t)$ und die Sekundärgrößen mit $u_2(t), i_2(t)$, dann gilt aufgrund der Gyrator-Gleichungen [EN, Gln.(1.39a,b)]

$$u_1(t)\, i_1(t) = -u_2(t)\, i_2(t).$$

Die am Gyrator-Eingang zugeführte Augenblicksleistung ist also zu jedem Zeitpunkt $t$ gleich der am Ausgang abgegebenen Augenblicksleistung. Daher müssen auch die entsprechenden Wirkleistungen als zeitliche Mittelwerte der Augenblicksleistungen am Eingang und Ausgang übereinstimmen. Diese Aussage wird zur Berechnung der vom Verbraucher aufgenommenen Wirkleistung $P_w$ verwendet. Aus den bereits genannten Gyrator-Gleichungen kann die Beziehung $\underline{U}_1/\underline{I}_1 = 1/[g^2 \underline{U}_2/(-\underline{I}_2)]$ abgeleitet werden, woraus sich, wenn man die Impedanz des Verbrauchers mit $\underline{Z}_A$ bezeichnet, unmittelbar die Gyrator-Eingangsimpedanz

$$\underline{Z}_E = \frac{1}{g^2 \underline{Z}_A}$$

ergibt. Im vorliegenden Fall ist

$$\underline{Z}_E = \frac{1}{g^2(R_1 + j\omega L_1)}. \tag{3}$$

Das ursprünglich gegebene Netzwerk kann nun zur Berechnung der Wirkleistung $P_w$ durch das im Bild 4.8b gezeigte ersetzt werden; die Wirkleistung, die dem aus den Netzwerkelementen $R_E = 1/(g^2 R_1)$ und $C_E = g^2 L_1$ gebildeten Zweipol zugeführt wird, ist nach den zuvor getroffenen Feststellungen gleich $P_w$. Für den Strom $\underline{I}_1$ ergibt sich

$$\underline{I}_1 = \frac{\underline{U}}{R_0 + j\omega L_0 + \underline{Z}_E}, \tag{4}$$

und aus Gl.(3) folgt

$$\mathrm{Re}\underline{Z}_E = \frac{R_1}{g^2(R_1^2 + \omega^2 L_1^2)}. \tag{5}$$

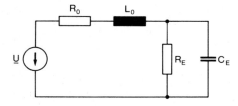

Bild 4.8b. Ein zur Berechnung von $P_w$ äquivalentes Netzwerk.

Für die Wirkleistung

$$P_w = I_1^2 \operatorname{Re} \underline{Z}_E$$

erhält man daher mit den Gln.(4) und (5) zunächst

$$P_w = \frac{U^2}{(R_0 + j\omega L_0 + \underline{Z}_E)(R_0 - j\omega L_0 + \underline{Z}_E^*)} \frac{R_1}{g^2(R_1^2 + \omega^2 L_1^2)}$$

und nach dem Ausmultiplizieren und der Berücksichtigung von Gl.(3) schließlich

$$P_w = \frac{R_1 U^2}{\dfrac{1}{g^2} + 2(R_0 R_1 - \omega^2 L_0 L_1) + (R_0^2 + \omega^2 L_0^2)(R_1^2 + \omega^2 L_1^2)g^2}. \tag{6}$$

b) Da nach Gl.(6) die Wirkleistung $P_w$ sowohl für $g \to 0$ als auch für $g \to \infty$ verschwindet, muß offenbar ein endlicher Wert $g = g_M \neq 0$ existieren, für welchen $P_w$ maximal und die Nennerfunktion in Gl.(6) minimal wird. Zur Berechnung von $g_M$ wird deshalb der Differentialquotient dieser Nennerfunktion nach $g$ gleich Null gesetzt:

$$-\frac{2}{g^3} + 2(R_0^2 + \omega^2 L_0^2)(R_1^2 + \omega^2 L_1^2)g = 0 \,.$$

Hieraus ergibt sich die einzige positive Lösung

$$g_M = \frac{1}{\sqrt[4]{(R_0^2 + \omega^2 L_0^2)(R_1^2 + \omega^2 L_1^2)}} \,. \tag{7}$$

Setzt man diesen Wert in Gl.(6) ein, dann erhält man das zugehörige Maximum der Wirkleistung

$$P_w(g_M) = \frac{\dfrac{R_1}{2} U^2}{\sqrt{(R_0^2 + \omega^2 L_0^2)(R_1^2 + \omega^2 L_1^2)} + (R_0 R_1 - \omega^2 L_0 L_1)}. \tag{8}$$

Der Vollständigkeit halber soll hier noch erwähnt werden, daß der komplexe Innenwiderstand der Quelle $R_0 + j\omega L_0$ und die Eingangsimpedanz $\underline{Z}_E$ betragsmäßig übereinstimmen, wenn $g = g_M$ gewählt wird. Das folgt unmittelbar aus den Gln.(3) und (7).

c) Führt man die Gl.(8) und $P_{wo} = U^2/(4R_0)$ in die Ungleichung (1) ein, dann ergibt sich durch einfaches Umformen

$$2R_0R_1 - (R_0R_1 - \omega^2 L_0 L_1) \leq \sqrt{(R_0^2 + \omega^2 L_0^2)(R_1^2 + \omega^2 L_1^2)}.$$

Da beide Seiten dieser Ungleichung positiv sind, darf man sie quadrieren, ohne die Ungleichungsbeziehung dabei zu verfälschen. Nach dem Zusammenfassen der durch das Quadrieren entstehenden Terme erhält man die Ungleichung

$$0 \leq (R_0 L_1 - R_1 L_0)^2, \tag{9}$$

die offenbar für beliebige reelle Werte $R_0$, $L_0$, $R_1$, $L_1$ erfüllt ist. Damit die Werte $P_w(g_M)$ und $P_{wo}$ übereinstimmen, muß in der Ungleichung (9) das Gleichheitszeichen gelten, d.h. es muß

$$R_0 L_1 = R_1 L_0 \tag{10}$$

sein. Berücksichtigt man diesen Zusammenhang in Gl.(7), dann erhält man für $g_M$ den Wert

$$\hat{g}_M = \sqrt{\frac{L_1}{L_0(R_1^2 + \omega^2 L_1^2)}}$$

oder

$$\hat{g}_M = \sqrt{\frac{R_1}{R_0(R_1^2 + \omega^2 L_1^2)}}.$$

Nun ist gemäß EN, Abschnitt 4.5 der Fall maximaler Leistungsübertragung, d.h. $P_w(g_M) = P_{wo}$ genau dann gegeben, wenn $\underline{Z}_E = R_0 - j\omega L_0$ gilt. Setzt man den berechneten Wert $\hat{g}_M$ in die Gl.(3) ein, so ergibt sich

$$\underline{Z}_E = \frac{L_0(R_1^2 + \omega^2 L_1^2)}{L_1(R_1 + j\omega L_1)} = \frac{L_0}{L_1} R_1 - j\omega L_0$$

und mit Gl.(10) tatsächlich die Anpassungsbeziehung $\underline{Z}_E = R_0 - j\omega L_0$.

d) Ohne Zwischenschaltung des Gyrators fließt im Verbraucher der Strom

$$\underline{I}_1 = \frac{U}{(R_0 + R_1) + j\omega(L_0 + L_1)}.$$

Die Wirkleistung, die in diesem Fall dem Verbraucher zugeführt wird, ist somit

$$P_{wd} = I_1^2 R_1 = \frac{R_1 U^2}{(R_0 + R_1)^2 + \omega^2 (L_0 + L_1)^2}.$$

Für $R_0 = R_1$ und $L_0/R_0 = L_1/R_1 = T$ liegt der in Teilaufgabe $c$ behandelte Sonderfall der optimalen Anpassung vor; das durch Gl.(2) definierte Verhältnis $V$ läßt sich hier besonders einfach angeben. Man erhält

$$V = \frac{\dfrac{U^2}{4R_0}}{\dfrac{R_0 U^2}{4R_0^2 + 4\omega^2 T^2 R_0^2}} = 1 + \omega^2 T^2 \;.$$

Ergänzend soll hier noch angemerkt werden, daß das Verhältnis $V$ den Wert Eins nicht unterschreiten kann, und zwar nicht nur in dem hier betrachteten Sonderfall, sondern generell, wie man zeigen kann, für beliebige nichtnegative Werte von $R_0$, $L_0$, $R_1$ und $L_1$. Dagegen hängt es von diesen vier Netzwerkparametern ab, ob $V$ bereits von $\omega = 0$ oder erst von einem gewissen Frequenzpunkt $\omega = \omega_g > 0$ an monoton mit $\omega$ wächst. Daß $V \geqslant 1$ gilt, d.h. daß durch die Verwendung des Gyrators die Anpassung des Verbrauchers an den komplexen Innenwiderstand der Quelle im allgemeinen verbessert, zumindest aber nicht verschlechtert wird, kann man sich auch anschaulich klarmachen. Während für $\omega > 0$ ohne die Zwischenschaltung des Gyrators der Imaginärteil des komplexen Innenwiderstands das gleiche Vorzeichen besitzt wie der Imaginärteil der Belastungsimpedanz $\underline{Z}_A = R_1 + j\omega L_1$, hat der Imaginärteil von $\underline{Z}_E$ ein negatives Vorzeichen. Man kommt also den in EN, Abschnitt 4.5 für den Fall der optimalen Anpassung abgeleiteten Forderungen durch die Verwendung des Gyrators bei optimaler Wahl des Gyrator-Leitwerts sicher näher als beim direkten Anschluß des Verbrauchers an die Quelle. Dies wird für hohe Frequenzen, bei denen die Imaginärteile der betrachteten Impedanzen die Realteile erheblich überwiegen, besonders deutlich. Für $\omega = 0$ kann die optimale Anpassung von $R_1$ an $R_0$ mit $g = 1/\sqrt{R_0 R_1}$ in jedem Fall erreicht werden. Man erhält daher $V > 1$ für $R_0 \neq R_1$ und $V = 1$ für $R_0 = R_1$.

# 5. Mehrpolige Netzwerke

Bei den Aufgaben dieses Kapitels stehen Netzwerke mit mehreren ausgezeichneten Klemmenpaaren (Mehrtore) im Mittelpunkt der Untersuchungen. Im einzelnen handelt es sich um Aufgaben zu folgenden Themenbereichen:
- Beschreibung des Verhaltens von Mehrtoren, vorzugsweise von Zweitoren, durch Matrizen sowie Anwendungen dieser Darstellungsmöglichkeiten bei der Lösung spezieller Netzwerkprobleme (Aufgaben 1-8),
- Dreieck-Stern-Transformation (Aufgabe 9),
- Drehstromsysteme (Aufgaben 10-12),
- Ortskurven (Aufgaben 13-15),
- Stationäre Netzwerk-Reaktion bei nicht-harmonischer periodischer Erregung (Aufgabe 16).

# Aufgabe 5.1

Für den im Bild 5.1 vorgelegten Dreipol ist der Zusammenhang zwischen den äußeren Spannungen $\underline{U}_1, \underline{U}_2$ und den äußeren Strömen $\underline{I}_1, \underline{I}_2$ in Abhängigkeit von den Netzwerkelementen $R, L$ und $C$ sowie der Kreisfrequenz $\omega$ zu ermitteln.

a) Man stelle die Spannungen $\underline{U}_1$ und $\underline{U}_2$ mit Hilfe des Überlagerungssatzes als Funktionen der Ströme $\underline{I}_1$ und $\underline{I}_2$ dar.

b) Man ermittle die Ströme $\underline{I}_1$ und $\underline{I}_2$ als Funktionen der Spannungen $\underline{U}_1$ und $\underline{U}_2$ entweder durch Auflösung der in Teilaufgabe a gewonnenen Gleichungen oder auch direkt aus dem gegebenen Netzwerk unter Verwendung des Überlagerungssatzes.

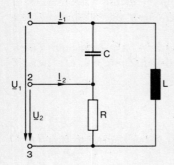

Bild 5.1. Dreipol mit seinen äußeren Größen.

## Lösung zu Aufgabe 5.1

a) Zwischen die Klemmen 1 und 3 wird eine Wechselstromquelle $\underline{I}_1$ mit der im Bild 5.1 angegebenen Bezugsrichtung für den Strom gelegt, während über die Klemme 2 von außen kein Strom eingeprägt wird ($\underline{I}_2 = 0$). Dann fließt durch die Kapazität $C$ und den ohmschen Widerstand $R$ der Strom

$$\underline{I}_1' = \frac{j\omega L}{R + \dfrac{1}{j\omega C} + j\omega L} \underline{I}_1 \; .$$

Mit diesem Strom lassen sich nun direkt die allein von $\underline{I}_1$ hervorgerufenen Beiträge $\underline{U}_1^{(1)}$ und $\underline{U}_2^{(1)}$ zu den Spannungen $\underline{U}_1$ bzw. $\underline{U}_2$ angeben:

$$\underline{U}_1^{(1)} = \frac{j\omega L \left(R + \dfrac{1}{j\omega C}\right)}{R + \dfrac{1}{j\omega C} + j\omega L} \underline{I}_1 \; , \tag{1a}$$

$$\underline{U}_2^{(1)} = \frac{j\omega L R}{R + \dfrac{1}{j\omega C} + j\omega L} \underline{I}_1 \; . \tag{2a}$$

Jetzt wird zwischen die Klemmen 2 und 3 eine Wechselstromquelle $\underline{I}_2$ mit der im Bild 5.1 angegebenen Bezugsrichtung für den Strom gelegt, während über die Klemme 1 von außen kein Strom eingeprägt wird ($\underline{I}_1 = 0$). Dann fließt durch die Kapazität $C$ und die Induktivität $L$ der Strom

$$\underline{I}'_2 = \frac{R}{R + \dfrac{1}{j\omega C} + j\omega L} \underline{I}_2 \ .$$

Mit diesem Strom lassen sich direkt die allein von $\underline{I}_2$ hervorgerufenen Beiträge $\underline{U}_1^{(2)}$ und $\underline{U}_2^{(2)}$ zu den Spannungen $\underline{U}_1$ bzw. $\underline{U}_2$ angeben:

$$\underline{U}_1^{(2)} = \frac{j\omega L\, R}{R + \dfrac{1}{j\omega C} + j\omega L} \underline{I}_2 \ , \tag{1b}$$

$$\underline{U}_2^{(2)} = \frac{R\left(\dfrac{1}{j\omega C} + j\omega L\right)}{R + \dfrac{1}{j\omega C} + j\omega L} \underline{I}_2 \ . \tag{2b}$$

Die Spannung $\underline{U}_1$ erhält man als Summe der durch die Gln.(1a,b) gegebenen Spannungsanteile $\underline{U}_1^{(1)}$ und $\underline{U}_1^{(2)}$; entsprechend ergibt sich aus den Gln.(2a,b) die Spannung $\underline{U}_2$. Dieses Ergebnis läßt sich in Matrizenform folgendermaßen zusammenfassen:

$$\begin{bmatrix} \underline{U}_1 \\ \underline{U}_2 \end{bmatrix} = \frac{1}{R + \dfrac{1}{j\omega C} + j\omega L} \begin{bmatrix} j\omega L\left(R + \dfrac{1}{j\omega C}\right) & j\omega L\, R \\ j\omega L\, R & R\left(\dfrac{1}{j\omega C} + j\omega L\right) \end{bmatrix} \begin{bmatrix} \underline{I}_1 \\ \underline{I}_2 \end{bmatrix} . \tag{3}$$

b) Zwischen die Klemmen 1 und 3 wird eine Wechselspannungsquelle $\underline{U}_1$ mit der im Bild 5.1 angegebenen Bezugsrichtung für die Spannung gelegt, während die Klemme 2 mit der Klemme 3 kurzgeschlossen wird ($\underline{U}_2 = 0$). Dann fließt über die Klemme 1 ins Netzwerk der Strom

$$\underline{I}_1^{(1)} = \underline{U}_1\left(j\omega C + \frac{1}{j\omega L}\right), \tag{4a}$$

und von der Klemme 3 zur Klemme 2 der Kurzschlußstrom

$$\underline{I}_2^{(1)} = -\underline{U}_1 j\omega C \ . \tag{5a}$$

Legt man nun zwischen die Klemmen 2 und 3 eine Wechselspannungsquelle $\underline{U}_2$ mit der im Bild 5.1 angegebenen Bezugsrichtung für die Spannung und schließt man das Klemmenpaar 1,3 kurz ($\underline{U}_1 = 0$), dann fließen über die Klemmen 1 und 2 ins Netzwerk die Ströme

$$\underline{I}_1^{(2)} = -\underline{U}_2 j\omega C \tag{4b}$$

bzw.

$$\underline{I}_2^{(2)} = \underline{U}_2 \left(\frac{1}{R} + j\omega C\right). \tag{5b}$$

Durch Superposition der Teilströme $\underline{I}_1^{(1)}$ und $\underline{I}_1^{(2)}$, die durch die Gln.(4a,b) gegeben sind, erhält man den Strom $\underline{I}_1$; entsprechend folgt aus den Gln.(5a,b) der Strom $\underline{I}_2$. Dieses Ergebnis läßt sich in Matrizenform folgendermaßen zusammenfassen:

$$\begin{bmatrix} \underline{I}_1 \\ \underline{I}_2 \end{bmatrix} = \begin{bmatrix} j\omega C + \dfrac{1}{j\omega L} & -j\omega C \\ -j\omega C & \dfrac{1}{R} + j\omega C \end{bmatrix} \begin{bmatrix} \underline{U}_1 \\ \underline{U}_2 \end{bmatrix}. \tag{6}$$

Der Leser möge sich davon überzeugen, daß diese Gleichung auch aus Gl.(3) durch Auflösung nach den Strömen gewonnen werden kann. Eine Rechenkontrolle folgt auch aus der Tatsache, daß das Produkt der Koeffizientenmatrizen auf den rechten Seiten der Gln.(3) und (6) gleich der Einheitsmatrix ist.

## Aufgabe 5.2

Im folgenden soll das im Bild 5.2a gezeigte ohmsche Dreitor untersucht werden.

a) Man ermittle die Impedanzmatrix des Dreitors in Abhängigkeit von den ohmschen Widerständen $R_1, R_2$ und $R_3$.

b) Das Netzwerk aus Bild 5.2a wird nun nach Bild 5.2b am Tor 1 durch eine Urspannung $\underline{U}_1$ erregt, während das Tor 2 mit einer Kapazität $C$ und das Tor 3 mit einer Induktivität $L$ abgeschlossen wird. Unter diesen Bedingungen eliminiere man im Gleichungssystem

$$\begin{bmatrix} \underline{U}_1 \\ \underline{U}_2 \\ \underline{U}_3 \end{bmatrix} = \begin{bmatrix} z_{11} & z_{12} & z_{13} \\ z_{21} & z_{22} & z_{23} \\ z_{31} & z_{32} & z_{33} \end{bmatrix} \begin{bmatrix} \underline{I}_1 \\ \underline{I}_2 \\ \underline{I}_3 \end{bmatrix} \qquad (1)$$

die Torspannungen $\underline{U}_2$ und $\underline{U}_3$ und zeige, daß man die entstehenden Bestimmungsgleichungen für $\underline{I}_1, \underline{I}_2, \underline{I}_3$ auch aufgrund einer Maschenstromanalyse mit entsprechenden Maschenströmen erhalten kann.

c) Man ermittle die Bedingungen, unter denen die Eingangsimpedanz $\underline{Z} = \underline{U}_1/\underline{I}_1$ des Netzwerks von Bild 5.2b frequenzunabhängig wird. Hierzu ersetzt man zweckmäßigerweise den aus den Widerständen $R_1, R_2$ und $R_3$ bestehenden Stern durch ein äquivalentes Widerstandsdreieck.

d) Für den Fall $R_1 = R_2 = R_3 = R_0$ und unter der Voraussetzung, daß die in Teilaufgabe c ermittelten Bedingungen erfüllt sind, soll die Eingangsimpedanz $\underline{Z} = \underline{U}_1/\underline{I}_1$ berechnet werden, und zwar
1. direkt mit Hilfe der Ergebnisse von Teilaufgabe c,
2. durch Auflösung des Gleichungssystems für $\underline{I}_1, \underline{I}_2, \underline{I}_3$ von Teilaufgabe b.

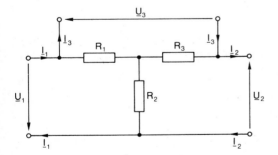

Bild 5.2a. Ohmsches Dreitor.

## Lösung zu Aufgabe 5.2

a) Verbindet man das Tor 1 des ohmschen Dreitors mit einer Stromquelle $I_1$ und läßt man die beiden anderen Tore leerlaufen ($I_2 = I_3 = 0$), so ergibt sich gemäß Gl.(1)

$$z_{11} = \frac{U_1}{I_1} = R_1 + R_2, \qquad z_{21} = \frac{U_2}{I_1} = -R_2, \qquad z_{31} = \frac{U_3}{I_1} = -R_1.$$

Entsprechend erhält man

$$z_{12} = z_{21}, \qquad z_{22} = R_2 + R_3, \qquad z_{32} = -R_3$$

und

$$z_{13} = z_{31}, \qquad z_{23} = z_{32}, \qquad z_{33} = R_1 + R_3.$$

b) Nach Abschluß der Tore 2 und 3 gelten die Verknüpfungen

$$\underline{U}_2 = -\underline{I}_2 \frac{1}{j\omega C}, \qquad \underline{U}_3 = -\underline{I}_3 j\omega L.$$

Führt man diese Beziehungen in die Gl.(1) ein, so entsteht das Gleichungssystem

| $\underline{I}_1$ | $\underline{I}_2$ | $\underline{I}_3$ | |
|---|---|---|---|
| $R_1 + R_2$ | $-R_2$ | $-R_1$ | $\underline{U}_1$ |
| $-R_2$ | $R_2 + R_3 + \dfrac{1}{j\omega C}$ | $-R_3$ | $0$ |
| $-R_1$ | $-R_3$ | $R_1 + R_3 + j\omega L$ | $0$ |

(2)

Dieses Gleichungssystem erhält man auch durch die Anwendung des Maschenstromverfahrens, wenn man in den Elementarmaschen des Netzwerks von Bild 5.2b Maschenströme einführt, die mit den Torströmen $\underline{I}_1, \underline{I}_2, \underline{I}_3$ (Bild 5.2a) übereinstimmen.

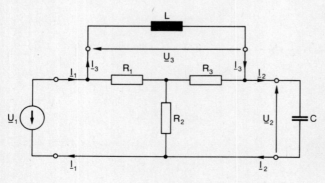

Bild 5.2b. Ohmsches Dreitor mit äußerer Beschaltung.

*c*) Durch Anwendung der Stern-Dreieck-Transformation entsteht der im Bild 5.2c ersichtliche äquivalente Zweipol mit den Widerstandswerten [EN, Gln.(5.28a-c)]

$$R_{12} = \frac{R_1 R_2 + R_2 R_3 + R_3 R_1}{R_3}, \tag{3a}$$

$$R_{23} = \frac{R_1 R_2 + R_2 R_3 + R_3 R_1}{R_1}, \tag{3b}$$

$$R_{31} = \frac{R_1 R_2 + R_2 R_3 + R_3 R_1}{R_2}. \tag{3c}$$

Da $R_{12}$ zum übrigen Teil des Zweipols parallel liegt, braucht nur gefordert zu werden, daß dieser Teil frequenzunabhängig wird. Es ergibt sich somit die Forderung

$$\frac{R_{31}\, j\omega L}{R_{31} + j\omega L} + \frac{R_{23}}{1 + j\omega C R_{23}} = R = \text{const}.$$

Multipliziert man beide Seiten dieser Gleichung mit dem Hauptnenner und ordnet man dann alle Terme nach Potenzen von $\omega$, so entsteht die Beziehung

$$\omega^2 L C R_{23}(R - R_{31}) + j\omega[L(R_{23} + R_{31} - R) - C R R_{23} R_{31}] + R_{31}(R_{23} - R) = 0,$$

welche identisch in $\omega$ erfüllt werden muß. Aus diesem Grund müssen alle auftretenden Koeffizienten bei $\omega^2$, $\omega^1$ und $\omega^0$ verschwinden, d.h. es muß verlangt werden, daß die Gleichungen

$$R - R_{31} = 0,$$

$$L(R_{23} + R_{31} - R) - C R R_{23} R_{31} = 0$$

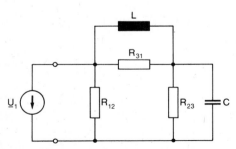

Bild 5.2c. Aus dem Netzwerk von Bild 5.2b durch Stern-Dreieck-Transformation entstandenes äquivalentes Netzwerk.

und

$$R_{23} - R = 0$$

bestehen. Durch Elimination von $R$ erhält man die beiden Forderungen

$$R_{31} = R_{23}, \qquad \frac{L}{C} = R_{31}^2 \qquad (4a,b)$$

für die Frequenzunabhängigkeit der Eingangsimpedanz.

*d*) Für $R_1 = R_2 = R_3 = R_0$ liefern die Gln.(3a-c)

$$R_{12} = R_{23} = R_{31} = 3R_0, \qquad (5a)$$

die Gl.(4a) ist also erfüllt. Damit auch die durch Gl.(4b) gegebene Forderung befriedigt wird, muß noch die Beziehung

$$L = 9R_0^2 C \qquad (5b)$$

bestehen. Dann hat nach Teilaufgabe *c* der parallel zu $R_{12} = 3R_0$ liegende Teil des Zweipols von Bild 5.2c den frequenzunabhängigen Eingangswiderstand $R = R_{31} = 3R_0$. Für die Eingangsimpedanz des gesamten Zweipols ergibt sich somit

$$\underline{Z} = \frac{3}{2} R_0.$$

Zum gleichen Ergebnis gelangt man, wenn man in das Gleichungssystem (2) die Widerstandswerte $R_1 = R_2 = R_3 = R_0$ einsetzt und die Gl.(5b) berücksichtigt. Dadurch entsteht das Gleichungssystem

| $\underline{I}_1$ | $\underline{I}_2$ | $\underline{I}_3$ | |
|---|---|---|---|
| $2R_0$ | $-R_0$ | $-R_0$ | $\underline{U}_1$ |
| $-R_0$ | $2R_0 + \dfrac{1}{j\omega C}$ | $-R_0$ | $0$ |
| $-R_0$ | $-R_0$ | $2R_0 + j\omega 9 R_0^2 C$ | $0$ . |

Hieraus erhält man

$$\underline{Z} = \frac{U_1}{\underline{I}_1} = \frac{\begin{vmatrix} 2R_0 & -R_0 & -R_0 \\ -R_0 & 2R_0 + \dfrac{1}{j\omega C} & -R_0 \\ -R_0 & -R_0 & 2R_0 + j\omega 9R_0^2 C \end{vmatrix}}{\left(2R_0 + \dfrac{1}{j\omega C}\right)(2R_0 + j\omega 9R_0^2 C) - R_0^2}$$

$$= \frac{3R_0^2 \left(\dfrac{1}{j\omega C} + 6R_0 + j\omega 9R_0^2 C\right)}{2R_0 \left(\dfrac{1}{j\omega C} + 6R_0 + j\omega 9R_0^2 C\right)} = \frac{3}{2} R_0 \;.$$

## Aufgabe 5.3

Man berechne die Impedanzmatrix $\underline{Z}$ des im Bild 5.3 dargestellten Zweitors.

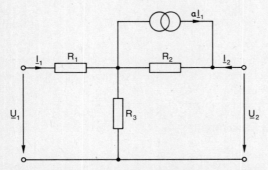

Bild 5.3. Zweitor, dessen Impedanzmatrix zu ermitteln ist.

## Lösung zu Aufgabe 5.3

Legt man an den Eingang des Zweitors die harmonische Stromquelle $\underline{I}_1$ und an den Ausgang die Stromquelle $\underline{I}_2$, dann wird aufgrund der Knotenregel der Widerstand $R_2$ vom Strom $\underline{I}_2 + a\underline{I}_1$ und der Widerstand $R_3$ vom Strom $\underline{I}_1 + \underline{I}_2$ durchflossen. Damit lassen sich die Spannungen $\underline{U}_1$ und $\underline{U}_2$ am Eingang bzw. Ausgang des Zweitors unmittelbar angeben. Man erhält

$$\underline{U}_1 = (R_1 + R_3)\underline{I}_1 \quad\quad + R_3 \underline{I}_2 \,,$$

$$\underline{U}_2 = (aR_2 + R_3)\underline{I}_1 + (R_2 + R_3)\underline{I}_2 \,.$$

Hieraus ergibt sich die Impedanzmatrix

$$\underline{Z} = \begin{bmatrix} R_1 + R_3 & R_3 \\ aR_2 + R_3 & R_2 + R_3 \end{bmatrix} \,.$$

Diese Matrix ist offensichtlich für $aR_2 \neq 0$ nicht symmetrisch; das Zweitor ist, bedingt durch das Auftreten der gesteuerten Quelle, nicht reziprok.

Zweitore der im Bild 5.3 dargestellten Struktur finden gelegentlich als Ersatznetzwerke zur näherungsweisen Beschreibung des Kleinsignalverhaltens von Transistoren Verwendung.

## Aufgabe 5.4

Das Bild 5.4a zeigt ein mit dem ohmschen Widerstand $R$ abgeschlossenes überbrücktes T-Glied, das von einer Wechselspannungsquelle mit der Leerlaufspannung $\underline{U}_0$, der Kreisfrequenz $\omega$ und dem Innenwiderstand $R$ erregt wird. Die Impedanzen $\underline{Z}_1$ und $\underline{Z}_2$ der beiden im Netzwerk auftretenden Zweipole seien im allgemeinen frequenzabhängig.

*a*) Man ermittle die Elemente der Admittanzmatrix für das überbrückte T-Glied. Dabei empfiehlt es sich zu berücksichtigen, daß dieses Zweitor als Parallelschaltung zweier einfacher Zweitore erzeugt werden kann.

*b*) Welcher Zusammenhang muß zwischen $\underline{Z}_1, \underline{Z}_2$ und $R$ bestehen, damit die Eingangsimpedanz des mit dem Widerstand $R$ abgeschlossenen überbrückten T-Glieds unabhängig von der Kreisfrequenz $\omega$ den Wert $R$ annimmt?

*c*) Man ermittle das Spannungsverhältnis $\underline{U}_0/\underline{U}_2$ für das Netzwerk nach Bild 5.4a unter Berücksichtigung des Ergebnisses von Teilaufgabe *b*.

*d*) Wie sind für das im Bild 5.4b dargestellte Netzwerk die Parameter $C_1$ und $L_2$ zu bemessen, damit bei gegebenen Werten für $L_1, C_2$ und $R$ für jedes der beiden in Kette geschalteten überbrückten T-Glieder der in Teilaufgabe *b* hergeleitete Zusammenhang gilt?

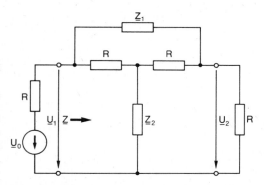

Bild 5.4a. Allgemeines überbrücktes *T*-Glied mit äußerer Beschaltung.

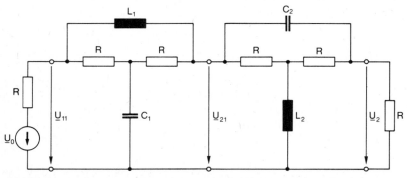

Bild 5.4b. Kettenanordnung zweier überbrückter *T*-Glieder mit äußerer Beschaltung.

*e)* Man ermittle für das Netzwerk von Bild 5.4b das Spannungsverhältnis $\underline{U}_0/\underline{U}_2$ in Abhängigkeit von $R, L_1, C_2$ sowie $\omega$ und trage den grundsätzlichen Verlauf von $|\underline{U}_0/\underline{U}_2|$ über der normierten Kreisfrequenz $\Omega = \omega\sqrt{L_1 C_2}$ graphisch auf.

*f)* Man gebe ein Netzwerk von der im Bild 5.4a dargestellten Struktur an, das für alle Kreisfrequenzen $\omega$ das gleiche Spannungsverhältnis $\underline{U}_0/\underline{U}_2$ besitzt wie das nach Teilaufgabe *d* dimensionierte Netzwerk. Für gegebene Werte von $L_1, C_2$ und $R$ ermittle man die Netzwerkelemente, aus denen die Zweipole mit den Impedanzen $\underline{Z}_1$ und $\underline{Z}_2$ aufgebaut sind.

**Lösung zu Aufgabe 5.4**

*a)* Das Bild 5.4c zeigt die beiden einfachen symmetrischen Zweitore 1 und 2, durch deren Parallelschaltung das überbrückte T-Glied erzeugt werden kann. Für die Zweitore 1 und 2 lassen sich die Elemente ihrer Admittanzmatrizen z.B. dadurch angeben, daß man das Element $\underline{y}_{11}^{(\nu)}$ ($\nu = 1,2$), welches wegen der Symmetrie mit $\underline{y}_{22}^{(\nu)}$ ($\nu = 1,2$) übereinstimmt, als primäre Admittanz und das Element $\underline{y}_{12}^{(\nu)}$ ($\nu = 1,2$) als Verhältnis von Sekundärstrom zu Primärspannung jeweils bei sekundärem Kurzschluß am betreffenden Teilzweitor ermittelt. Auf diese Weise erhält man für das Teilzweitor 1 die Admittanzmatrix-Elemente

$$\underline{y}_{11}^{(1)} = \frac{1}{\underline{Z}_1}, \qquad \underline{y}_{12}^{(1)} = -\frac{1}{\underline{Z}_1},$$

für das Teilzweitor 2 die Elemente

$$\underline{y}_{11}^{(2)} = \frac{1}{R + \dfrac{R\underline{Z}_2}{R + \underline{Z}_2}} = \frac{R + \underline{Z}_2}{R(R + 2\underline{Z}_2)}$$

und bei Verwendung der Gl.(1.46b) aus EN

$$\underline{y}_{12}^{(2)} = -\frac{\underline{Z}_2}{R(R + 2\underline{Z}_2)}.$$

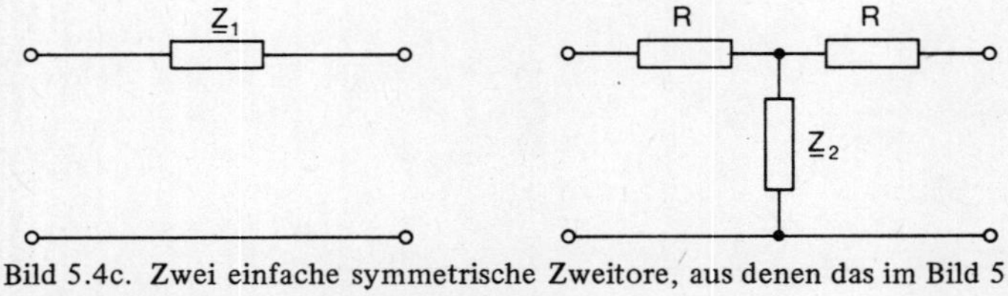

Bild 5.4c. Zwei einfache symmetrische Zweitore, aus denen das im Bild 5.4a dargestellte überbrückte T-Glied zusammengesetzt werden kann.

Durch additive Verknüpfung der berechneten Matrix-Elemente entsprechend der Erzeugung des überbrückten T-Glieds durch Parallelschalten der Zweitore 1 und 2 erhält man schließlich die Admittanzmatrix-Elemente des überbrückten T-Glieds

$$\underline{y}_{11} = \underline{y}_{22} = \frac{1}{\underline{Z}_1} + \frac{R + \underline{Z}_2}{R(R + 2\underline{Z}_2)}, \tag{1}$$

$$\underline{y}_{12} = \underline{y}_{21} = -\frac{1}{\underline{Z}_1} - \frac{\underline{Z}_2}{R(R + 2\underline{Z}_2)}. \tag{2}$$

Man hätte dieses Ergebnis auch über die Impedanzmatrix gewinnen können, die sich aufgrund des Bartlettschen Symmetrie-Theorems gemäß EN, Abschnitt 5.2.2.4 leicht berechnen läßt.

b) Zwischen den Primär- und Sekundärgrößen des überbrückten T-Glieds bestehen aufgrund der Admittanzmatrix-Elemente die Verknüpfungen

$$\underline{I}_1 = \underline{y}_{11}\underline{U}_1 + \underline{y}_{12}\underline{U}_2, \tag{3}$$

$$\underline{I}_2 = \underline{y}_{12}\underline{U}_1 + \underline{y}_{11}\underline{U}_2; \tag{4}$$

hierbei wurde die Symmetrie des Zweitors berücksichtigt. Weiterhin muß zwischen den Sekundärgrößen wegen des ohmschen Abschlusses die Beziehung

$$\underline{I}_2 = -\frac{\underline{U}_2}{R} \tag{5}$$

gelten. Aus den Gln.(4) und (5) erhält man die Darstellung

$$\underline{U}_2 = -\frac{R\underline{y}_{12}}{1 + R\underline{y}_{11}}\underline{U}_1,$$

woraus sich zusammen mit Gl.(3) die Eingangsimpedanz

$$\underline{Z} = \frac{\underline{U}_1}{\underline{I}_1} = \frac{1 + R\underline{y}_{11}}{\underline{y}_{11} + R(\underline{y}_{11}^2 - \underline{y}_{12}^2)}$$

ergibt. Die Forderung $\underline{Z} = R$ liefert somit die Bedingung

$$\underline{y}_{11}^2 - \underline{y}_{12}^2 = \frac{1}{R^2}$$

oder

$$(\underline{y}_{11} + \underline{y}_{12})(\underline{y}_{11} - \underline{y}_{12}) = \frac{1}{R^2}.$$

Mit den Gln.(1) und (2) folgt hieraus

$$\frac{1}{R + 2\underline{Z}_2}\left(\frac{2}{\underline{Z}_1} + \frac{1}{R}\right) = \frac{1}{R^2}$$

und nach kurzer Zwischenrechnung schließlich

$$\underline{Z}_1 \underline{Z}_2 = R^2 . \tag{6}$$

Die Impedanzen $\underline{Z}_1$ und $\underline{Z}_2$ müssen also zueinander dual sein, wenn die Eingangsimpedanz des mit dem ohmschen Widerstand $R$ abgeschlossenen Zweitors ebenfalls den Wert $R$ annehmen soll. Der Widerstandswert $R$ ist hierbei die sogenannte Dualitätsinvariante.

c) Das mit dem ohmschen Widerstand $R$ abgeschlossene überbrückte T-Glied stellt eine abgeglichene Brücke dar, wenn die Bedingung (6) erfüllt ist (Bild 5.4d). Daher kann man sich den ohmschen Widerstand zwischen den Knoten 1 und 2 entfernt denken und den Zusammenhang zwischen den Spannungen $\underline{U}_1$ und $\underline{U}_2$ durch Spannungsteilung folgendermaßen ausdrücken:

$$\frac{\underline{U}_1}{\underline{U}_2} = \frac{\underline{Z}_1 + R}{R} . \tag{7}$$

Da die Eingangsimpedanz $\underline{Z}$ gleich dem Innenwiderstand $R$ der Spannungsquelle ist, gilt weiterhin aufgrund der Spannungsteilerbeziehung

$$\frac{\underline{U}_0}{\underline{U}_1} = 2 . \tag{8}$$

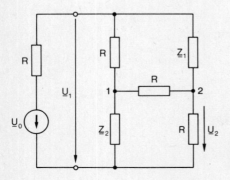

Bild 5.4d. Überbrücktes $T$-Glied, aufgefaßt als Brückennetzwerk.

## 5. Mehrpolige Netzwerke

Multipliziert man die Gln.(7) und (8) miteinander, so erhält man das gesuchte Spannungsverhältnis

$$\frac{\underline{U}_0}{\underline{U}_2} = 2\left(1 + \frac{\underline{Z}_1}{R}\right). \tag{9}$$

*d*) Nach Gl.(6) sind die Forderungen

$$j\omega L_1 \frac{1}{j\omega C_1} = R^2$$

und

$$\frac{1}{j\omega C_2} j\omega L_2 = R^2$$

zu stellen. Hieraus folgt

$$C_1 = \frac{L_1}{R^2} \quad \text{und} \quad L_2 = C_2 R^2 . \tag{10a,b}$$

*e*) Bei Wahl von $C_1$ und $L_2$ gemäß den Gln.(10a,b) haben beide überbrückten T-Glieder im Netzwerk von Bild 5.4b die Eingangsimpedanz $R$, sofern sie mit dem ohmschen Widerstand $R$ abgeschlossen sind. Das zweite überbrückte T-Glied ist direkt mit diesem ohmschen Widerstand abgeschlossen; aber auch das erste überbrückte T-Glied ist mit dem ohmschen Widerstand $R$ belastet, weil der Ausgang dieses Zweitors mit dem Eingang des zweiten überbrückten T-Glieds verbunden ist, dessen Eingangsimpedanz den Wert $R$ besitzt. Damit bestehen gemäß Gl.(7) die Beziehungen

$$\frac{\underline{U}_{21}}{\underline{U}_2} = 1 + \frac{1}{j\omega C_2 R} \tag{11}$$

und

$$\frac{\underline{U}_{11}}{\underline{U}_{21}} = 1 + \frac{j\omega L_1}{R} . \tag{12}$$

Weiterhin gilt wegen der konstanten Eingangsimpedanz $R$ des ersten überbrückten T-Glieds

$$\frac{\underline{U}_0}{\underline{U}_{11}} = 2 . \tag{13}$$

Durch Multiplikation der Gln.(11), (12) und (13) ergibt sich schließlich das Spannungsverhältnis

$$\frac{\underline{U}_0}{\underline{U}_2} = 2\left[1 + \frac{L_1}{R^2 C_2} + \frac{j}{R}\left(\omega L_1 - \frac{1}{\omega C_2}\right)\right] \tag{14}$$

und hieraus sein Betrag

$$\frac{U_0}{U_2} = 2\sqrt{\left(1 + \frac{L_1}{R^2 C_2}\right)^2 + \frac{1}{R^2}\left(\omega L_1 - \frac{1}{\omega C_2}\right)^2}.$$

Mit der Normierung

$$\Omega = \omega\sqrt{L_1 C_2}, \qquad a = \frac{1}{R}\sqrt{\frac{L_1}{C_2}}$$

läßt sich

$$\frac{U_0}{U_2} = 2\sqrt{(1 + a^2)^2 + a^2\left(\Omega - \frac{1}{\Omega}\right)^2} = 2\sqrt{1 + a^4 + a^2 \Omega^2 + \frac{a^2}{\Omega^2}}$$

schreiben. Das Bild 5.4e zeigt den Verlauf von $U_0/U_2$ in Abhängigkeit von $\Omega$.

*f)* Die Aufgabe besteht darin, $\underline{Z}_1$ derart zu wählen, daß aufgrund von Gl.(9) das Span-

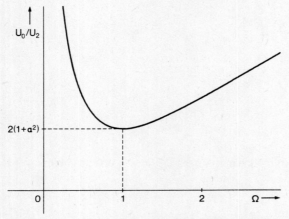

Bild 5.4e. Verlauf von $U_0/U_2$ in Abhängigkeit von $\Omega$ für das Netzwerk von Bild 5.4b.

nungsverhältnis nach Gl.(14) entsteht. Es muß also $\underline{Z}_1$ so gewählt werden, daß die Beziehung

$$\underline{Z}_1 = \frac{L_1}{RC_2} + j\left(\omega L_1 - \frac{1}{\omega C_2}\right) \tag{15}$$

besteht. Daher macht man für $\underline{Z}_1$ den Ansatz in Form der Impedanz einer Reihenschaltung aus einem ohmschen Widerstand $R_{01}$, einer Induktivität $L_{01}$ und einer Kapazität $C_{01}$, d.h.

$$\underline{Z}_1 = R_{01} + j\omega L_{01} + \frac{1}{j\omega C_{01}}. \tag{16}$$

Ein Vergleich der Gln.(15) und (16) liefert die Werte

$$R_{01} = \frac{L_1}{RC_2}, \quad L_{01} = L_1, \quad C_{01} = C_2. \tag{17a-c}$$

Für die Impedanz $\underline{Z}_2$ des dualen Zweipols ergibt sich nach Gl.(6) mit den Gln.(16) und (17a-c)

$$\underline{Z}_2 = \frac{R^2}{\underline{Z}_1} = \frac{1}{\frac{L_1}{R^3 C_2} + j\omega \frac{L_1}{R^2} + \frac{1}{j\omega C_2 R^2}}$$

oder

$$\underline{Z}_2 = \frac{1}{\frac{1}{R_{02}} + j\omega C_{02} + \frac{1}{j\omega L_{02}}}$$

mit

$$R_{02} = \frac{R^3 C_2}{L_1}, \quad C_{02} = \frac{L_1}{R^2}, \quad L_{02} = C_2 R^2.$$

Im Bild 5.4f sind die Zweipole mit den Impedanzen $\underline{Z}_1$ und $\underline{Z}_2$ dargestellt.

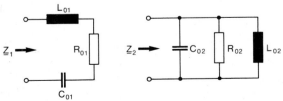

Bild 5.4f. Zwei Zweipole, deren Impedanzen $\underline{Z}_1$ und $\underline{Z}_2 = R^2/\underline{Z}_1$ durch Gl.(15) gegeben sind.

## Aufgabe 5.5

Im Bild 5.5a ist ein Zweitor dargestellt, das neben einem ohmschen Widerstand $R$ ein weiteres, durch seine Hybridmatrix $\underline{H}_T$ charakterisiertes Zweitor mit durchgehender Kurzschlußverbindung enthält. Gesucht ist die Hybridmatrix $\underline{H}$ des äußeren Zweitors in Abhängigkeit von $R$ und den Elementen der Matrix $\underline{H}_T$.

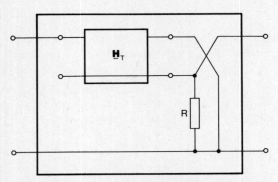

Bild 5.5a. Zweitor, dessen Hybridmatrix zu ermitteln ist.

## Lösung zu Aufgabe 5.5

Ein erster Lösungsweg besteht darin, die zwischen den im Bild 5.5b definierten Netzwerkgrößen $\underline{U}_1, \underline{U}_2, \underline{I}_1, \underline{I}_2$ und $\underline{U}_{1T}, \underline{U}_{2T}, \underline{I}_{1T}, \underline{I}_{2T}$ bestehenden Verknüpfungsgleichungen

$$\underline{U}_1 = \underline{U}_{1T} + \underline{U}_2 , \tag{1a}$$

$$\underline{I}_2 = \frac{\underline{U}_2}{R} - \underline{I}_{1T} - \underline{I}_{2T} , \tag{1b}$$

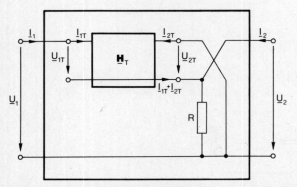

Bild 5.5b. Einführung von Netzwerkgrößen, die zur Ermittlung der Hybridmatrix für das Zweitor von Bild 5.5a verwendet werden.

$$\underline{U}_{1T} = \underline{h}_{11T}\underline{I}_{1T} + \underline{h}_{12T}\underline{U}_{2T}, \tag{1c}$$

$$\underline{I}_{2T} = \underline{h}_{21T}\underline{I}_{1T} + \underline{h}_{22T}\underline{U}_{2T}, \tag{1d}$$

$$\underline{U}_{2T} = -\underline{U}_2, \tag{1e}$$

$$\underline{I}_{1T} = \underline{I}_1 \tag{1f}$$

aufzustellen und hieraus die vier letztgenannten Netzwerkgrößen zu eliminieren. Dies kann beispielsweise dadurch geschehen, daß man in den Gln.(1c,d) die Größen $\underline{U}_{2T}$ und $\underline{I}_{1T}$ durch $-\underline{U}_2$ bzw. $\underline{I}_1$ ersetzt und die so entstehenden Beziehungen dazu verwendet, um in den Gln.(1a,b) die Größen $\underline{U}_{1T}$ und $\underline{I}_{2T}$ zu substituieren. Aus dem Ergebnis

$$\underline{U}_1 = \underline{h}_{11T}\underline{I}_1 + (1 - \underline{h}_{12T})\underline{U}_2,$$

$$\underline{I}_2 = -(1 + \underline{h}_{21T})\underline{I}_1 + (\frac{1}{R} + \underline{h}_{22T})\underline{U}_2$$

läßt sich direkt die Hybridmatrix

$$\underline{H} = \begin{bmatrix} \underline{h}_{11T} & 1 - \underline{h}_{12T} \\ -1 - \underline{h}_{21T} & \frac{1}{R} + \underline{h}_{22T} \end{bmatrix}$$

ablesen.

Zur Lösung der Aufgabe gelangt man auch dadurch, daß man die ursprüngliche Anordnung (Bild 5.5a) in die hierzu äquivalente Form einer Reihen-Parallel-Anordnung zweier Zweitore bringt (Bild 5.5c), deren Hybridmatrizen $\underline{H}_1$ bzw. $\underline{H}_2$ sich leicht angeben lassen. Die Hybridmatrix des oberen Zweitors im Bild 5.5c lautet

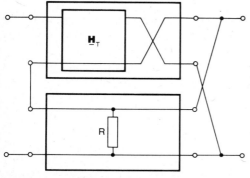

Bild 5.5c. Netzwerk von Bild 5.5a, aufgefaßt als Reihen-Parallel-Anordnung zweier Zweitore.

$$\underline{H}_1 = \begin{bmatrix} \underline{h}_{11T} & -\underline{h}_{12T} \\ -\underline{h}_{21T} & \underline{h}_{22T} \end{bmatrix},$$

und für das untere Zweitor ergibt sich die Hybridmatrix

$$\underline{H}_2 = \begin{bmatrix} 0 & 1 \\ -1 & \dfrac{1}{R} \end{bmatrix}.$$

Da beim Zusammenschalten der beiden Zweitore die durchgehende Kurzschlußverbindung des oberen mit einer der beiden Kurzschlußverbindungen des unteren Zweitors verbunden wird, sind die Voraussetzungen gegeben, unter denen die Hybridmatrix einer Reihen-Parallel-Anordnung durch die Summe der Hybridmatrizen der beteiligten Zweitore ausgedrückt werden kann. Man erhält somit

$$\underline{H} = \underline{H}_1 + \underline{H}_2 = \begin{bmatrix} \underline{h}_{11T} & -\underline{h}_{12T} + 1 \\ -\underline{h}_{21T} - 1 & \underline{h}_{22T} + \dfrac{1}{R} \end{bmatrix}.$$

Abschließend soll noch erwähnt werden, daß das in Aufgabe 1.26 auf sein Kleinsignalverhalten hin untersuchte Transistornetzwerk (in der einschlägigen Literatur als *Kollektorschaltung* oder *Emitterfolger* bezeichnet) auch als Zweitor mit der im Bild 5.5a dargestellten Struktur aufgefaßt werden kann, wenn man das Kleinsignalverhalten des Transistors durch seine $h$-Parameter beschreibt, d.h. wenn man den Transistor durch ein Zweitor ersetzt, dessen Hybridmatrix $\underline{H}_T$ aus den $h$-Parametern des Transistors gebildet wird.

Interessierende Netzwerkgrößen, wie beispielsweise die Eingangsimpedanz oder die Spannungsverstärkung, lassen sich dann in einfacher Weise aus den Elementen der Hybridmatrix $\underline{H}$ des Gesamtzweitors ermitteln.

# 5. Mehrpolige Netzwerke

## Aufgabe 5.6

Das Bild 5.6a zeigt ein Zweitor, das aus einem idealen Übertrager mit $2w$ Windungen und zwei Zweipolen mit den Impedanzen $\underline{Z}_1$ und $\underline{Z}_2 = R^2/\underline{Z}_1$ besteht. Das Zweitor wird von einer Wechselspannungsquelle mit der Kreisfrequenz $\omega$, der Leerlaufspannung $\underline{U}_0$ und dem ohmschen Innenwiderstand $R$ erregt; es ist sekundärseitig mit dem gleichen ohmschen Widerstand $R$ abgeschlossen.

a) Für das Netzwerk von Bild 5.6a soll das Spannungsverhältnis $\underline{H} = \underline{U}_2/\underline{U}_0$ ermittelt werden.

b) Unter Verwendung des Ergebnisses von Teilaufgabe a berechne man $\underline{H} = \underline{U}_2/\underline{U}_0$ für den Fall, daß die im Bild 5.6b angegebenen Zweipole im Netzwerk von Bild 5.6a verwendet werden, und bringe das Ergebnis auf die Form

$$\underline{H} = \frac{1}{b_0 + jb_1\omega + b_2\omega^2} \ . \tag{1}$$

Die Koeffizienten $b_0, b_1, b_2$ sollen in Abhängigkeit von den Parametern $R$ und $C$ angegeben werden.

Die praktische Realisierung des Netzwerks nach Bild 5.6a bereitet insbesondere wegen des idealen Übertragers Schwierigkeiten. Es wird daher versucht, dieses Netzwerk durch

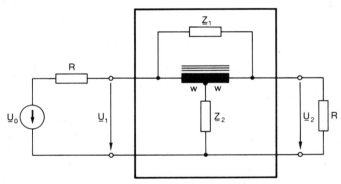

Bild 5.6a. Zweitor mit äußerer Beschaltung.

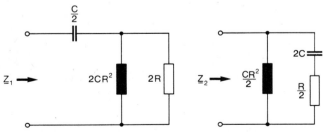

Bild 5.6b. Spezielle Wahl der im Bild 5.6a auftretenden Zweipole mit den Impedanzen $\underline{Z}_1$ und $\underline{Z}_2$.

das im Bild 5.6c dargestellte zu ersetzen, das aus zwei RC-Zweitoren[1]) a und b sowie einem idealen Spannungsverstärker besteht. Durch geeignete Wahl der beiden RC-Zweitore soll erreicht werden, daß das Spannungsverhältnis $\underline{U}_2/\underline{U}_0$ des Netzwerks von Bild 5.6c bei allen Kreisfrequenzen $\omega$ mit dem in Teilaufgabe b berechneten Spannungsverhältnis übereinstimmt. Dazu soll folgendermaßen vorgegangen werden:

c) Für das Netzwerk von Bild 5.6c bestimme man das Spannungsverhältnis $\underline{U}_2/\underline{U}_0$, und zwar zunächst allgemein in Abhängigkeit von den Admittanzmatrix-Elementen $\underline{y}_{\mu\nu}^{(a)}$, $\underline{y}_{\mu\nu}^{(b)}$ ($\mu,\nu = 1,2$) der Zweitore a und b und dem Verstärkungsfaktor $k$. Was würde sich am Ergebnis ändern, wenn der Ausgang des Netzwerks mit einem Zweipol belastet wäre?

d) Man ermittle die Admittanzmatrix-Elemente der im Bild 5.6d gezeigten Zweitore a und b als Funktionen der Netzwerkelemente und der Kreisfrequenz $\omega$.

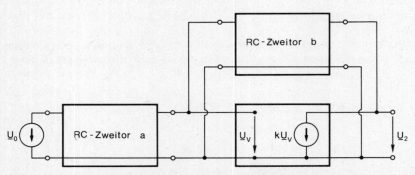

Bild 5.6c. Ein bezüglich des Spannungsverhältnisses $\underline{U}_2/\underline{U}_0$ zum Zweitor aus Bild 5.6a äquivalentes Zweitor, das nur Widerstände, Kapazitäten und eine gesteuerte Spannungsquelle enthält.

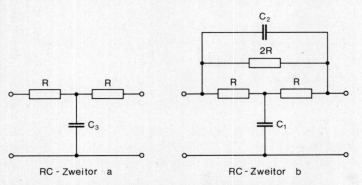

Bild 5.6d. Spezielle Wahl der im Bild 5.6c auftretenden RC-Zweitore.

---

[1]) Unter RC-Zweitoren versteht man ausschließlich aus ohmschen Widerständen und Kapazitäten aufgebaute Zweitore.

e) Das Ergebnis von Teilaufgabe c vereinfacht sich unter der Annahme $k \to \infty$. In die vereinfachte Darstellung für $\underline{U}_2/\underline{U}_0$ führe man die in Teilaufgabe d gefundenen Ausdrücke für die Admittanzmatrix-Elemente ein, wobei $C_1 = C_3$ gesetzt werden soll. Man bringe das Ergebnis in die Form der Gl.(1).

f) Man vergleiche den in Teilaufgabe e ermittelten Ausdruck für $\underline{U}_2/\underline{U}_0$ mit dem Ergebnis von Teilaufgabe b; wie müssen die Kapazitäten $C_1$ und $C_2$ gewählt werden, damit beide Ausdrücke dieselbe Funktion $\underline{H}$ in Abhängigkeit von $\omega$ darstellen?

**Lösung zu Aufgabe 5.6**

a) Zur Anwendung des Maschenstromverfahrens nach EN, Abschnitt 3.1 werden in den drei Elementarmaschen des Netzwerks von Bild 5.6a im Uhrzeigersinn die Ströme $\underline{I}_1$ (durch die Quelle), $\underline{I}_2$ (durch den Abschlußwiderstand $R$), $\underline{I}_3$ (durch den Zweipol mit der Impedanz $\underline{Z}_1$) und zusätzlich am idealen Übertrager die Hilfsspannung $\underline{U}_H$ (pro Windung) als Unbekannte eingeführt. Aufgrund der Maschenregel und der Tatsache, daß der Magnetisierungsstrom beim idealen Übertrager verschwinden muß, erhält man für die Unbekannten das folgende Gleichungssystem:

| $\underline{I}_1$ | $\underline{I}_2$ | $\underline{I}_3$ | $\underline{U}_H$ | |
|---|---|---|---|---|
| $R + \underline{Z}_2$ | $-\underline{Z}_2$ | $0$ | $w$ | $\underline{U}_0$ |
| $-\underline{Z}_2$ | $R + \underline{Z}_2$ | $0$ | $w$ | $0$ |
| $0$ | $0$ | $\underline{Z}_1$ | $-2w$ | $0$ |
| $w$ | $w$ | $-2w$ | $0$ | $0$. |

Es empfiehlt sich, zunächst mit Hilfe der dritten und vierten Gleichung die Größen $\underline{U}_H$ und $\underline{I}_3$ zu eliminieren, so daß ein System von zwei Gleichungen für die Maschenströme $\underline{I}_1$ und $\underline{I}_2$ entsteht. Hieraus erhält man (vgl. auch Aufgabe 3.4)

$$\underline{I}_2 = \frac{\left(R + \dfrac{\underline{Z}_1}{2}\right)\left(R - \dfrac{\underline{Z}_1}{2}\right)}{\underline{Z}_1\left(R + \dfrac{\underline{Z}_1}{2}\right)\left(R + \dfrac{2R^2}{\underline{Z}_1}\right)} \underline{U}_0 \;.$$

Da $\underline{U}_2 = \underline{I}_2 R$ gilt, folgt hieraus

$$\underline{H} = \frac{\underline{U}_2}{\underline{U}_0} = \frac{1}{2} \frac{R - \dfrac{\underline{Z}_1}{2}}{R + \dfrac{\underline{Z}_1}{2}}.$$  (2)

*b*) Dem Bild 5.6b entnimmt man

$$\underline{Z}_1 = \frac{2}{j\omega C} + \frac{2R \cdot j2\omega CR^2}{2R + j2\omega CR^2} = \frac{2 + j2\omega CR - 2\omega^2 C^2 R^2}{j\omega C(1 + j\omega CR)}.$$

Es läßt sich leicht kontrollieren, daß $\underline{Z}_2 = R^2/\underline{Z}_1$ gilt. Führt man diesen Ausdruck für $\underline{Z}_1$ in die Gl.(2) ein, dann ergibt sich

$$\underline{H} = \frac{\underline{U}_2}{\underline{U}_0} = \frac{1}{-2 - j4\omega CR + 4\omega^2 C^2 R^2},$$  (3)

woraus sich

$$b_0 = -2, \qquad b_1 = -4CR, \qquad b_2 = 4C^2 R^2$$

ablesen läßt.

*c*) Da $\underline{U}_2 = k\underline{U}_V$ ist, also $\underline{U}_V = \underline{U}_2/k$ gilt, und da $\underline{U}_V$ die Sekundärspannung des Zweitors a und gleichzeitig die Primärspannung des Zweitors b ist, läßt sich der Sekundärstrom des Zweitors a in der Form

$$\underline{I}_2^{(a)} = \underline{y}_{21}^{(a)} \underline{U}_0 + \underline{y}_{22}^{(a)} \frac{\underline{U}_2}{k},$$

der Primärstrom des Zweitors b in der Form

$$\underline{I}_1^{(b)} = \underline{y}_{11}^{(b)} \frac{\underline{U}_2}{k} + \underline{y}_{12}^{(b)} \underline{U}_2$$

ausdrücken. Nach der Knotenregel muß die Summe dieser beiden Ströme verschwinden. So entsteht eine Beziehung zwischen den Spannungen $\underline{U}_0$ und $\underline{U}_2$, welche direkt das Spannungsverhältnis

$$\frac{\underline{U}_2}{\underline{U}_0} = \frac{-\underline{y}_{21}^{(a)}}{\underline{y}_{12}^{(b)} + \dfrac{1}{k}\left(\underline{y}_{11}^{(b)} + \underline{y}_{22}^{(a)}\right)}$$  (4)

liefert. Am Ergebnis ändert sich nichts, wenn man das Netzwerk mit einem Zweipol belastet, da der Netzwerkausgang mit dem Ausgang des idealen Verstärkers identisch ist.

*d)* Zur Berechnung der Admittanzmatrix-Elemente des Zweitors a wird dieses am Ausgang kurzgeschlossen und am Eingang mit der Spannung $\underline{U}_1^{(a)}$ erregt. Man erhält dann das Element $\underline{y}_{11}^{(a)}$ als primäre Eingangsadmittanz $\underline{I}_1^{(a)}/\underline{U}_1^{(a)}$, also

$$\underline{y}_{11}^{(a)} = \frac{1}{R + \dfrac{R}{1 + j\omega C_3 R}} = \frac{1}{R}\frac{1 + j\omega C_3 R}{2 + j\omega C_3 R}$$

und das Element $\underline{y}_{21}^{(a)}$ als Verhältnis von sekundärem Kurzschlußstrom zur Spannung $\underline{U}_1^{(a)}$, d.h. gemäß EN, Gl.(1.46b)

$$\underline{y}_{21}^{(a)} = -\frac{\dfrac{1}{j\omega C_3}}{R^2 + \dfrac{2R}{j\omega C_3}} = -\frac{1}{R}\frac{1}{2 + j\omega C_3 R}. \tag{5}$$

Zu beachten ist, daß wegen der Symmetrie des Zweitors $\underline{y}_{11}^{(a)} = \underline{y}_{22}^{(a)}$ und $\underline{y}_{21}^{(a)} = \underline{y}_{12}^{(a)}$ gilt. Damit ist die Admittanzmatrix des Zweitors a vollständig bekannt.

Das Zweitor b kann als Parallelschaltung zweier Teilzweitore aufgefaßt werden, von denen das eine sich gegenüber dem Zweitor a nur dadurch unterscheidet, daß statt der Kapazität $C_3$ die Kapazität $C_1$ auftritt. Das andere Teilzweitor enthält die beiden übrigen Netzwerkelemente, nämlich die Kapazität $C_2$ und den ohmschen Widerstand $2R$. Die gesuchten Admittanzmatrix-Elemente des Zweitors b ergeben sich durch Addition der entsprechenden Matrix-Elemente dieser beiden Teilzweitore, die sehr einfach zu berechnen sind. Man erhält

$$\underline{y}_{11}^{(b)} = \underline{y}_{22}^{(b)} = \frac{1}{2R} + j\omega C_2 + \frac{1}{R}\frac{1 + j\omega C_1 R}{2 + j\omega C_1 R}$$

und

$$\underline{y}_{12}^{(b)} = \underline{y}_{21}^{(b)} = -\frac{1}{2R} - j\omega C_2 - \frac{1}{R}\frac{1}{2 + j\omega C_1 R}. \tag{6}$$

*e)* Für $k \to \infty$ geht die Gl.(4) über in

$$\frac{\underline{U}_2}{\underline{U}_0} = -\frac{\underline{y}_{21}^{(a)}}{\underline{y}_{12}^{(b)}}.$$

Führt man hier die Gln.(5) und (6) mit $C_1 = C_3$ ein, dann erhält man das Spannungsverhältnis

$$\frac{\underline{U}_2}{\underline{U}_0} = \frac{1}{-2 - j\omega\left(\frac{C_1}{2} + 2C_2\right)R + \omega^2 C_1 C_2 R^2}. \quad (7)$$

Ein Vergleich der Gln.(3) und (7) ergibt die beiden Beziehungen

$$4CR = \left(\frac{C_1}{2} + 2C_2\right)R \quad \text{und} \quad 4C^2R^2 = C_1 C_2 R^2 \;.$$

Hieraus lassen sich die Kapazitätswerte

$$C_1 = 4C \quad \text{und} \quad C_2 = C$$

berechnen.

Beim Vergleich der Bilder 5.6a und 5.6c stellt man fest, daß das eine Netzwerk von einer Spannungsquelle mit Innenwiderstand, das andere dagegen von einer Urspannungsquelle erregt wird. Betrachtet man das Zweitor a im Bild 5.6d näher, dann stellt man fest, daß der links von der Kapazität $C_3$ liegende Widerstand $R$ nach der Zusammenschaltung der Zweitore gemäß Bild 5.6c formal als Innenwiderstand der Spannungsquelle angesehen werden kann. Das Zweitor a besteht dann nur noch aus der Kapazität $C_3$ und dem rechts davon liegenden Widerstand $R$. Durch die formale Zuordnung des links von $C_3$ liegenden Widerstands $R$ zur Spannungsquelle ändert sich an der Stromverteilung im Netzwerk und an der Spannung $\underline{U}_2$ natürlich nichts. Das gleiche gilt, wie bereits in der Lösung zu Teilaufgabe c erwähnt, auch für den Fall, daß der Spannungsverstärker mit dem Widerstand $R$ abgeschlossen ist.

## Aufgabe 5.7

Im folgenden sollen die unter der Bezeichnung *Norton-Transformation* bekannt gewordenen Zweitor-Äquivalenzbeziehungen hergeleitet werden.

*a*) Man ermittle die Kettenmatrizen der drei im Bild 5.7a dargestellten Zweitore.

*b*) Unter Verwendung der in Teilaufgabe *a* gewonnenen Ergebnisse bilde man die Kettenmatrizen für die beiden Zweitore im Bild 5.7b. Für den Sonderfall $\underline{Z}_{a1} = a\underline{Z}_{a2}$, wobei *a* eine frequenzunabhängige, reelle und positive Konstante bedeutet, sind die Impedanzen $\underline{W}_{a1}$, $\underline{W}_{a2}$ und das Übersetzungsverhältnis $ü_a$ derart zu bestimmen, daß die beiden Zweitore äquivalent sind, d.h. daß ihre Kettenmatrizen übereinstimmen.

*c*) Man löse das in Teilaufgabe *b* gestellte Problem auch für die beiden Zweitore von Bild 5.7c für den Sonderfall $\underline{Z}_{b2} = b\underline{Z}_{b1}$, wobei *b* eine frequenzunabhängige, reelle und positive Konstante bezeichnet.

*d*) Mit Hilfe der in den Teilaufgaben *b* und *c* ermittelten Äquivalenz-Transformationen soll der im Bild 5.7d gezeigte Zweipol in einen äquivalenten übertragerlosen umgewandelt werden, der eine Kapazität weniger enthält.

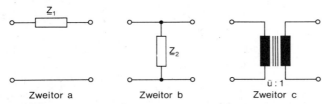

Bild 5.7a. Drei einfache Zweitore, deren Kettenmatrizen zu ermitteln sind.

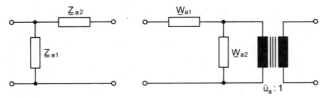

Bild 5.7b. Zwei Zweitore, deren Kettenmatrizen unter bestimmten Voraussetzungen übereinstimmen.

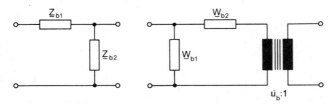

Bild 5.7c. Zwei Zweitore, deren Kettenmatrizen unter bestimmten Voraussetzungen übereinstimmen.

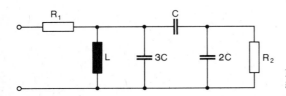

Bild 5.7d. Ein Zweipol, der in einen äquivalenten umgewandelt werden soll.

**Lösung zu Aufgabe 5.7**

a) Bezeichnet man entsprechend den in EN, Abschnitt 5.2.2.2 bei der Definition der Kettenmatrix festgelegten Bezugsrichtungen die Primärgrößen jeweils mit $\underline{U}_1, \underline{I}_1$ und die Sekundärgrößen mit $\underline{U}_2, \underline{I}'_2 (= -\underline{I}_2)$, dann lassen sich für das Zweitor a die Gleichungen

$$\underline{U}_1 = \underline{U}_2 + \underline{Z}_1 \underline{I}'_2,$$

$$\underline{I}_1 = \underline{I}'_2$$

anschreiben. Entsprechend erhält man für das Zweitor b die Beziehungen

$$\underline{U}_1 = \underline{U}_2,$$

$$\underline{I}_1 = \frac{\underline{U}_2}{\underline{Z}_2} + \underline{I}'_2$$

und für das Zweitor c

$$\underline{U}_1 = \ddot{u}\underline{U}_2,$$

$$\underline{I}_1 = \frac{\underline{I}'_2}{\ddot{u}}.$$

Aufgrund dieser Gleichungen können direkt die Kettenmatrizen der drei Zweitore angegeben werden:

$$\underline{A}^{(a)} = \begin{bmatrix} 1 & \underline{Z}_1 \\ 0 & 1 \end{bmatrix}, \quad \underline{A}^{(b)} = \begin{bmatrix} 1 & 0 \\ \frac{1}{\underline{Z}_2} & 1 \end{bmatrix}, \quad \underline{A}^{(c)} = \begin{bmatrix} \ddot{u} & 0 \\ 0 & \frac{1}{\ddot{u}} \end{bmatrix}.$$

b) Die Kettenmatrizen der Zweitore in den Bildern 5.7b lassen sich aufgrund der Ergebnisse von Teilaufgabe b folgendermaßen berechnen:

$$\underline{A}^{(Z_a)} = \begin{bmatrix} 1 & 0 \\ \frac{1}{\underline{Z}_{a1}} & 1 \end{bmatrix} \begin{bmatrix} 1 & \underline{Z}_{a2} \\ 0 & 1 \end{bmatrix} = \begin{bmatrix} 1 & \underline{Z}_{a2} \\ \frac{1}{\underline{Z}_{a1}} & \frac{\underline{Z}_{a2}}{\underline{Z}_{a1}} + 1 \end{bmatrix}, \quad (1a)$$

$$\underline{A}^{(W_a)} = \begin{bmatrix} 1 & \underline{W}_{a1} \\ 0 & 1 \end{bmatrix} \begin{bmatrix} 1 & 0 \\ \frac{1}{\underline{W}_{a2}} & 1 \end{bmatrix} \begin{bmatrix} \ddot{u}_a & 0 \\ 0 & \frac{1}{\ddot{u}_a} \end{bmatrix}$$

$$= \begin{bmatrix} \left(1 + \dfrac{\underline{W}_{a1}}{\underline{W}_{a2}}\right) \ddot{u}_a & \dfrac{\underline{W}_{a1}}{\ddot{u}_a} \\ \dfrac{\ddot{u}_a}{\underline{W}_{a2}} & \dfrac{1}{\ddot{u}_a} \end{bmatrix}. \qquad (1b)$$

Diese beiden Matrizen müssen für den Sonderfall $\underline{Z}_{a1}/\underline{Z}_{a2} = a$ in Übereinstimmung gebracht werden. Diese Forderung liefert die Beziehungen

$$1 = \left(1 + \dfrac{\underline{W}_{a1}}{\underline{W}_{a2}}\right) \ddot{u}_a, \qquad \underline{Z}_{a2} = \dfrac{\underline{W}_{a1}}{\ddot{u}_a}, \qquad (2a,b)$$

$$\dfrac{1}{a\underline{Z}_{a2}} = \dfrac{\ddot{u}_a}{\underline{W}_{a2}}, \qquad \dfrac{1}{a} + 1 = \dfrac{1}{\ddot{u}_a}. \qquad (2c,d)$$

Aus Gl.(2d) folgt als erste Umrechnungsformel

$$\ddot{u}_a = \dfrac{a}{1+a}.$$

Führt man dieses Ergebnis in die Gln.(2b) bzw. (2c) ein, so erhält man

$$\underline{W}_{a1} = \dfrac{a}{1+a} \underline{Z}_{a2} = \dfrac{1}{1+a} \underline{Z}_{a1}$$

und

$$\underline{W}_{a2} = \dfrac{a^2}{1+a} \underline{Z}_{a2} = \dfrac{a}{1+a} \underline{Z}_{a1} = a\underline{W}_{a1}.$$

Da aufgrund der Gln.(2b-d) jeweils drei Elemente der Matrizen $\underline{A}^{(Za)}$ und $\underline{A}^{(Wa)}$ zur Übereinstimmung gebracht wurden und da die Determinanten beider Matrizen den Wert Eins haben, müssen auch die restlichen Elemente identisch sein. Folglich ist auch die Gl.(2a) erfüllt.

c) Entsprechend der Vorgehensweise in Teilaufgabe $b$ lassen sich die Kettenmatrizen der beiden im Bild 5.7c dargestellten Zweitore ermitteln. Sie lauten

$$\underline{A}^{(Z_b)} = \begin{bmatrix} 1 + \dfrac{\underline{Z}_{b1}}{\underline{Z}_{b2}} & \underline{Z}_{b1} \\ \dfrac{1}{\underline{Z}_{b2}} & 1 \end{bmatrix}$$

und

$$\underline{A}^{(W_b)} = \begin{bmatrix} \ddot{u}_b & \dfrac{\underline{W}_{b2}}{\ddot{u}_b} \\ \dfrac{\ddot{u}_b}{\underline{W}_{b1}} & \left(\dfrac{\underline{W}_{b2}}{\underline{W}_{b1}} + 1\right)\dfrac{1}{\ddot{u}_b} \end{bmatrix}.$$

Mit $\underline{Z}_{b2} = b\underline{Z}_{b1}$ liefert die Identifizierung beider Matrizen die Umrechnungsbeziehungen

$$\ddot{u}_b = \frac{1+b}{b},$$

$$\underline{W}_{b1} = \frac{1+b}{b}\underline{Z}_{b2} = (1+b)\underline{Z}_{b1},$$

$$\underline{W}_{b2} = \frac{1+b}{b^2}\underline{Z}_{b2} = \frac{1+b}{b}\underline{Z}_{b1} = \frac{\underline{W}_{b1}}{b}.$$

*d*) Der im Bild 5.7d gezeigte Zweipol läßt sich mit Hilfe der Norton-Transformation auf zwei verschiedene Arten in ein äquivalentes Netzwerk umwandeln.
Eine Möglichkeit besteht darin, das aus den beiden Kapazitäten $C$ und $2C$ gebildete Zweitor im Innern des Zweipols von Bild 5.7d gemäß Teilaufgabe c mit $b = 1/2$ und $\underline{Z}_{b1} = 1/(j\omega C)$ durch ein äquivalentes Zweitor zu ersetzen. Dabei entstehen zwei Zweipole mit den Impedanzen $\underline{W}_{b1} = 3/(j2\omega C)$ und $\underline{W}_{b2} = 3/(j\omega C)$, d.h. zwei Kapazitäten $2C/3$ bzw. $C/3$ und ein idealer Übertrager mit dem Übersetzungsverhältnis $\ddot{u}_b = 3$. Faßt man die bereits im ursprünglichen Netzwerk vorhandene Kapazität $3C$ und die bei der Netzwerkumwandlung entstandene, parallel dazu liegende Kapazität $2C/3$ zu einer Kapazität $11C/3$ zusammen und vereinigt man den idealen Übertrager mit dem Widerstand $R_2$ zum Widerstand $\ddot{u}_b^2 R_2 = 9R_2$, dann entsteht schließlich als Ergebnis der im Bild 5.7e gezeigte äquivalente Zweipol.

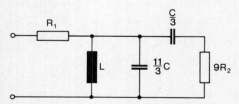

Bild 5.7e. Ergebnis einer ersten Äquivalenztransformation des im Bild 5.7d dargestellten Zweipols.

Einen äquivalenten Zweipol erhält man auch dadurch, daß man im Netzwerk von Bild 5.7d das aus den Kapazitäten $3C$ und $C$ gebildete Zweitor mit Hilfe der Ergebnisse von Teilaufgabe $b$ umwandelt. Der hierbei entstehende ideale Übertrager mit dem Übersetzungsverhältnis $ü_a = 1/4$ kann zusammen mit der Kapazität $2C$ und dem ohmschen Widerstand $R_2$, die rechts vom Übertragerausgang liegen, durch die Parallelanordnung einer Kapazität $2C/ü_a^2 = 32C$ und eines ohmschen Widerstands $ü_a^2 R_2 = R_2/16$ ersetzt werden. Faßt man schließlich noch die parallel zueinander liegenden Kapazitäten $12C$ und $32C$, die sich bei den geschilderten Maßnahmen ergeben, zu einer einzigen Kapazität zusammen, dann erhält man den im Bild 5.7f dargestellten Zweipol.

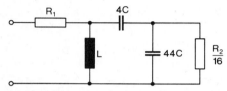

Bild 5.7f. Ergebnis einer zweiten Äquivalenztransformaton des im Bild 5.7d dargestellten Zweipols.

## Aufgabe 5.8

Im Bild 5.8a ist ein symmetrisches Zweitor dargestellt, das mit einem ohmschen Widerstand $R$ abgeschlossen ist und von einer harmonischen Urspannung $\underline{U}_1$ mit der Kreisfrequenz $\omega$ erregt wird. Im folgenden soll zunächst allgemein und danach am Beispiel eines struktursymmetrischen Zweitors der Fall untersucht werden, daß die Eingangsimpedanz des Zweitors unabhängig von $\omega$ gleich dem Abschlußwiderstand $R$ ist.

a) Man ermittle das Spannungsverhältnis $\underline{U}_2/\underline{U}_1$ und die Eingangsimpedanz $\underline{Z} = \underline{U}_1/\underline{I}_1$ des im Bild 5.8a dargestellten symmetrischen Zweitors in Abhängigkeit von seinen Impedanzmatrix-Elementen $\underline{z}_{\mu\nu}$ ($\mu, \nu = 1, 2$) und dem ohmschen Abschlußwiderstand $R$.

b) Welche Beziehung muß zwischen den Parametern $\underline{z}_{\mu\nu}$ und dem ohmschen Widerstand $R$ bestehen, damit die Eingangsimpedanz $\underline{Z}$ den Wert $R$ besitzt? Mit dem Ergebnis vereinfache man den in Teilaufgabe $a$ ermittelten Ausdruck für das Spannungsverhältnis $\underline{U}_2/\underline{U}_1$.

c) Man zeige, daß sich die in Teilaufgabe $b$ hergeleitete Beziehung auch aus der Forderung $|\underline{U}_2/\underline{U}_1| = 1$ ergibt, wenn man noch voraussetzt, daß die Impedanzmatrix-Elemente die Form $\underline{z}_{\mu\nu} = jX_{\mu\nu}$ ($\mu, \nu = 1, 2$) mit reellen Werten $X_{\mu\nu}$ besitzen, und wenn $|X_{11}| = |X_{12}|$ ausgeschlossen ist.

d) Unter der Annahme, daß das im Bild 5.8a dargestellte Zweitor die in EN, Abschnitt 5.2.2.4 genannten Voraussetzungen für die Anwendung des Bartlettschen Symmetrie-Theorems erfüllt, lassen sich die Impedanzmatrix-Elemente durch die Impedanzen $\underline{Z}_a = \underline{z}_{11} + \underline{z}_{12}$ und $\underline{Z}_b = \underline{z}_{11} - \underline{z}_{12}$ ausdrücken. Wie lauten die Ergebnisse von Teilaufgabe $b$, wenn anstelle der ursprünglich verwendeten Zweitor-Kenngrößen die Impedanzen $\underline{Z}_a$ und $\underline{Z}_b$ eingeführt werden?

e) Im Bild 5.8a soll nun als symmetrisches Zweitor das im Bild 5.8b dargestellte Netzwerk gewählt werden. Man bestimme zunächst in Abhängigkeit von $\omega$ und den

Bild 5.8a. Symmetrisches Zweitor mit äußerer Beschaltung.

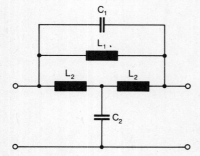

Bild 5.8b. Spezielle Wahl des im Bild 5.8a auftretenden symmetrischen Zweitors.

Netzwerkelementen dieses struktursymmetrischen Zweitors die Impedanzen $\underline{Z}_a$ und $\underline{Z}_b$. Welche Beziehungen müssen zwischen den Netzwerkelementen des Zweitors und dem Abschlußwiderstand $R$ bestehen, damit unabhängig von $\omega$ stets $\underline{Z} = R$ gilt? Man zeige, daß sich in diesem Fall der in Teilaufgabe $d$ hergeleitete Ausdruck für $\underline{U}_2/\underline{U}_1$ in der Form

$$\frac{\underline{U}_2}{\underline{U}_1} = \frac{a_0 - ja_1\omega - \omega^2}{a_0 + ja_1\omega - \omega^2} \tag{1}$$

schreiben läßt. Man ermittle die Werte der Netzwerkelemente für das Zweitor von Bild 5.8b in Abhängigkeit von den als gegeben zu betrachtenden Größen $a_0 > 0$, $a_1 > 0$ und $R$ unter der Voraussetzung $a_0 > a_1^2$.

*f)* Man zeige, daß das Netzwerk von Bild 5.8b durch eine geeignete Dreieck-Stern-Transformation in ein äquivalentes Zweitor nach Bild 5.8c umgewandelt werden kann, und bestimme die Netzwerkelemente des neuen Zweitors in Abhängigkeit von $L_1, L_2, C_1, C_2$ bzw. $a_0, a_1, R$.

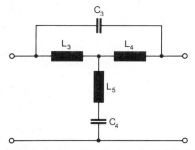

Bild 5.8c. Zum Zweitor von Bild 5.8b äquivalentes symmetrisches Zweitor.

### Lösung zu Aufgabe 5.8

*a)* Zwischen den im Bild 5.8a angegebenen Größen bestehen die Beziehungen

$$\underline{U}_1 = \underline{z}_{11}\underline{I}_1 + \underline{z}_{12}\underline{I}_2, \tag{2a}$$

$$\underline{U}_2 = \underline{z}_{21}\underline{I}_1 + \underline{z}_{22}\underline{I}_2, \tag{2b}$$

$$\underline{U}_2 = -R\underline{I}_2. \tag{2c}$$

Wegen der Symmetrie des Zweitors gilt weiterhin

$$\underline{z}_{11} = \underline{z}_{22} \quad \text{und} \quad \underline{z}_{12} = \underline{z}_{21}. \tag{3a,b}$$

Eliminiert man aus den Gln.(2a-c) die Ströme $\underline{I}_1$ und $\underline{I}_2$ und beachtet die Gln.(3a,b), dann erhält man das Spannungsverhältnis

$$\frac{\underline{U}_2}{\underline{U}_1} = \frac{\underline{z}_{12} R}{\underline{z}_{11}^2 - \underline{z}_{12}^2 + \underline{z}_{11} R} . \qquad (4)$$

Entsprechend ergibt sich durch Elimination der Größen $\underline{U}_2$ und $\underline{I}_2$ aus den Gln.(2a-c) die Eingangsimpedanz

$$\underline{Z} = \frac{\underline{U}_1}{\underline{I}_1} = \frac{\underline{z}_{11}^2 - \underline{z}_{12}^2 + \underline{z}_{11} R}{\underline{z}_{11} + R} . \qquad (5)$$

b) Die Forderung $\underline{Z} = R$ liefert aufgrund der Gl.(5) die Beziehung

$$R^2 = \underline{z}_{11}^2 - \underline{z}_{12}^2 . \qquad (6)$$

Berücksichtigt man diesen Zusammenhang in Gl.(4), dann ergibt sich das Spannungsverhältnis

$$\frac{\underline{U}_2}{\underline{U}_1} = \frac{\underline{z}_{12}}{\underline{z}_{11} + R} . \qquad (7)$$

c) Mit $\underline{z}_{\mu\nu} = j X_{\mu\nu}$ folgt aus Gl.(4)

$$\frac{\underline{U}_2}{\underline{U}_1} = \frac{j X_{12} R}{X_{12}^2 - X_{11}^2 + j X_{11} R}$$

und hieraus

$$\left|\frac{\underline{U}_2}{\underline{U}_1}\right|^2 = \frac{X_{12}^2 R^2}{(X_{12}^2 - X_{11}^2)^2 + X_{11}^2 R^2} .$$

Da dieser Ausdruck den Wert Eins annehmen soll, ergibt sich

$$\left( X_{12}^2 - X_{11}^2 \right) R^2 = \left( X_{12}^2 - X_{11}^2 \right)^2$$

oder nach Kürzung mit $X_{12}^2 - X_{11}^2 \neq 0$ die Gl.(6).

d) Aus $\underline{Z}_a = \underline{z}_{11} + \underline{z}_{12}$ und $\underline{Z}_b = \underline{z}_{11} - \underline{z}_{12}$ erhält man direkt

$$\underline{z}_{11} = \frac{\underline{Z}_a + \underline{Z}_b}{2}, \qquad \underline{z}_{12} = \frac{\underline{Z}_a - \underline{Z}_b}{2} . \qquad (8a,b)$$

Mit diesen beiden Beziehungen läßt sich die Gl.(6) in der Form

$$R^2 = \underline{Z}_a \underline{Z}_b \qquad (9)$$

ausdrücken. Ersetzt man auch in Gl.(7) die Größen $\underline{z}_{11}$ und $\underline{z}_{12}$ durch die rechten Seiten der Gln.(8a,b), dann erhält man

$$\frac{\underline{U}_2}{\underline{U}_1} = \frac{\underline{Z}_a - \underline{Z}_b}{\underline{Z}_a + \underline{Z}_b + 2R}$$

oder mit $\underline{Z}_b = R^2/\underline{Z}_a$

$$\frac{\underline{U}_2}{\underline{U}_1} = \frac{\underline{Z}_a^2 - R^2}{(\underline{Z}_a + R)^2} \, .$$

Nach Kürzung[1]) des im Zähler und Nenner enthaltenen Faktors $\underline{Z}_a + R$ entsteht die endgültige Darstellung

$$\frac{\underline{U}_2}{\underline{U}_1} = \frac{\underline{Z}_a - R}{\underline{Z}_a + R} \, . \qquad (10)$$

e) Stellt man die Kapazität $C_1$ als Reihenschaltung zweier Kapazitäten $2C_1$, die Induktivität $L_1$ als Reihenschaltung zweier Induktivitäten $L_1/2$ und die Kapazität $C_2$ als Parallelschaltung zweier Kapazitäten $C_2/2$ dar, dann kann das im Bild 5.8b dargestellte Zweitor in zwei zueinander symmetrische Teile zerlegt werden, und man erhält

$$\underline{Z}_a = j\omega L_2 + \frac{2}{j\omega C_2} = \frac{2 - \omega^2 L_2 C_2}{j\omega C_2} \qquad (11a)$$

und

$$\underline{Z}_b = \frac{1}{\frac{2}{j\omega L_1} + j2\omega C_1 + \frac{1}{j\omega L_2}} = \frac{j\omega L_1 L_2}{L_1 + 2L_2 - 2\omega^2 L_1 L_2 C_1} \, . \qquad (11b)$$

---

[1]) Es wird $\underline{Z}_a \neq -R$ angenommen. Diese Voraussetzung ist bei Zweitoren, die nur Widerstände, Induktivitäten, Kapazitäten und Übertrager enthalten, in jedem Fall erfüllt.

Die Forderung $\underline{Z} = R$ wird erfüllt, wenn die beiden Impedanzen $\underline{Z}_a$ und $\underline{Z}_b$ durch die Gl.(9) miteinander verknüpft sind. Führt man die Gln.(11a,b) in die Gl.(9) ein, so entsteht nach kurzer Rechnung die Gleichung

$$2L_1L_2 - \omega^2 L_1 L_2^2 C_2 = (L_1 + 2L_2)C_2 R^2 - 2\omega^2 L_1 L_2 C_1 C_2 R^2,$$

die für beliebige Werte von $\omega$ erfüllt sein muß. Durch Koeffizientenvergleich ergeben sich, bereits in gekürzter Form, die Beziehungen

$$L_2 = 2C_1 R^2 \tag{12a}$$

und

$$2L_1L_2 = (L_1 + 2L_2)C_2 R^2. \tag{12b}$$

Aus den Gln.(10) und (11a) folgt für das Zweitor von Bild 5.8b unter der Voraussetzung $\underline{Z} = R$ das Spannungsverhältnis

$$\frac{\underline{U}_2}{\underline{U}_1} = \frac{\dfrac{2}{L_2 C_2} - j\omega \dfrac{R}{L_2} - \omega^2}{\dfrac{2}{L_2 C_2} + j\omega \dfrac{R}{L_2} - \omega^2}. \tag{13}$$

Ein Vergleich zwischen den Gln.(1) und (13) liefert

$$L_2 = \frac{R}{a_1} \quad \text{und} \quad C_2 = \frac{2a_1}{a_0 R}.$$

Beachtet man noch, daß wegen $\underline{Z} = R$ die Gln.(12a,b) gelten, dann erhält man

$$C_1 = \frac{1}{2a_1 R} \quad \text{und} \quad L_1 = \frac{2a_1 R}{a_0 - a_1^2}.$$

Damit sind die Werte sämtlicher Netzwerkelemente im Zweitor von Bild 5.8b festgelegt und aufgrund der Voraussetzungen $a_1 > 0$ und $a_0 > a_1^2$ positiv.

*f)* Das aus den Induktivitäten $L_1, L_2, L_2$ bestehende Dreieck im Bild 5.8b wird nach EN, Abschnitt 5.3.1 in einen Induktivitätsstern umgewandelt. Es ergeben sich dadurch die Induktivitäten

$$L_3 = L_4 = \frac{L_1 L_2}{L_1 + 2L_2} = \frac{a_1}{a_0} R$$

und

$$L_5 = \frac{L_2^2}{L_1 + 2L_2} = \frac{a_0 - a_1^2}{2a_0 a_1} R$$

für das Zweitor von Bild 5.8c. Im übrigen gilt

$$C_3 = C_1 = \frac{1}{2a_1 R} \qquad \text{und} \qquad C_4 = C_2 = \frac{2a_1}{a_0 R}.$$

**Aufgabe 5.9**

Das Bild 5.9a zeigt ein Netzwerk in Form eines Rades, dessen sämtliche Zweige den gleichen Widerstand $r$ besitzen.
Man bestimme auf möglichst einfache Weise den Widerstand $R$ zwischen den Knoten A und B.

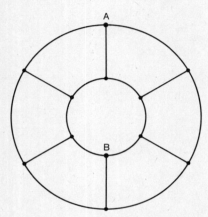

Bild 5.9a. Drahtnetzwerk.

**Lösung zu Aufgabe 5.9**

Denkt man sich das Netzwerk an seinen Knoten A und B mit den Klemmen einer Gleichstromquelle verbunden, dann entsteht eine Stromverteilung, die spiegelbildlich bezüglich der durch A und B verlaufenden Symmetrieachse des Netzwerks sein muß. Daher hat jeder Knoten in der linken Hälfte des Netzwerks das gleiche Potential wie der dazu symmetrische Knoten in der rechten Netzwerkhälfte. Diese Knoten gleichen Potentials dürfen kurzgeschlossen werden, ohne daß sich die Spannungen und Ströme im Netzwerk ändern. Nach dem Zusammenfassen parallel liegender Widerstände erhält man das im Bild 5.9b dargestellte Netzwerk, das aufgrund der obigen Feststellungen zwischen den Knoten A und B den gleichen ohmschen Widerstand wie das ursprüngliche Netzwerk aufweisen muß.
Die zwischen den Knoten A, C und D bzw. B, E und F liegenden Teile des Netzwerks werden nun mit Hilfe der Dreieck-Stern-Transformation umgewandelt. Dadurch entsteht ein Netzwerk (Bild 5.9c), das nur aus Parallel- und Reihenschaltungen ohmscher Widerstände gebildet wird. Für den gesuchten Widerstand zwischen den Knoten A und B ergibt sich somit der Wert

$$R = \frac{3}{10}r + \frac{1}{2}\left(\frac{1}{10}r + \frac{1}{2}r + \frac{3}{10}r\right) + \frac{3}{10}r = \frac{21}{20}r.$$

## 5. Mehrpolige Netzwerke  Lösung 5.9  223

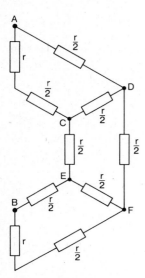

Bild 5.9b. Vereinfachtes Netzwerk zur Ermittlung des Widerstands $R$.

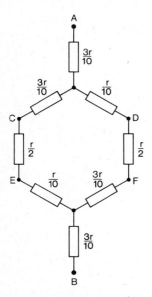

Bild 5.9c. Weitere Vereinfachung des Netzwerks zur Ermittlung des Widerstands $R$.

## Aufgabe 5.10

Über die zwischen drei Klemmen X, Y und Z auftretenden Spannungen $\underline{U}_{XY}$, $\underline{U}_{YZ}$, $\underline{U}_{ZX}$ sei bekannt, daß sie ein symmetrisches Dreiphasensystem bilden. Die zunächst noch unbekannte Phasenfolge dieser drei Spannungen ist mit Hilfe einer einfachen Meßanordnung zu bestimmen.

*a)* Man stelle jede der beiden möglichen Phasenfolgen von $\underline{U}_{XY}$, $\underline{U}_{YZ}$, $\underline{U}_{ZX}$ in einem Zeigerdiagramm dar.

*b)* Wie kann die Phasenfolge von $\underline{U}_{XY}$, $\underline{U}_{YZ}$, $\underline{U}_{ZX}$ mit zwei Spannungsmessungen bestimmt werden, wenn neben einem Voltmeter mit unendlich großem Eingangswiderstand noch ein ohmscher Widerstand $R$ und eine Kapazität $C$ zur Verfügung stehen?

## Lösung zu Aufgabe 5.10

*a)* Im Bild 5.10a sind die beiden möglichen Phasenfolgen durch Zeigerdiagramme dargestellt. Im ersten Zeigerdiagramm bilden die Spannungen $\underline{U}_{XY}$, $\underline{U}_{YZ}$ und $\underline{U}_{ZX}$ ein Mit- oder Rechtssystem, im zweiten ein Gegen- oder Linkssystem.

*b)* Wählt man die Meßanordnung nach Bild 5.10b, dann bestehen für das Zeigerdiagramm der Spannungen prinzipiell die beiden im Bild 5.10c angegebenen Möglichkeiten.

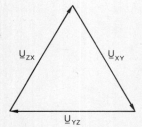 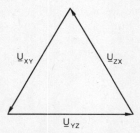

Bild 5.10a. Die beiden Möglichkeiten für das Zeigerdiagramm eines symmetrischen Dreiphasensystems.

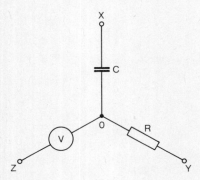

Bild 5.10b. Eine erste Meßanordnung.

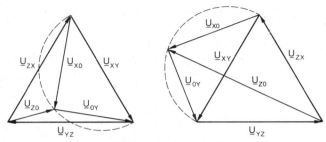

Bild 5.10c. Die beiden Möglichkeiten für das Zeigerdiagramm der bei der ersten Meßanordnung auftretenden Spannungen.

In beiden Fällen, also unabhängig davon, ob $\underline{U}_{XY}$, $\underline{U}_{YZ}$ und $\underline{U}_{ZX}$ ein Rechts- oder ein Linkssystem bilden, ist $\underline{U}_{X0}$ gegenüber $\underline{U}_{0Y}$ um den Winkel $-\pi/2$ phasenverschoben. Daher liegt die Spitze des Spannungszeigers $\underline{U}_{X0}$ auf dem Thaleskreis über dem Zeiger $\underline{U}_{XY}$, und $\underline{U}_{XY}$ eilt gegenüber $\underline{U}_{X0}$ um einen Phasenwinkel voraus, dessen Wert von $R$, $C$ sowie der Kreisfrequenz $\omega$ abhängt und stets kleiner als $\pi/2$ sein muß.

Wird dagegen die Meßanordnung nach Bild 5.10d gewählt, dann ist im Prinzip nur eines der beiden im Bild 5.10e angegebenen Zeigerdiagramme möglich, je nachdem, ob die Spannungen $\underline{U}_{XY}$, $\underline{U}_{YZ}$, $\underline{U}_{ZX}$ ein Rechts- oder ein Linkssystem bilden. In jedem Fall eilt die Spannung $\underline{U}_{X0}$ der Spannung $\underline{U}_{XY}$ um einen Phasenwinkel voraus, der kleiner als $\pi/2$ ist.

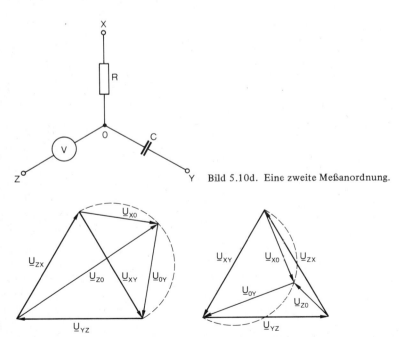

Bild 5.10d. Eine zweite Meßanordnung.

Bild 5.10e. Die beiden Möglichkeiten für das Zeigerdiagramm der bei der zweiten Meßanordnung auftretenden Spannungen.

Aufgrund der vorstehenden Überlegungen bieten sich die beiden folgenden Meßverfahren an.

1. Möglichkeit: Man mißt zunächst zwischen zwei Klemmen, beispielsweise X und Y, den Effektivwert der Spannung und anschließend mit der Meßanordnung nach Bild 5.10b den Effektivwert $U_{Z0}$. Falls $U_{Z0}$ kleiner als $U_{XY}$ ist, bilden $\underline{U}_{XY}, \underline{U}_{YZ}, \underline{U}_{ZX}$ ein Rechtssystem, andernfalls ein Linkssystem.

2. Möglichkeit: Man mißt den Effektivwert $U_{Z0}$ zunächst bei der Anordnung nach Bild 5.10b und anschließend bei der Anordnung nach Bild 5.10d. Die Meßwerte seien $U_{Z0}^{(1)}$ bzw. $U_{Z0}^{(2)}$ in der Reihenfolge der Messungen. Falls $U_{Z0}^{(1)} < U_{Z0}^{(2)}$ ist, liegt ein Rechtssystem vor, andernfalls handelt es sich um ein Linkssystem.

# Aufgabe 5.11

Ein symmetrischer ohmscher Dreipol wird von einer harmonischen Spannungsquelle $\underline{U}_N$ mit der festen Kreisfrequenz $\omega_N$ über einen verlustfreien Fünfpol gespeist (Bild 5.11).

*a)* Wie müssen die Parameter $L$ und $C$ gewählt werden, damit die Spannungen $\underline{U}_{RS}$, $\underline{U}_{ST}$, $\underline{U}_{TR}$ für die Kreisfrequenz $\omega_N$ und die gegebene Belastung ein symmetrisches Rechtssystem bilden?

*b)* Durch welche einfache Änderung am Fünfpol kann man erreichen, daß sich die Phasenfolge umkehrt, d.h. daß $\underline{U}_{RS}$, $\underline{U}_{ST}$, $\underline{U}_{TR}$ ein symmetrisches Linkssystem bilden?

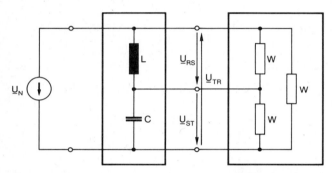

Bild 5.11. Netzwerk zur Erzeugung eines symmetrischen Dreiphasensystems aus einer einzigen harmonischen Spannung.

## Lösung zu Aufgabe 5.11

*a)* Unabhängig von der Wahl der Parameter $L$ und $C$ gilt

$$\underline{U}_{RS} + \underline{U}_{ST} + \underline{U}_{TR} = 0 \quad \text{und} \quad \underline{U}_{TR} = -\underline{U}_N .$$

Die Spannungen $\underline{U}_{RS}$ und $\underline{U}_{ST}$ verhalten sich zueinander wie die Impedanzen, an denen sie auftreten:

$$\frac{\underline{U}_{RS}}{\underline{U}_{ST}} = \frac{j\omega_N L W}{j\omega_N L + W} \cdot \frac{\dfrac{1}{j\omega_N C} + W}{\dfrac{1}{j\omega_N C} W} = \frac{j\omega_N L(1 + j\omega_N C W)}{j\omega_N L + W} . \tag{1}$$

Damit $\underline{U}_{RS}, \underline{U}_{ST}, \underline{U}_{TR}$ ein symmetrisches Rechtssystem bilden, muß

$$\frac{\underline{U}_{RS}}{\underline{U}_{ST}} = e^{j2\pi/3} = \frac{-1 + j\sqrt{3}}{2}$$

gefordert werden. Hieraus erhält man mit Gl.(1) die Beziehung

$$j\omega_N L - \omega_N^2 LCW = -j\frac{\omega_N L}{2} - \frac{\sqrt{3}\omega_N L}{2} - \frac{W}{2} + j\frac{\sqrt{3}W}{2}.$$

Aus dem Vergleich der Imaginärteile ergibt sich

$$L = \frac{W}{\sqrt{3}\omega_N}, \qquad (2a)$$

und aus dem Vergleich der Realteile folgt unter Berücksichtigung von Gl.(2a)

$$-\frac{\omega_N^2 CW^2}{\sqrt{3}\omega_N} = -\frac{\sqrt{3}\omega_N W}{2\sqrt{3}\omega_N} - \frac{W}{2}$$

oder

$$C = \frac{\sqrt{3}}{\omega_N W}. \qquad (2b)$$

b) Die Phasenfolge der Spannungen $\underline{U}_{RS}$, $\underline{U}_{ST}$, $\underline{U}_{TR}$ kann entweder durch Vertauschen zweier beliebiger Klemmen am Ausgang des Fünfpols oder durch Vertauschen der beiden Elemente $L$ und $C$ im Fünfpol umgekehrt werden.

**Aufgabe 5.12**

Das im Bild 5.12 dargestellte Netzwerk kann bei geeigneter Dimensionierung der Impedanzen $\underline{Z}_a$ und $\underline{Z}_b$ dazu verwendet werden, um aus einem unsymmetrischen harmonischen Dreiphasensystem mit den Leiterspannungen $\underline{U}_{RS}, \underline{U}_{ST}, \underline{U}_{TR}$ der Kreisfrequenz $\omega$ entweder das Mitsystem oder das Gegensystem der Leiterspannungen zu gewinnen. Das Netzwerk soll an den Ausgangsklemmen r, s, t unbelastet sein. Unter dieser Voraussetzung sind im folgenden die Bedingungen abzuleiten, denen $\underline{Z}_a$ und $\underline{Z}_b$ genügen müssen, damit die Ausgangsspannungen $\underline{U}_{rs}, \underline{U}_{st}, \underline{U}_{tr}$, abgesehen von einer Phasenverschiebung, mit den jeweils gewünschten symmetrischen Komponenten der Leiterspannungen $\underline{U}_{RS}, \underline{U}_{ST}, \underline{U}_{TR}$ übereinstimmen.

Dabei ist zu beachten, daß ebenso wie die Sternleiterspannungen auch beliebige andere Größen $\underline{X}_1, \underline{X}_2, \underline{X}_3$ (z.B. Leiterströme, Strangströme, Leiterspannungen) eines unsymmetrischen Dreiphasensystems durch ihre symmetrischen Komponenten $\underline{X}_m, \underline{X}_g, \underline{X}_0$ folgendermaßen ausgedrückt werden können:

$$\begin{bmatrix} \underline{X}_1 \\ \underline{X}_2 \\ \underline{X}_3 \end{bmatrix} = \underline{T} \begin{bmatrix} \underline{X}_m \\ \underline{X}_g \\ \underline{X}_0 \end{bmatrix} \tag{1}$$

mit

$$\underline{T} = \begin{bmatrix} 1 & 1 & 1 \\ a^2 & a & 1 \\ a & a^2 & 1 \end{bmatrix} \quad \text{und} \quad a = e^{j2\pi/3} . \tag{2a,b}$$

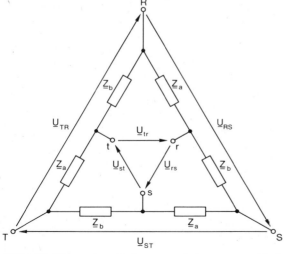

Bild 5.12. Netzwerk, mit dem aus einem unsymmetrischen Dreiphasensystem das Mit- oder das Gegensystem gewonnen werden kann.

## Aufgabe 5.12

*a*) Man drücke die Leiterspannungen $\underline{U}_{rs}$, $\underline{U}_{st}$, $\underline{U}_{tr}$ am Ausgang des Netzwerks von Bild 5.12 durch die Leiterspannungen $\underline{U}_{RS}$, $\underline{U}_{ST}$, $\underline{U}_{TR}$ am Eingang aus und bringe das Ergebnis in Matrizenform.

*b*) Aus dem Ergebnis der Teilaufgabe *a* berechne man die Spannungen $\underline{U}_m^{(a)}$, $\underline{U}_g^{(a)}$, $\underline{U}_0^{(a)}$ des Mit-, Gegen- bzw. Nullsystems am Ausgang des Netzwerks als Funktion der Spannungen $\underline{U}_m^{(e)}$, $\underline{U}_g^{(e)}$, $\underline{U}_0^{(e)}$ des Mit-, Gegen- bzw. Nullsystems am Eingang.

*c*) Man zeige, daß die Leiterspannungen eines jeden unsymmetrischen Dreiphasensystems keine Nullkomponente enthalten können.

*d*) Welcher Zusammenhang muß zwischen den Impedanzen $\underline{Z}_a$ und $\underline{Z}_b$ bestehen, damit die Leiterspannungen $\underline{U}_{rs}$, $\underline{U}_{st}$, $\underline{U}_{tr}$ am Ausgang nur noch das Mitsystem enthalten? Man gebe an, in welchen Wertebereichen Betrag und Phase von $\underline{Z}_a$ und $\underline{Z}_b$ liegen dürfen, wenn die Zweipole im Netzwerk von Bild 5.12 passiv sind. Welchen Wert hat die Mitsystem-Komponente $\underline{U}_m^{(a)}$?

*e*) Wie lauten die entsprechenden Ergebnisse für den Fall, daß die Leiterspannungen am Ausgang nur noch das Gegensystem enthalten?


**Lösung zu Aufgabe 5.12**

*a*) Dem Netzwerk von Bild 5.12 entnimmt man direkt die Beziehungen

$$\underline{U}_{rs} = \underline{U}_{rS} + \underline{U}_{Ss} = \frac{\underline{Z}_b}{\underline{Z}_a + \underline{Z}_b} \underline{U}_{RS} + \frac{\underline{Z}_a}{\underline{Z}_a + \underline{Z}_b} \underline{U}_{ST} ,$$

$$\underline{U}_{st} = \underline{U}_{sT} + \underline{U}_{Tt} = \frac{\underline{Z}_b}{\underline{Z}_a + \underline{Z}_b} \underline{U}_{ST} + \frac{\underline{Z}_a}{\underline{Z}_a + \underline{Z}_b} \underline{U}_{TR} ,$$

$$\underline{U}_{tr} = \underline{U}_{tR} + \underline{U}_{Rr} = \frac{\underline{Z}_b}{\underline{Z}_a + \underline{Z}_b} \underline{U}_{TR} + \frac{\underline{Z}_a}{\underline{Z}_a + \underline{Z}_b} \underline{U}_{RS} .$$

Diese Gleichungen lassen sich mit den Abkürzungen

$$\underline{\lambda} = \frac{\underline{Z}_a}{\underline{Z}_a + \underline{Z}_b} \tag{3a}$$

und

$$\underline{N} = \begin{bmatrix} 1-\underline{\lambda} & \underline{\lambda} & 0 \\ 0 & 1-\underline{\lambda} & \underline{\lambda} \\ \underline{\lambda} & 0 & 1-\underline{\lambda} \end{bmatrix} \tag{3b}$$

in der Form

$$\begin{bmatrix} \underline{U}_{rs} \\ \underline{U}_{st} \\ \underline{U}_{tr} \end{bmatrix} = \underline{N} \begin{bmatrix} \underline{U}_{RS} \\ \underline{U}_{ST} \\ \underline{U}_{TR} \end{bmatrix} \qquad (4)$$

schreiben.

b) Die Leiterspannungen in Gl.(4) werden auf beiden Seiten gemäß den Gln.(1), (2a,b) durch symmetrische Komponenten ausgedrückt. Auf diese Weise erhält man die Beziehung

$$\underline{T} \begin{bmatrix} \underline{U}_m^{(a)} \\ \underline{U}_g^{(a)} \\ \underline{U}_0^{(a)} \end{bmatrix} = \underline{N}\,\underline{T} \begin{bmatrix} \underline{U}_m^{(e)} \\ \underline{U}_g^{(e)} \\ \underline{U}_0^{(e)} \end{bmatrix}$$

oder

$$\begin{bmatrix} \underline{U}_m^{(a)} \\ \underline{U}_g^{(a)} \\ \underline{U}_0^{(a)} \end{bmatrix} = \underline{T}^{-1}\underline{N}\,\underline{T} \begin{bmatrix} \underline{U}_m^{(e)} \\ \underline{U}_g^{(e)} \\ \underline{U}_0^{(e)} \end{bmatrix}. \qquad (5)$$

Die Matrix $\underline{T}^{-1}$ erhält man entweder durch Inversion der Matrix $\underline{T}$ oder direkt aufgrund von EN, Gln.(5.34a-c):

$$\underline{T}^{-1} = \frac{1}{3}\begin{bmatrix} 1 & a & a^2 \\ 1 & a^2 & a \\ 1 & 1 & 1 \end{bmatrix}. \qquad (6)$$

Für das auf der rechten Seite von Gl.(5) stehende Produkt aus drei Matrizen ergibt sich mit den Gln.(2a), (3b) und (6) nach einer Zwischenrechnung

$$\underline{T}^{-1}\underline{N}\,\underline{T} = \begin{bmatrix} 1+(a^2-1)\underline{\lambda} & 0 & 0 \\ 0 & 1+(a-1)\underline{\lambda} & 0 \\ 0 & 0 & 1 \end{bmatrix}. \qquad (7)$$

Dabei sind die Zusammenhänge $a^3 = 1$ und $1 + a + a^2 = 0$ berücksichtigt. Durch Einführung der Gl.(7) in Gl.(5) folgt nunmehr als Ergebnis

$$\underline{U}_m^{(a)} = [1 + (a^2 - 1)\underline{\lambda}]\,\underline{U}_m^{(e)}\,, \tag{8a}$$

$$\underline{U}_g^{(a)} = [1 + (a - 1)\underline{\lambda}]\,\underline{U}_g^{(e)}\,, \tag{8b}$$

$$\underline{U}_0^{(a)} = \underline{U}_0^{(e)}\,. \tag{8c}$$

*c*) Wie man den Gln.(1) und (6) entnehmen kann, gilt für das Nullsystem allgemein

$$\underline{X}_0 = \frac{1}{3}(\underline{X}_1 + \underline{X}_2 + \underline{X}_3)\,.$$

Falls $\underline{X}_1, \underline{X}_2, \underline{X}_3$ die Leiterspannungen eines beliebigen unsymmetrischen Dreiphasensystems sind, bilden sie ein geschlossenes Dreieck; ihre Summe ist also gleich Null, d.h. ein System von Leiterspannungen enthält keine Nullkomponente.

*d*) Damit $\underline{U}_g^{(a)}$ verschwindet, muß nach Gl.(8b)

$$1 + (a - 1)\underline{\lambda} = 0$$

gelten. Hieraus folgt

$$\underline{\lambda} = \frac{1}{1 + \dfrac{\underline{Z}_b}{\underline{Z}_a}} = \frac{1}{1 - a}\,, \tag{9}$$

d.h.

$$\frac{\underline{Z}_b}{\underline{Z}_a} = -a = e^{-j\pi/3}$$

oder

$$|\underline{Z}_b| = |\underline{Z}_a| \quad \text{und} \quad \arg\underline{Z}_b = \arg\underline{Z}_a - \frac{\pi}{3}\,.$$

Die Beträge der Impedanzen $\underline{Z}_a$ und $\underline{Z}_b$ müssen im Intervall

$$0 < |\underline{Z}_a| = |\underline{Z}_b| < \infty$$

liegen. Da die Zweipole im Netzwerk von Bild 5.12 passiv sein sollen, dürfen $\arg\underline{Z}_a$ und

$\arg \underline{Z}_b$ dem Betrag nach den Wert $\pi/2$ nicht überschreiten. Somit ergeben sich für die Argumente die zulässigen Intervalle

$$-\frac{\pi}{6} \leq \arg \underline{Z}_a \leq \frac{\pi}{2} \quad \text{und} \quad -\frac{\pi}{2} \leq \arg \underline{Z}_b \leq \frac{\pi}{6}.$$

Aus den Gln.(8a) und (9) erhält man die Mitsystem-Komponente

$$\underline{U}_m^{(a)} = \left(1 + \frac{a^2 - 1}{1 - a}\right) \underline{U}_m^{(e)} = e^{-j\pi/3} \underline{U}_m^{(e)}.$$

Die Spannungen $\underline{U}_{rs}$, $\underline{U}_{st}$, $\underline{U}_{tr}$ stimmen also bis auf eine Phasenverschiebung um $-\pi/3$ mit den Komponenten des Mitsystems der Leiterspannungen $\underline{U}_{RS}$, $\underline{U}_{ST}$, $\underline{U}_{TR}$ überein.

e) Damit $\underline{U}_m^{(a)}$ verschwindet, muß nach Gl.(8a)

$$\underline{\lambda} = \frac{1}{1 - a^2} \tag{10}$$

gelten. Hieraus folgt aufgrund von Gl.(3a)

$$\underline{Z}_b = -a^2 \underline{Z}_a = e^{j\pi/3} \underline{Z}_a$$

oder

$$|\underline{Z}_b| = |\underline{Z}_a| \quad \text{und} \quad \arg \underline{Z}_b = \arg \underline{Z}_a + \frac{\pi}{3}.$$

Für die Argumente der Impedanzen $\underline{Z}_a$ und $\underline{Z}_b$ ergeben sich somit wegen der Passivität der Zweipole die zulässigen Intervalle

$$-\frac{\pi}{2} \leq \arg \underline{Z}_a \leq \frac{\pi}{6} \quad \text{und} \quad -\frac{\pi}{6} \leq \arg \underline{Z}_b \leq \frac{\pi}{2}.$$

Aus den Gln.(8b) und (10) erhält man die Gegensystem-Komponente

$$\underline{U}_g^{(a)} = \frac{a}{1 + a} \underline{U}_g^{(e)} = e^{j\pi/3} \underline{U}_g^{(e)}.$$

Die Spannungen $\underline{U}_{rs}$, $\underline{U}_{st}$, $\underline{U}_{tr}$ stimmen also bis auf eine Phasenverschiebung um $\pi/3$ mit den Komponenten des Gegensystems der Leiterspannungen $\underline{U}_{RS}$, $\underline{U}_{ST}$, $\underline{U}_{TR}$ überein.

## Aufgabe 5.13

Eine ausgangsseitig unbelastete Kettenschaltung dreier Zweitore wird durch eine harmonische Spannungsquelle $\underline{U}_e$ mit der Kreisfrequenz $\omega$ erregt (Bild 5.13a). Das mittlere der drei Zweitore enthält neben zwei ohmschen Widerständen eine gesteuerte Stromquelle, deren Stromstärke proportional zu der zwischen den Knoten 1 und $1'$ auftretenden Spannung $\underline{U}_S$ ist.

*a)* Man stelle die Kettenmatrizen $\underline{A}^{(\mu)}$ ($\mu = 1, 2, 3$) der drei Zweitore aus Bild 5.13a auf.

*b)* Man zeige, daß die Kettenmatrix des mittleren Zweitors für $a \to \infty$ die Form

$$\underline{A}^{(2)} = \begin{bmatrix} -1 & 0 \\ 0 & 1 \end{bmatrix} \tag{1}$$

besitzt.

*c)* Man ermittle für den Sonderfall $a \to \infty$ das Spannungsverhältnis $\underline{U}_a/\underline{U}_e$ in Abhängigkeit von der normierten Kreisfrequenz $\Omega = \omega CR$.

*d)* Man stelle das Verhältnis $\underline{U}_a/\underline{U}_e$ durch eine nach $x = \Omega - 1/\Omega$ bezifferte Ortskurve dar.

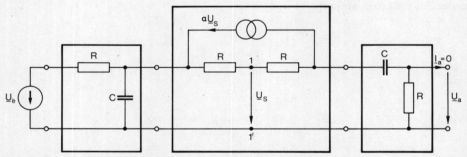

Bild 5.13a. Kettenschaltung dreier Zweitore mit Erregung durch eine Spannungsquelle.

## Lösung zu Aufgabe 5.13

*a)* Das erste und das dritte Zweitor der Kettenschaltung von Bild 5.13a haben die im Bild 5.13b gezeigte Struktur. Hierfür kann man in folgender Weise die Elemente $\underline{a}_{\mu\nu}$

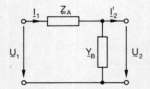

Bild 5.13b. Allgemeine Struktur der im Bild 5.13a auftretenden $RC$-Zweitore.

der Kettenmatrix mit Hilfe der Impedanz $\underline{Z}_A$ und der Admittanz $\underline{Y}_B$ ausdrücken. Für $\underline{I}'_2 = 0$ gilt offensichtlich

$$\underline{a}_{11} = \frac{\underline{U}_1}{\underline{U}_2} = \underline{Z}_A \underline{Y}_B + 1 \quad \text{und} \quad \underline{a}_{21} = \frac{\underline{I}_1}{\underline{U}_2} = \underline{Y}_B \; ;$$

für $\underline{U}_2 = 0$ gilt

$$\underline{a}_{12} = \frac{\underline{U}_1}{\underline{I}'_2} = \underline{Z}_A \quad \text{und} \quad \underline{a}_{22} = \frac{\underline{I}_1}{\underline{I}'_2} = 1 \; .$$

Mit $\underline{Z}_A = R$ und $\underline{Y}_B = j\omega C$ erhält man hieraus die Kettenmatrix

$$\underline{A}^{(1)} = \begin{bmatrix} 1 + j\omega CR & R \\ j\omega C & 1 \end{bmatrix} \tag{2}$$

des ersten Zweitors, und mit $\underline{Z}_A = 1/j\omega C$ und $\underline{Y}_B = 1/R$ ergibt sich die Kettenmatrix

$$\underline{A}^{(3)} = \begin{bmatrix} 1 + \dfrac{1}{j\omega CR} & \dfrac{1}{j\omega C} \\ \dfrac{1}{R} & 1 \end{bmatrix} \tag{3}$$

des dritten Zweitors.

Zur Berechnung der Kettenmatrix des zweiten Zweitors wird auf die Knoten a, b und c dieses Zweitors (Bild 5.13c) im Sinne des Knotenpotentialverfahrens die Knotenregel angewendet, wodurch sich folgende Gleichungen ergeben:

$$\underline{I}_1 + a\underline{U}_S + \frac{\underline{U}_S - \underline{U}_1}{R} = 0 \; ,$$

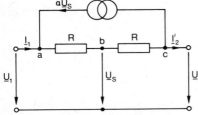

Bild 5.13c. Zur Berechnung der Kettenmatrix des mittleren Zweitors von Bild 5.13a.

$$\frac{\underline{U}_1 - \underline{U}_S}{R} + \frac{\underline{U}_2 - \underline{U}_S}{R} = 0,$$

$$\underline{I}'_2 + a\underline{U}_S - \frac{\underline{U}_S - \underline{U}_2}{R} = 0.$$

Aus der zweiten dieser Gleichungen erkennt man, daß $\underline{U}_S = (\underline{U}_1 + \underline{U}_2)/2$ gilt. Berücksichtigt man dies in den beiden anderen Gleichungen, so erhält man die Beziehungen

$$\underline{I}_1 - \frac{1-aR}{2R}\underline{U}_1 + \frac{1+aR}{2R}\underline{U}_2 = 0 \qquad (4a)$$

und

$$\underline{I}'_2 - \frac{1-aR}{2R}\underline{U}_1 + \frac{1+aR}{2R}\underline{U}_2 = 0. \qquad (4b)$$

Die Gl.(4b) liefert direkt

$$\underline{U}_1 = \frac{1+aR}{1-aR}\underline{U}_2 + \frac{2R}{1-aR}\underline{I}'_2,$$

und aus den Gln.(4a,b) ergibt sich

$$\underline{I}_1 = \underline{I}'_2.$$

Damit läßt sich unmittelbar die Kettenmatrix

$$\underline{A}^{(2)} = \begin{bmatrix} \dfrac{1+aR}{1-aR} & \dfrac{2R}{1-aR} \\ 0 & 1 \end{bmatrix} \qquad (5)$$

für das mittlere Zweitor ablesen.

b) Für $a \to \infty$ geht die Gl.(5) in die Gl.(1) über. Es handelt sich hier um die Kettenmatrix eines sogenannten Negativ-Impedanz-Konverters. Ein solcher Konverter zeichnet sich dadurch aus, daß auf der Primärseite die Impedanz $\underline{Z}_e = -\underline{Z}_a$ auftritt, wenn die Sekundärseite mit einem Zweipol abgeschlossen wird, der die Impedanz $\underline{Z}_a$ besitzt.

c) Mit Hilfe der Gln.(1), (2) und (3) erhält man die Kettenmatrix des Gesamtzweitors als

$$\underline{A} = \underline{A}^{(1)}\underline{A}^{(2)}\underline{A}^{(3)} = \begin{bmatrix} -1 - j\omega CR - \dfrac{1}{j\omega CR} & -\dfrac{1}{j\omega C} \\ -j\omega C & 0 \end{bmatrix}.$$

## 5. Mehrpolige Netzwerke

Von dieser Matrix interessiert nur das Element

$$\underline{a}_{11} = -1 - j\omega CR - \frac{1}{j\omega CR},$$

das mit dem Spannungsquotienten $\underline{U}_e/\underline{U}_a$ für $\underline{I}_a = 0$ übereinstimmt. Damit erhält man den Quotienten

$$\frac{\underline{U}_a}{\underline{U}_e} = \frac{-1}{1 + j\omega CR + \dfrac{1}{j\omega CR}} = \frac{-1}{1 + j\left(\Omega - \dfrac{1}{\Omega}\right)} = \frac{-1}{1 + jx} = \underline{w}(x) \qquad (6)$$

$$(0 \leqslant \Omega \leqslant \infty, \; -\infty \leqslant x \leqslant \infty).$$

*d)* Das Spannungsverhältnis

$$\underline{w}(x) = \frac{-1}{1 + jx}$$

ist eine gebrochen lineare Funktion in $x$. Daher muß die Ortskurve ein Kreis sein, der durch die Punkte

$$\underline{w}(0) = -1, \qquad \underline{w}(1) = \frac{-1}{1+j} = -\frac{1}{2} + \frac{j}{2}, \qquad \underline{w}(\infty) = 0$$

geht. Als Bezifferungsgerade wird eine beliebige Parallele zur Tangente an die Ortskurve im Punkt $\underline{w}(\infty) = 0$, d.h. eine Parallele zur imaginären Achse gewählt (Bild 5.13d). Sodann müssen die Punkte $\underline{w}(0)$ und $\underline{w}(1)$ bezüglich des Zentrums $\underline{w}(\infty) = 0$ auf die Bezifferungsgerade projiziert werden. Dadurch erhält man den Nullpunkt und die Einheit für die lineare Bezifferung in $x$ auf dieser Geraden. Im Bild 5.13d ist zu erkennen, wie für einen beliebigen Wert $x = \xi$ der Punkt $\underline{w}(\xi)$ auf der Ortskurve bzw. der zugehörige Zeiger angegeben werden kann.

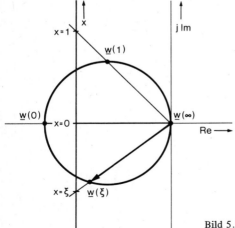

Bild 5.13d. Ortskurve des Spannungsverhältnisses $\underline{U}_a/\underline{U}_e$.

## Aufgabe 5.14

Das im Bild 5.14a dargestellte Netzwerk besteht aus einem festgekoppelten Übertrager mit ohmschen Wicklungsverlusten, einer Kapazität $C$ und einem Potentiometer mit dem Gesamtwiderstand $R$. Das Netzwerk wird durch einen harmonischen Urstrom $\underline{I}_0$ mit der Kreisfrequenz $\omega$ erregt.

Der Übertrager besitzt eine Primärwicklung mit $w$ Windungen, der Induktivität $L$ und dem ohmschen Widerstand $R_1$; die Sekundärwicklung weist $2w$ Windungen mit dem ohmschen Widerstand $R_2$ auf und ist in der Mitte angezapft. Der Abgriff des Potentiometers kann innerhalb der Grenzen $x = 0$ und $x = 1$ kontinuierlich verändert werden.

a) Man bestimme die Ströme $\underline{I}_1, \underline{I}_2$ und die Spannung $\underline{U}_C$ in Abhängigkeit von $\underline{I}_0$, $\omega, L, C, R_2$ und $x$.

b) Man ermittle hieraus nach Einführung der normierten Kreisfrequenz $\Omega = \omega\sqrt{LC}$ und der Größen

$$a = \frac{R}{\sqrt{\frac{L}{C}}}, \quad \beta = \frac{R_2}{2\sqrt{\frac{L}{C}}}$$

die Funktion

$$\underline{H}(\Omega) = \frac{\underline{U}_C}{\underline{I}_0 \sqrt{\frac{L}{C}}},$$

in der neben $\Omega$ nur $x, a$ und $\beta$ als Parameter auftreten dürfen.

c) Bei welchen Kreisfrequenzen nimmt $\underline{H}(\Omega)$ rein reelle Werte an?

d) Welche Form besitzt die Ortskurve von $\underline{H}(\Omega)$, wenn die Parameter $x, a, \beta$ konstant gehalten werden und die normierte Kreisfrequenz den Bereich $0 \leq \Omega \leq \infty$ durchläuft?

Man zeichne die Ortskurven für je einen Wert $x < 1/2$ bzw. $x > 1/2$ und trage die in Teilaufgabe $c$ ermittelten Kreisfrequenzen in das Ortskurvendiagramm ein. In welcher Richtung werden die Ortskurven bei wachsendem $\Omega$ durchlaufen?

e) Welches Aussehen hat die Ortskurve für $x = 1/2$ und wie läßt sich dieses deuten?

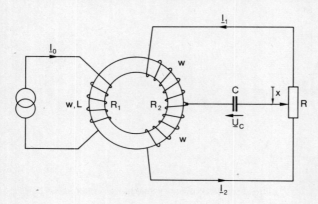

Bild 5.14a. Netzwerk, das einen festgekoppelten Übertrager mit Wicklungsverlusten enthält.

## Lösung zu Aufgabe 5.14

Bevor die einzelnen Teilaufgaben gelöst werden, soll das Verhalten eines festgekoppelten Übertragers mit ohmschen Wicklungsverlusten und angezapfter Sekundärwicklung (Bild 5.14b) untersucht werden. Die Primärwicklung des Übertragers hat $w_1$ Windungen, die Induktivität $L_1$ und den ohmschen Widerstand $R_1$, während die Sekundärwicklung $w_2 + w_3$ Windungen und den ohmschen Widerstand $R_2$ besitzt.
Es sei $\underline{B}$ der Zeiger der mittleren magnetischen Induktion im Übertragerkern, $l$ die Länge der entsprechenden Feldlinie, $A$ der Flächeninhalt des Kernquerschnitts und $\mu$ die Permeabilität des Kernmaterials. Aufgrund des Durchflutungsgesetzes ergibt sich zunächst die Beziehung

$$\underline{B}l = \mu(w_1\underline{I}_1 + w_2\underline{I}_2 + w_3\underline{I}_3).$$

Hieraus erhält man den Zeiger des magnetischen Flusses durch den Kernquerschnitt

$$\underline{\Phi} = \underline{B}A = \frac{\mu A}{l}(w_1\underline{I}_1 + w_2\underline{I}_2 + w_3\underline{I}_3). \tag{1}$$

Aufgrund des Induktionsgesetzes ergeben sich die Klemmenspannungen

$$\underline{U}_1 = R_1\underline{I}_1 + j\omega w_1 \underline{\Phi}, \tag{2a}$$

$$\underline{U}_2 = \frac{w_2}{w_2 + w_3} R_2\underline{I}_2 + j\omega w_2 \underline{\Phi}, \tag{2b}$$

$$\underline{U}_3 = \frac{w_3}{w_2 + w_3} R_2\underline{I}_3 + j\omega w_3 \underline{\Phi}. \tag{2c}$$

Wählt man speziell $\underline{I}_2 = \underline{I}_3 = 0$, so liefern die Gln.(1) und (2a) die Beziehung

$$\underline{U}_1 = \left(R_1 + j\omega \frac{\mu A w_1^2}{l}\right) \underline{I}_1.$$

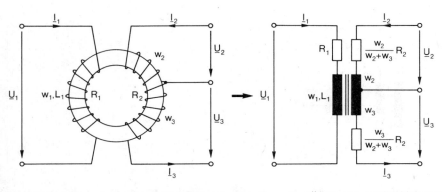

Bild 5.14b. Netzwerktheoretische Darstellung des festgekoppelten Übertragers mit Wicklungsverlusten.

Der hier auftretende Quotient $\mu A w_1^2/l$ muß offensichtlich mit der Induktivität $L_1$ der Primärwicklung übereinstimmen. Daher gilt

$$\frac{\mu A}{l} = \frac{L_1}{w_1^2} \; .$$

Berücksichtigt man diese Verknüpfung, dann erhält man aus den Gln.(2a-c) mit Gl.(1) folgende Beziehungen zwischen den Spannungen und Strömen am Übertrager:

$$\underline{U}_1 = R_1 \underline{I}_1 + j\omega(L_{11}\underline{I}_1 + L_{12}\underline{I}_2 + L_{13}\underline{I}_3) \, , \tag{3a}$$

$$\underline{U}_2 = \frac{w_2}{w_2 + w_3} R_2 \underline{I}_2 + j\omega(L_{21}\underline{I}_1 + L_{22}\underline{I}_2 + L_{23}\underline{I}_3) \, , \tag{3b}$$

$$\underline{U}_3 = \frac{w_3}{w_2 + w_3} R_2 \underline{I}_3 + j\omega(L_{31}\underline{I}_1 + L_{32}\underline{I}_2 + L_{33}\underline{I}_3) \tag{3c}$$

mit

$$L_{\mu\nu} = \frac{w_\mu w_\nu}{w_1^2} L_1 \qquad (\mu, \nu = 1, 2, 3) \, . \tag{3d}$$

a) Aufgrund der vorangegangenen Bemerkungen über den festgekoppelten Übertrager mit ohmschen Wicklungsverlusten und angezapfter Sekundärwicklung darf das Netzwerk von Bild 5.14a für die Analyse durch das im Bild 5.14c dargestellte Netzwerk ersetzt werden.

Von den drei im Bild 5.14c eingezeichneten Maschenströmen $\underline{I}_0$, $\underline{I}_1$ und $\underline{I}_2$ ist $\underline{I}_0$ gegeben, für die beiden anderen erhält man aufgrund der Maschenregel das folgende System von Bestimmungsgleichungen

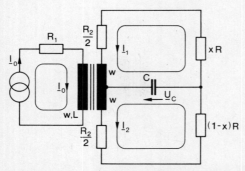

Bild 5.14c. Wahl der Maschenströme zur Analyse des Netzwerks von Bild 5.14a.

## 5. Mehrpolige Netzwerke

|  $\underline{I}_1$ | $\underline{I}_2$ |  |
|---|---|---|
| $j\omega L + \dfrac{1}{j\omega C} + xR + \dfrac{R_2}{2}$ | $j\omega L - \dfrac{1}{j\omega C}$ | $-j\omega L \underline{I}_0$ |
| $j\omega L - \dfrac{1}{j\omega C}$ | $j\omega L + \dfrac{1}{j\omega C} + (1-x)R + \dfrac{R_2}{2}$ | $-j\omega L \underline{I}_0$ . |

Daß der Widerstand der Primärwicklung $R_1$ in diesen Gleichungen nicht auftritt, ist nicht verwunderlich, da $R_1$ in Reihe zur Stromquelle $\underline{I}_0$ liegt und folglich auf die Stromverteilung im Netzwerk keinen Einfluß hat. Die Koeffizientendeterminante des Gleichungssystems läßt sich in der Form

$$\Delta = 4\frac{L}{C} + x(1-x)R^2 + \frac{RR_2}{2} + \frac{R_2^2}{4} + \left(j\omega L + \frac{1}{j\omega C}\right)(R+R_2) \qquad (4)$$

schreiben, und damit lauten die Lösungen

$$\underline{I}_1 = -\frac{j\omega L}{\Delta}\left[(1-x)R + \frac{R_2}{2} + \frac{2}{j\omega C}\right]\underline{I}_0 , \qquad (5a)$$

$$\underline{I}_2 = -\frac{j\omega L}{\Delta}\left[xR + \frac{R_2}{2} + \frac{2}{j\omega C}\right]\underline{I}_0 . \qquad (5b)$$

Für die gesuchte Kapazitätsspannung

$$\underline{U}_C = \frac{\underline{I}_2 - \underline{I}_1}{j\omega C}$$

ergibt sich nun aufgrund der Gln.(4) und (5a,b)

$$\underline{U}_C = \frac{R\dfrac{L}{C}(1-2x)\underline{I}_0}{4\dfrac{L}{C} + x(1-x)R^2 + \dfrac{RR_2}{2} + \dfrac{R_2^2}{4} + \left(j\omega L + \dfrac{1}{j\omega C}\right)(R+R_2)} . \qquad (6)$$

b) Mit $\Omega = \omega\sqrt{LC}$, $R = a\sqrt{L/C}$ und $R_2 = 2\beta\sqrt{L/C}$ erhält die Gl.(6) die Form

$$\underline{U}_C = \frac{a\left(\dfrac{L}{C}\right)^{3/2}(1-2x)\underline{I}_0}{4\dfrac{L}{C} + x(1-x)a^2\dfrac{L}{C} + a\beta\dfrac{L}{C} + \beta^2\dfrac{L}{C} + j\left(\Omega - \dfrac{1}{\Omega}\right)(a+2\beta)\dfrac{L}{C}} .$$

Hieraus folgt schließlich die gesuchte Funktion

$$\underline{H}(\Omega) = \frac{\underline{U}_C}{\underline{I}_0 \sqrt{\frac{L}{C}}} = \frac{a(1-2x)}{4 + x(1-x)a^2 + a\beta + \beta^2 + j\left(\Omega - \frac{1}{\Omega}\right)(a + 2\beta)}. \quad (7)$$

c) Die Funktion $\underline{H}(\Omega)$ wird rein reell, wenn der Imaginärteil des Nenners in Gl.(7) entweder verschwindet oder dem Betrag nach über alle Grenzen strebt. Somit ergeben sich die drei reellen Werte

$$\underline{H}(0) = 0, \qquad \underline{H}(1) = \frac{a(1-2x)}{4 + x(1-x)a^2 + a\beta + \beta^2}, \qquad \underline{H}(\infty) = 0. \quad (8\text{a-c})$$

d) Die Funktion $\underline{H}(\Omega)$ hat die grundsätzliche Form

$$\underline{H}(\Omega) = \frac{a_0}{b_0 + jb_1\left(\Omega - \frac{1}{\Omega}\right)} \quad (9)$$

mit den reellen Parametern

$$a_0 = (1 - 2x)a, \quad (10\text{a})$$

$$b_0 = 4 + x(1-x)a^2 + a\beta + \beta^2, \quad (10\text{b})$$

$$b_1 = a + 2\beta, \quad (10\text{c})$$

sie ist also in $\Omega - 1/\Omega$ gebrochen linear. Die Ortskurve ist somit ein Kreis. Dieser Kreis verläuft symmetrisch zur reellen Achse, da nach Gl.(9)

$$\underline{H}\left(\frac{1}{\Omega}\right) = \underline{H}^*(\Omega)$$

für alle $\Omega$-Werte gilt, und geht wegen der Gln.(8a,c) in jedem Fall durch den Ursprung. Der Gl.(10a) kann man entnehmen, daß der Parameter $a_0$ für $x < 1/2$ positiv, für $x > 1/2$ dagegen negativ ist. Entsprechend folgt aus den Gln.(10b,c), daß $b_0$ im gesamten Intervall $0 \leq x \leq 1$ positiv ist bzw. daß $b_1$ von $x$ nicht abhängt und positiv ist. Die Ortskurve von $\underline{H}(\Omega)$ liegt also für $x < 1/2$ im ersten und vierten Quadranten, für $x > 1/2$ dagegen im zweiten und dritten Quadranten der $\underline{H}$-Ebene. Die beiden möglichen Fälle sind im Bild 5.14d dargestellt.

Die Richtung, in der die Ortskurve bei wachsendem $\Omega$ durchlaufen wird, läßt sich dadurch ermitteln, daß man zusätzlich zu den beiden bereits bekannten Punkten $\underline{H}(0) = \underline{H}(\infty) = 0$ und $\underline{H}(1)$ noch einen weiteren Ortskurvenpunkt betrachtet. Wählt

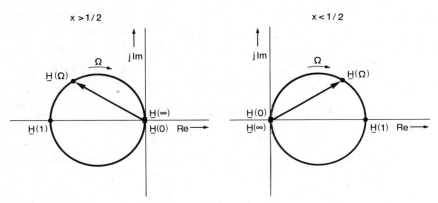

Bild 5.14d. Die Ortskurve $\underline{H}(\Omega)$ für den Fall $x > 1/2$ bzw. $x < 1/2$.

man beispielsweise einen beliebigen Wert $\Omega > 1$, dann läßt sich wegen $b_0 > 0$ und $b_1 > 0$ aus der Darstellung

$$\underline{H}(\Omega) = a_0 \frac{b_0 - jb_1\left(\Omega - \frac{1}{\Omega}\right)}{b_0^2 + b_1^2 \left(\Omega - \frac{1}{\Omega}\right)^2}$$

direkt entnehmen, daß für $x < 1/2$, d.h. $a_0 > 0$ der zugehörige Ortskurvenpunkt im vierten Quadranten liegt. Falls dagegen $x > 1/2$, d.h. $a_0 < 0$ ist, dann befindet sich der entsprechende Punkt im zweiten Quadranten. Aus der Lage der betrachteten Punkte folgt nun, daß die Ortskurve unabhängig vom Wert der Größe $x$ stets im Uhrzeigersinn durchlaufen wird.

e) Für $x = 1/2$ ist $a_0 = 0$ und damit $\underline{H}(\Omega) \equiv 0$. In diesem Fall stellt das Netzwerk im Bild 5.14a eine abgeglichene Brücke dar.

**Aufgabe 5.15**

Das Bild 5.15a zeigt ein Brückennetzwerk, das aus zwei gleichen ungedämpften Reihenschwingkreisen und aus drei gleichen ohmschen Widerständen aufgebaut ist und von einer harmonischen Urspannungsquelle $\underline{U}_1$ mit der Kreisfrequenz $\omega$ erregt wird.

*a)* Man bestimme allgemein in Abhängigkeit von $R$, $L$, $C$ und $\omega$ das Spannungsverhältnis $\underline{U}_2/\underline{U}_1$ und die auf $R$ bezogene Eingangsimpedanz $\underline{Z}/R$.

*b)* Für welche Kreisfrequenz besitzt das Verhältnis $\underline{U}_2/\underline{U}_1$ reelle Werte und wie groß sind diese?

*c)* Man normiere die Kreisfrequenz $\omega$ auf denjenigen Wert $\omega_0$, bei dem $\underline{U}_2/\underline{U}_1$ negativ-reell wird, und forme die Ergebnisse von Teilaufgabe *a* in Ausdrücke um, in denen neben der normierten Kreisfrequenz $\Omega = \omega/\omega_0$ nur noch die Größe

$$a = \frac{1}{R}\sqrt{\frac{L}{C}} \tag{1}$$

als Parameter auftreten darf.

*d)* Man zeichne die Ortskurven, die $\underline{U}_2/\underline{U}_1$ und $\underline{Z}/R$ für $0 \leq \Omega \leq \infty$ durchlaufen, und beziffere sie durch geeignet gewählte Bezifferungsgeraden.

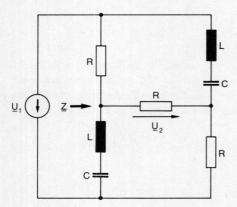

Bild 5.15a. Zu analysierendes Brückennetzwerk.

**Lösung zu Aufgabe 5.15**

*a)* Aus Symmetriegründen (vgl. auch Aufgabe 2.6) muß durch die beiden jeweils mit einer Klemme an die Urspannungsquelle angeschlossenen ohmschen Widerstände der gleiche Strom $\underline{I}_1$ fließen (Bild 5.15b); durch die beiden Schwingkreise fließt ebenfalls aus Gründen der Symmetrie der gleiche Strom $\underline{I}_2$. Damit lassen sich alle im Netzwerk auftretenden Ströme durch $\underline{I}_1$ und $\underline{I}_2$ ausdrücken. Aufgrund der Maschenregel können die beiden folgenden Gleichungen zur Bestimmung der beiden Ströme $\underline{I}_1$ und $\underline{I}_2$ direkt angegeben werden:

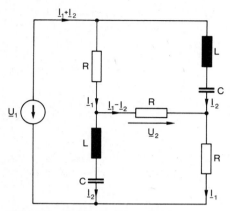

Bild 5.15b. Zur Analyse des Brückennetzwerks von Bild 5.15a.

| $I_1$ | $I_2$ | |
|---|---|---|
| $R$ | $j\omega L + \dfrac{1}{j\omega C}$ | $U_1$ |
| $3R$ | $-R$ | $U_1$ . |

Die Lösungen dieses Gleichungssystems lauten

$$I_1 = \frac{R + j\omega L + \dfrac{1}{j\omega C}}{R^2 + 3R\left(j\omega L + \dfrac{1}{j\omega C}\right)} U_1$$

und

$$I_2 = \frac{2R}{R^2 + 3R\left(j\omega L + \dfrac{1}{j\omega C}\right)} U_1 \;.$$

Mit $\underline{U}_2 = R(\underline{I}_1 - \underline{I}_2)$ erhält man hieraus den Spannungsquotienten

$$\frac{\underline{U}_2}{\underline{U}_1} = \frac{j\left(\omega L - \dfrac{1}{\omega C}\right) - R}{j3\left(\omega L - \dfrac{1}{\omega C}\right) + R} \;, \qquad (2)$$

und für die auf $R$ bezogene Eingangsimpedanz $\underline{Z}/R = \underline{U}_1/[R(\underline{I}_1 + \underline{I}_2)]$ ergibt sich

$$\frac{\underline{Z}}{R} = \frac{j3\left(\omega L - \dfrac{1}{\omega C}\right) + R}{j\left(\omega L - \dfrac{1}{\omega C}\right) + 3R}. \tag{3}$$

b) Es ist zu fordern, daß $\underline{U}_2/\underline{U}_1 = q$ gilt, wobei $q$ eine reelle Zahl bedeutet. Aufgrund dieser Forderung erhält man aus Gl.(2), wenn man zunächst lediglich das Intervall $0 < \omega < \infty$ betrachtet, die Beziehung

$$j\left(\omega L - \frac{1}{\omega C}\right)(1 - 3q) - R(1 + q) = 0,$$

die offensichtlich nur für

$$\omega = \frac{1}{\sqrt{LC}} \qquad \text{und} \qquad q = -1$$

befriedigt werden kann. Weiterhin ist der Gl.(2) unmittelbar zu entnehmen, daß für $\omega \to 0$ und $\omega \to \infty$ das Spannungsverhältnis $\underline{U}_2/\underline{U}_1$ gegen den reellen Wert $q = 1/3$ strebt.

c) Die Normierungskreisfrequenz ist angesichts der Ergebnisse von Teilaufgabe b

$$\omega_0 = \frac{1}{\sqrt{LC}}.$$

Damit läßt sich unter Berücksichtigung der Gl.(1)

$$\omega L - \frac{1}{\omega C} = \frac{\omega}{\omega_0}\sqrt{\frac{L}{C}} - \frac{\omega_0}{\omega}\sqrt{\frac{L}{C}} = aR\left(\Omega - \frac{1}{\Omega}\right)$$

schreiben. Führt man in den Gln.(2) und (3) den Ausdruck $aR(\Omega - 1/\Omega)$ anstelle von $\omega L - 1/(\omega C)$ ein, dann ergibt sich

$$\frac{\underline{U}_2}{\underline{U}_1} = \frac{ja\left(\Omega - \dfrac{1}{\Omega}\right) - 1}{j3a\left(\Omega - \dfrac{1}{\Omega}\right) + 1} \tag{4}$$

und

$$\frac{\underline{Z}}{R} = \frac{j3a\left(\Omega - \frac{1}{\Omega}\right) + 1}{ja\left(\Omega - \frac{1}{\Omega}\right) + 3}. \tag{5}$$

*d)* Aus den Gln.(4) und (5) ist zu erkennen, daß das Spannungsverhältnis $\underline{U}_2/\underline{U}_1$ und die normierte Impedanz $\underline{Z}/R$ gebrochen lineare Funktionen von

$$x = a\left(\Omega - \frac{1}{\Omega}\right), \tag{6}$$

sind. Die Ortskurven müssen aus diesem Grund Kreise sein, deren Lage in der komplexen Ebene bekanntlich eindeutig bestimmt ist, wenn drei voneinander verschiedene Ortskurvenpunkte bekannt sind. Die Konstruktion der Ortskurven kann also nach EN, Abschnitt 5.4.2 dadurch erfolgen, daß man zunächst aus Gl.(4) bzw. Gl.(5) für $x = 0$, $x = 1$ und $x = \infty$ die zugehörigen Ortskurvenpunkte berechnet und jeweils durch einen Kreis verbindet (Bild 5.15c). In beiden Fällen wird als Bezifferungsgerade eine Parallele zur Ortskurventangente in dem für $x = \infty$ berechneten Punkt gewählt; dieser Punkt ist auch das Projektionszentrum für die Bezifferung. Auf beiden Bezifferungsgeraden ist der $x$-Maßstab linear. Die Bezifferung dieser Geraden nach $\Omega$ ergibt sich aus der Bezifferung nach $x$ aufgrund der Beziehung

$$\Omega = \frac{1}{2a}(x + \sqrt{x^2 + 4a^2}),$$

die man durch Auflösen der Gl.(6) nach $\Omega$ erhält.

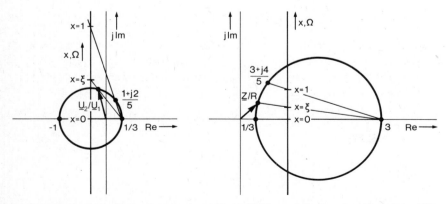

Bild 5.15c. Ortskurve für das Spannungsverhältnis $\underline{U}_2/\underline{U}_1$ und die normierte Impedanz $\underline{Z}/R$.

## Aufgabe 5.16

Das Bild 5.16a zeigt ein aus einem ohmschen Widerstand $R$, einer Induktivität $L$ und einer Kapazität $C$ aufgebautes Netzwerk, das von einer Stromquelle mit periodischem, durch eine Fourier-Reihe darstellbarem Stromverlauf $i_0(t)$ gespeist wird. Die Kreisfrequenz der Grundschwingung von $i_0(t)$ ist $\omega_0 = 2\pi/T$. In den folgenden Teilaufgaben sind die Netzwerkelemente $L$ und $C$ bei gegebenem $R$ derart zu bemessen, daß die am ohmschen Widerstand $R$ im stationären Zustand auftretende periodische Spannung

$$u(t) = \sum_{\nu=1}^{\infty} u_\nu(t) = \sum_{\nu=1}^{\infty} \sqrt{2}\, U_\nu \sin(\nu\omega_0 t - \theta_\nu)$$

folgende Eigenschaften besitzt: Der Effektivwert $U_2$ der zweiten Teilschwingung $u_2(t)$ soll mindestens um den Faktor $k$ ($\gg 1$) größer sein als die Effektivwerte $U_\nu$ der übrigen Teilschwingungen $u_\nu(t)$ ($\nu = 1, 3, 4, 5, \ldots$). Das Netzwerk soll also dazu dienen, aus einem Strom $i_0(t)$ mit der Periodendauer $T = 2\pi/\omega_0$ die Teilschwingung mit der Kreisfrequenz $2\omega_0$ herauszuziehen und alle übrigen Teilschwingungen weitgehend zu unterdrücken.

a) Für den Fall rein sinusförmiger Erregung sei $i_0(t)$ durch die Zeigergröße $\underline{I}_0$, $u(t)$ durch die Zeigergröße $\underline{U}$ charakterisiert. Man bestimme in Abhängigkeit von $R, L, C$ und $\omega$ das Betragsverhältnis

$$\frac{|\underline{U}|}{R|\underline{I}_0|}.$$

b) Man normiere die Kreisfrequenz $\omega$ mit Hilfe des Wertes $\omega_n = 1/\sqrt{LC}$ und stelle das Ergebnis von Teilaufgabe a in Form einer Funktion $F(\Omega)$ dar, in der neben der normierten Kreisfrequenz $\Omega = \omega/\omega_n$ nur noch $Q = \sqrt{L/C}/R$ als Parameter vorkommt.

c) Für welchen Wertebereich von $Q$ besitzt $F(\Omega)$ im Intervall $0 < \Omega < \infty$ ein Maximum? Man berechne die Abszisse $\Omega_{max}$ und die Ordinate $F_{max} = F(\Omega_{max})$ dieses Maximums in Abhängigkeit von $Q$ und trage den grundsätzlichen Verlauf von $F(\Omega)$ über $\Omega$ in einem Diagramm auf.

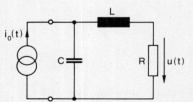

Bild 5.16a. Netzwerk mit periodischer Stromerregung $i_0(t)$.

*d)* Der Strom $i_0(t)$ besitze im weiteren den im Bild 5.16b gezeigten Sägezahnverlauf mit der Periodendauer $T = 2\pi/\omega_0$ und der Fourier-Reihendarstellung

$$i_0(t) = \frac{2I_0}{\pi} \left[ \frac{\sin \omega_0 t}{1} - \frac{\sin 2\omega_0 t}{2} + \frac{\sin 3\omega_0 t}{3} - + \ldots \right]. \tag{1}$$

Man wähle die in Teilaufgabe *c* bestimmte normierte Kreisfrequenz $\Omega_{max}$ gleich $2\omega_0/\omega_n$ und trage die normierten Kreisfrequenzen $\nu\omega_0/\omega_n$ ($\nu = 1, 2, 3, \ldots$) in das Diagramm von Teilaufgabe *c* ein. Man ermittle die Teilschwingung $u_\nu(t)$, die neben $u_2(t)$ den größten Effektivwert besitzt. Zu diesem Zweck überlege man sich anhand des Verlaufs von $F(\Omega)$ und des Verhaltens der Fourier-Koeffizienten von $i_0(t)$, welche beiden Teilschwingungen hierfür in Betracht kommen.

*e)* Man berechne die Effektivwerte der beiden in Teilaufgabe *d* ermittelten Teilschwingungen und untersuche, welcher von beiden der größere ist.

*f)* Wie groß muß $Q$ gewählt werden, damit der Effektivwert von $u_2(t)$ gerade um den Faktor $k = 100$ größer ist als der größere der beiden in Teilaufgabe *e* betrachteten Effektivwerte.

*g)* Man berechne aus dem in Teilaufgabe *f* ermittelten Zahlenwert $Q$ und den Größen $\omega_0 = 1000\,\text{s}^{-1}$, $R = 10\,\Omega$ die Werte für $L$ und $C$.

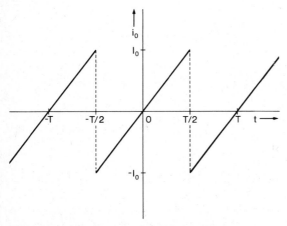

Bild 5.16b. Spezieller Verlauf der Funktion $i_0(t)$.

**Lösung zu Aufgabe 5.16**

*a)* Der Strom $\underline{U}/R$ durch den ohmschen Widerstand $R$ ergibt sich aus dem eingeprägten Strom $\underline{I}_0$ durch Stromteilung:

$$\frac{\underline{U}}{R} = \frac{\dfrac{1}{j\omega C}}{\dfrac{1}{j\omega C} + j\omega L + R} \underline{I}_0 \; .$$

Hieraus erhält man

$$\frac{|\underline{U}|}{R|\underline{I}_0|} = \frac{1}{\sqrt{(1-\omega^2 LC)^2 + (\omega CR)^2}} \; . \tag{2}$$

*b)* Mit

$$\omega = \frac{\Omega}{\sqrt{LC}} \qquad \text{und} \qquad Q^2 = \frac{L}{CR^2}$$

läßt sich das durch Gl.(2) beschriebene Betragsverhältnis auch in der Form

$$F(\Omega) = \frac{1}{\sqrt{(1-\Omega^2)^2 + \dfrac{\Omega^2}{Q^2}}} \tag{3a}$$

oder in der Form

$$F(\Omega) = \frac{1}{\sqrt{1 + \left(\dfrac{1}{Q^2} - 2\right)\Omega^2 + \Omega^4}} \tag{3b}$$

ausdrücken.

*c)* Die Funktion $F(\Omega)$ ist im interessierenden Intervall $0 < \Omega < \infty$ positiv. Wie aus Gl.(3b) hervorgeht, ist in diesem Intervall der Nenner von $F(\Omega)$ für $0 < Q \leq 1/\sqrt{2}$, d.h. $1/Q^2 - 2 \geq 0$ eine monoton steigende, $F(\Omega)$ selbst also eine monoton fallende Funktion. Für diesen Wertebereich von $Q$ kann $F(\Omega)$ kein Maximum im Intervall $0 < \Omega < \infty$ haben.
Ist dagegen $Q > 1/\sqrt{2}$, dann steigt die Funktion $F(\Omega)$ zunächst so lange an, wie der Einfluß des negativen Summanden $(1/Q^2 - 2)\Omega^2$ gegenüber dem Summanden $\Omega^4$ überwiegt, und fällt anschließend monoton auf den Wert Null ab. Sie besitzt also im Intervall $0 < \Omega < \infty$ ein Maximum. Zur Bestimmung dieses Maximums ist die Forderung $dF/d\Omega = 0$ zu stellen, aus der mit Gl.(3b)

$$2\Omega\left(\frac{1}{Q^2} - 2\right) + 4\Omega^3 = 0$$

folgt. Hieraus ergeben sich die $\Omega$-Werte

$$\Omega_1 = 0, \qquad \Omega_2 = \sqrt{1 - \frac{1}{2Q^2}} \qquad (4a,b)$$

mit den zugehörigen Funktionswerten

$$F(\Omega_1) = 1 \qquad \text{und} \qquad F(\Omega_2) = \frac{Q}{\sqrt{1 - \frac{1}{4Q^2}}}. \qquad (5a,b)$$

Aufgrund der obigen Überlegungen muß für $Q > 1/\sqrt{2}$ an der Stelle $\Omega_1$ ein relatives Minimum, an der Stelle $\Omega_2$ das absolute Maximum von $F(\Omega)$ auftreten. Daher gilt $\Omega_2 = \Omega_{max}$. Das Bild 5.16c zeigt den grundsätzlichen Verlauf von $F(\Omega)$ für $Q > 1/\sqrt{2}$.

d) Da nach Gl.(1) der Effektivwert der $\nu$-ten Teilschwingung von $i_0(t)$ den Wert $\sqrt{2}I_0/(\nu\pi)$ besitzt, ergibt sich für die $\nu$-te Teilschwingung $u_\nu(t)$ der Spannung $u(t)$ aufgrund der Gln.(2) und (3a) oder (3b) der Effektivwert

$$U_\nu = \frac{\sqrt{2}I_0 R}{\nu\pi} F\left(\nu\frac{\omega_0}{\omega_n}\right)$$

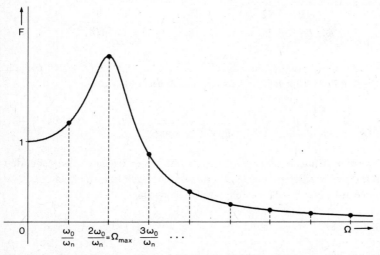

Bild 5.16c. Grundsätzlicher Verlauf des durch Gl.(2) beschriebenen Betragsverhältnisses $F(\Omega)$ für $Q > 1/\sqrt{2}$.

oder wegen der Forderung $\Omega_{max} = 2\omega_0/\omega_n$

$$U_\nu = \frac{\sqrt{2}\,I_0 R}{\nu\pi} F\left(\nu\,\frac{\Omega_{max}}{2}\right). \tag{6}$$

Da die Funktion $F(\Omega)$ für $\Omega > \Omega_{max}$ monoton fällt, besteht wegen Gl.(6) die Ungleichungskette

$$U_3 > U_4 > U_5 > \ldots\;.$$

Den größten Effektivwert nach $U_2$ kann daher nur eine der beiden Teilschwingungen $u_1(t)$ und $u_3(t)$ aufweisen.

e) Beachtet man, daß $\Omega_{max}$ mit der durch Gl.(4b) definierten normierten Kreisfrequenz $\Omega_2$ übereinstimmt, dann erhält man aus den Gln.(3a) und (6)

$$U_1 = \frac{\dfrac{\sqrt{2}\,I_0 R}{\pi}}{\sqrt{\left(1 - \dfrac{1}{4}\Omega_{max}^2\right)^2 + \dfrac{\Omega_{max}^2}{4Q^2}}} = \frac{\dfrac{\sqrt{2}\,I_0 R}{\pi}}{\sqrt{\dfrac{9}{16} + \dfrac{7}{16Q^2} - \dfrac{7}{64Q^4}}} \tag{7}$$

und

$$U_3 = \frac{\dfrac{\sqrt{2}\,I_0 R}{3\pi}}{\sqrt{\left(1 - \dfrac{9}{4}\Omega_{max}^2\right)^2 + \dfrac{9\Omega_{max}^2}{4Q^2}}} = \frac{\dfrac{\sqrt{2}\,I_0 R}{3\pi}}{\sqrt{\dfrac{25}{16} - \dfrac{9}{16Q^2} + \dfrac{9}{64Q^4}}}. \tag{8}$$

Für sehr große Werte von $Q$ ist offensichtlich $U_1 > U_3$. Es ist zu zeigen, daß dies für beliebiges $Q > 1/\sqrt{2}$ gilt. Hierfür ist nachzuweisen, daß die Ungleichung

$$9\left(\frac{25}{16} - \frac{9}{16Q^2} + \frac{9}{64Q^4}\right) > \frac{9}{16} + \frac{7}{16Q^2} - \frac{7}{64Q^4}$$

erfüllt ist. Hierzu werden zunächst die auf der rechten Seite der Ungleichung stehenden Summanden nach links gebracht und mit den Summanden der linken Ungleichungsseite zusammengefaßt. Die auf diese Weise entstehende Ungleichung

$$\frac{216}{16} - \frac{88}{16Q^2} + \frac{88}{64Q^4} > 0$$

kann in der Form

# 5. Mehrpolige Netzwerke  Lösung 5.16

$$\frac{11}{8}\left(\frac{1}{Q^2} - 2\right)^2 + 8 > 0$$

geschrieben werden, aus der unmittelbar zu entnehmen ist, daß für beliebige Werte von $Q$ die Ungleichung $U_1 > U_3$ gilt.

*f)* Mit Gl.(6) für $\nu = 2$ und Gl.(5b), in der $\Omega_2$ mit $\Omega_{max}$ zu identifizieren ist, sowie mit Gl.(7) ergibt sich

$$\frac{U_2^2}{U_1^2} = k^2 = \frac{1}{4} \frac{Q^2}{1 - \frac{1}{4Q^2}} \left(\frac{9}{16} + \frac{7}{16Q^2} - \frac{7}{64Q^4}\right)$$

oder

$$k^2 = \frac{Q^4}{4Q^2 - 1}\left(\frac{9}{16} + \frac{7}{16Q^2} - \frac{7}{64Q^4}\right).$$

Hieraus erhält man bei vorgegebenem $k$ die Gleichung

$$36Q^4 + (28 - 256k^2)Q^2 + 64k^2 - 7 = 0$$

zur Bestimmung von $Q$. Für $k = 100$ folgt speziell die Beziehung

$$36Q^4 - 2559972Q^2 + 639993 = 0$$

mit der Lösung

$$Q \approx 266{,}665.$$

*g)* Die beiden Beziehungen

$$Q = \frac{1}{R}\sqrt{\frac{L}{C}} \quad \text{und} \quad \Omega_{max} = \sqrt{1 - \frac{1}{2Q^2}} = 2\omega_0\sqrt{LC}$$

liefern bei bekannten Werten für $\omega_0, R$ und $Q$ die Netzwerkelementewerte

$$L = \frac{QR}{2\omega_0}\sqrt{1 - \frac{1}{2Q^2}} \quad \text{und} \quad C = \frac{1}{2\omega_0 QR}\sqrt{1 - \frac{1}{2Q^2}}.$$

Mit $\omega_0 = 1000\,\text{s}^{-1}$, $R = 10\,\Omega$, $Q = 266{,}665$ erhält man

$$L \approx 1{,}33\,\text{H} \quad \text{und} \quad C \approx 188\,\text{nF}.$$

# 6. Einschwingvorgänge in Netzwerken

Die Aufgaben dieses Kapitels beschäftigen sich mit der Bestimmung des Einschwingverhaltens elektrischer Netzwerke. Folgende Themengebiete werden behandelt:
Einschwingvorgänge in einfachen Netzwerken
— bei zeitlich konstanter Erregung (Aufgaben 1, 2, 4, 6),
— bei harmonischer Erregung (Aufgaben 3, 5),
— bei nicht-harmonischer periodischer Erregung (Aufgaben 8-10),
— ohne äußere Erregung (Aufgabe 7).
Anwendung des Maschenstromverfahrens zur Ermittlung des Zeitverhaltens von Netzwerken (Aufgaben 11, 12, 13, 18),
Übertragungsfunktion und Stabilität von Netzwerken (Aufgaben 15-17),
Pol-Nullstellen-Diagramm einer Übertragungsfunktion (Aufgabe 14).

**Aufgabe 6.1**

Ein Netzwerk, das aus drei Widerständen $R_1, R_2$ und $R_3$, einer Kapazität $C$ und einem Schalter $S$ besteht (Bild 6.1a), wird von einer Gleichstromquelle $I_0$ erregt. Der Schalter $S$, der lange Zeit in Stellung 1 lag, wird zum Zeitpunkt $t = 0$ in Stellung 2 gebracht.

a) Man bestimme ohne Aufstellung einer Differentialgleichung die Spannung $u_C(t)$ für $t \geqslant 0$ unter Berücksichtigung der Anfangsbedingung. Wie lauten die zugehörigen Ströme $i_1(t)$ und $i_2(t)$?

b) Man stelle die Ergebnisse von Teilaufgabe $a$ in Diagrammen dar, in welche auch die jeweiligen Funktionswerte unmittelbar vor dem Umschalten einzutragen sind.

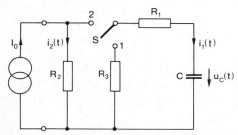

Bild 6.1a. Erregung eines $RC$-Netzwerks durch eine Gleichstromquelle.

**Lösung zu Aufgabe 6.1**

a) Die gesuchte Spannung $u_C(t)$ setzt sich für $t \geqslant 0$ aus ihrem flüchtigen und ihrem stationären Anteil zusammen.
Da das Netzwerk nur *einen* Energiespeicher enthält, ist der flüchtige Anteil eine abklingende Exponentialfunktion der Form $Ke^{-t/T}$. Dabei ist die Zeitkonstante $T$ das Produkt aus $C$ und dem ohmschen Gesamtwiderstand, der parallel zur Kapazität liegt, wenn man sich die äußere Erregung zu Null gemacht denkt, d.h. nach der Beseitigung der Stromquelle $I_0$ aus dem Netzwerk. Die Konstante $K$ ist noch durch die Anfangsbedingung für $u_C(t)$ festzulegen.
Im stationären Zustand wirkt die Kapazität bei Gleichstromerregung des Netzwerks wie ein Leerlauf. Der Widerstand $R_1$ ist dann stromlos. Die Spannung an der Kapazität hat für $t \to \infty$ also den konstanten Wert $I_0 R_2$.
Der zeitliche Verlauf der Spannung $u_C(t)$ wird somit durch eine Beziehung der Form

$$u_C(t) = Ke^{-t/T} + I_0 R_2 \quad \text{mit} \quad T = C(R_1 + R_2)$$

beschrieben.
Da der Schalter $S$ sehr lange in Stellung 1 war, ist die Kapazität zum Zeitpunkt $t = 0$ vollständig entladen. Aus $u_C(0) = 0$ erhält man $K = -I_0 R_2$, so daß sich schließlich

$$u_C(t) = I_0 R_2 (1 - e^{-t/T}) \qquad \text{mit} \qquad T = C(R_1 + R_2)$$

ergibt.
Für die gesuchten Ströme erhält man

$$i_1(t) = C \frac{du_C}{dt} = \frac{CI_0 R_2}{T} e^{-t/T} = I_0 \frac{R_2}{R_1 + R_2} e^{-t/T}$$

und

$$i_2(t) = I_0 - i_1(t) = I_0 \left(1 - \frac{R_2}{R_1 + R_2} e^{-t/T}\right).$$

b) Der Verlauf der Funktionen $u_C(t)$, $i_1(t)$ und $i_2(t)$ unmittelbar vor dem Umschalten und für die Zeit nach dem Umschalten ist in den Diagrammen 6.1b-d dargestellt.

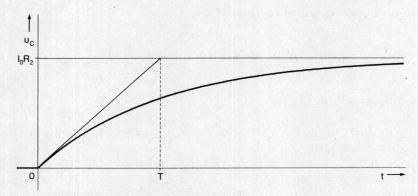

Bild 6.1b. Zeitlicher Verlauf der Kapazitätsspannung $u_C$.

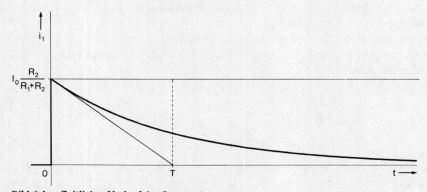

Bild 6.1c. Zeitlicher Verlauf des Stroms $i_1$.

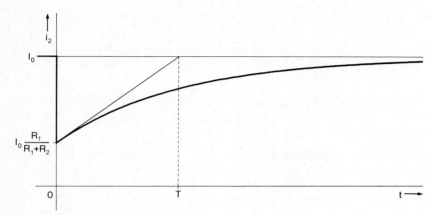

Bild 6.1d. Zeitlicher Verlauf des Stroms $i_2$.

**Aufgabe 6.2**

Das Bild 6.2a zeigt ein aus zwei von Null verschiedenen ohmschen Widerständen $R_1, R_2$ und einer Induktivität $L$ aufgebautes Zweitor, das mit einem Widerstand $R$ abgeschlossen ist und über einen Schalter $S$ an die Gleichspannung $U$ gelegt werden kann. Der Schalter $S$, der zuvor sehr lange geöffnet war, wird zum Zeitpunkt $t = 0$ geschlossen.

a) Man ermittle den Verlauf der Spannung $u(t)$ am Abschlußwiderstand $R$ für $t \geqslant 0$ ohne Aufstellung einer Differentialgleichung und trage das Ergebnis in einem Diagramm auf.

b) Man gebe ein aus Widerständen und einer Kapazität bestehendes Zweitor an, das unter gleichen äußeren Bedingungen denselben Spannungsverlauf $u(t)$ am Abschlußwiderstand $R$ hervorruft. Man bestimme die Werte der Netzwerkelemente dieses neuen Zweitors aus den Größen $L, R_1, R_2$ und $R$.

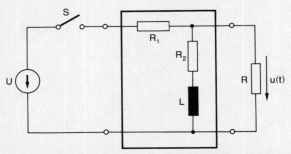

Bild 6.2a. Erregung eines $RL$-Netzwerks durch eine Gleichspannungsquelle.

**Lösung zu Aufgabe 6.2**

a) Nach EN, Abschnitt 6.2.5 wird die Spannung $u(t)$ durch eine Beziehung der Form

$$u(t) = A + B e^{-t/T} \qquad (A, B, T = \text{const})$$

beschrieben. Dabei ist die Zeitkonstante $T$ gleich dem Quotienten aus $L$ und dem ohmschen Gesamtwiderstand der parallel zur Induktivität liegt, wenn man sich die äußere Erregung zu Null gemacht denkt, d.h. nach dem Kurzschließen der Gleichspannungsquelle. Für das vorliegende Netzwerk ergibt sich

$$T = \frac{L(R + R_1)}{R(R_1 + R_2) + R_1 R_2}.$$

Den stationären Wert $A$ erhält man unter Berücksichtigung der Tatsache, daß die Induktivität bei Gleichspannungserregung im stationären Zustand wie ein Kurzschluß wirkt. Durch Anwendung der Gl.(1.46b) aus EN erhält man

$$A = \frac{RR_2}{R(R_1 + R_2) + R_1 R_2} U.$$

Da der Schalter $S$ lange Zeit geöffnet war, ist die Induktivität zur Zeit $t = 0$ stromlos. Somit wirkt die Induktivität unmittelbar nach dem Schließen des Schalters wie ein Leerlauf, und es gilt

$$u(0+) = \frac{R}{R + R_1} U.$$

Aufgrund dieses Anfangswertes erhält man für die Konstante $B$ die Darstellung

$$B = \frac{R}{R + R_1} U - \frac{RR_2}{R(R_1 + R_2) + R_1 R_2} U.$$

Für die gesuchte Spannung $u(t)$ erhält man damit

$$u(t) = \left[ \frac{R}{R + R_1} - \frac{RR_2}{R(R_1 + R_2) + R_1 R_2} \right] U e^{-t/T} + \frac{RR_2}{R(R_1 + R_2) + R_1 R_2} U.$$

Der Verlauf von $u(t)$ ist im Bild 6.2b dargestellt. Dabei ist zu beachten, daß der stationäre Wert

$$\frac{RR_2}{R(R_1 + R_2) + R_1 R_2} U = \frac{R}{\frac{RR_1}{R_2} + R + R_1} U$$

kleiner ist als der Anfangswert $u(0+) = UR/(R + R_1)$.

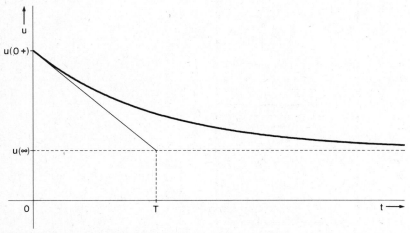

Bild 6.2b. Zeitlicher Verlauf der Spannung am Widerstand $R$.

b) Denselben qualitativen Verlauf der Spannung am Widerstand $R$ erhält man, wenn man ein aus ohmschen Widerständen und einer Kapazität gebildetes Netzwerk in Reihe zum Widerstand $R$ schaltet. Da die Kapazität nach dem Umschalten wie ein Kurzschluß und im stationären Zustand wie ein Leerlauf wirkt, ist der in Reihe zum Widerstand $R$ liegende ohmsche Gesamtwiderstand des Netzwerks zum Zeitpunkt $t = 0$ kleiner als für $t \to \infty$, so daß die Forderung $u(0+) > u(\infty)$ erfüllt ist. Durch geeignete Bemessung der Widerstände und der Kapazität erreicht man die quantitative Übereinstimmung der Spannung am Widerstand $R$ mit der im Bild 6.2b dargestellten Sollfunktion. Da die Spannung $u(t)$ durch den Anfangswert $u(0+)$, den Endwert $u(\infty)$ und die Zeitkonstante $T$ eindeutig festgelegt ist, muß das gesuchte Netzwerk insgesamt drei freie Parameter besitzen, d.h., es muß neben der Kapazität $C$ noch zwei Ohmwiderstände enthalten. Als Lösungen kommen die beiden Zweitore von Bild 6.2c in Frage.

Führt man einen Vergleich der Werte $u(0+)$, $u(\infty)$ und $T$ für die in den Bildern 6.2a und 6.2c gezeigten Netzwerke durch, so erhält man folgende Bestimmungsgleichungen für $R_1'$, $R_2'$, $C'$ bzw. $R_1''$, $R_2''$, $C''$:

$$u(0+) = \frac{R}{R + R_1} U = \frac{R}{R + R_1'} U = \frac{R(R_1'' + R_2'')}{R(R_1'' + R_2'') + R_1'' R_2''} U,$$

$$u(\infty) = \frac{R R_2}{R(R_1 + R_2) + R_1 R_2} U = \frac{R}{R + R_1' + R_2'} U = \frac{R}{R + R_1''} U,$$

$$T = \frac{L(R + R_1)}{R(R_1 + R_2) + R_1 R_2} = C' \frac{R_2'(R + R_1')}{R + R_1' + R_2'} = C'' \left( R_2'' + \frac{R R_1''}{R + R_1''} \right).$$

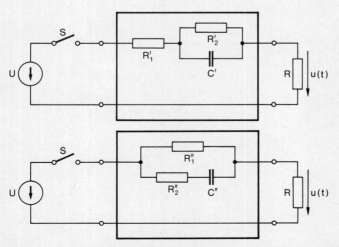

Bild 6.2c. Zwei bezüglich des Einschwingverhaltens zum Zweitor von Bild 6.2a äquivalente Zweitore.

Für die gesuchten Netzwerkelemente erhält man nach kurzer Zwischenrechnung

$$R'_1 = R_1, \qquad R'_2 = \frac{RR_1}{R_2}, \qquad C' = \frac{L}{RR_1}$$

bzw.

$$R''_1 = R_1\left(1 + \frac{R}{R_2}\right), \qquad R''_2 = R_1\left(1 + \frac{R_2}{R}\right), \qquad C'' = \frac{LR}{R_1(R+R_2)^2}.$$

## Aufgabe 6.3

Das im Bild 6.3a dargestellte, aus einer Kapazität $C$, einem Widerstand $R$ und einer Diode $D$ bestehende Netzwerk wird, nachdem es sehr lange sich selbst überlassen war, zur Zeit $t = 0$ an die Wechselspannung $u_1(t) = U \sin\omega_0 t$ gelegt.
Die am Widerstand und an der Kapazität auftretende Spannung $u_2(t)$ ist zu ermitteln. Dabei darf vereinfachend angenommen werden, daß der Zusammenhang zwischen Strom und Spannung an der Diode durch die im Bild 6.3b dargestellte Kennlinie gegeben ist. Die Diode weist also ein ideales Sperrverhalten ($i_D = 0$ für $u_D < 0$) auf und wirkt in Durchlaßrichtung wie ein Widerstand $R_D$ ($i_D = u_D/R_D$ für $u_D > 0$).

a) Wie lautet die Differentialgleichung für $u_2(t)$, wenn die Diode leitet? Man bestimme diejenige Lösung der Differentialgleichung für $t \geq t_a$, welche die Anfangsbedingung $u_2(t_a) = u_a$ befriedigt.

b) Wie lautet die Differentialgleichung für $u_2(t)$, wenn die Diode sperrt? Man bestimme diejenige Lösung der Differentialgleichung für $t \geq t_z$, welche die Anfangsbedingung $u_2(t_z) = u_z$ befriedigt.

c) Wie vereinfacht sich das Ergebnis von Teilaufgabe a unter der für alle weiteren Teilaufgaben geltenden Voraussetzung $R_D = 0$?

d) Man bestimme den im leitenden Zustand fließenden Diodenstrom $i_D(t)$ und die im gesperrten Zustand an der Diode auftretende Spannung $u_D(t)$.

e) Man ermittle die Zeitpunkte $t_{z\nu}$ ($\nu = 1,2,...$), in denen die Diode vom leitenden in den gesperrten Zustand übergeht, und die zugehörigen Spannungswerte $u_2(t_{z\nu})$. Man drücke $t_{z\nu}$ und $u_2(t_{z\nu})$ durch die Größen $\nu$, $T = RC$ und $T_0 = 2\pi/\omega_0$ bzw. $U$ und $T/T_0$ aus.
Hinweis: Man beachte, daß im vorliegenden Fall

$$i_D(t_{z\nu}) = 0, \qquad \left.\frac{di_D}{dt}\right|_{t_{z\nu}} < 0 \qquad (\nu = 1,2,...)$$

gilt.

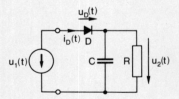

Bild 6.3a. Spannungserregtes Netzwerk, bestehend aus einer Kapazität, einem Widerstand und einer idealisierten Diode mit nichtverschwindendem Durchlaßwiderstand.

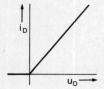

Bild 6.3b. Kennlinie der im Bild 6.3a auftretenden Diode.

*f)* Wie lautet die transzendente Bestimmungsgleichung für die in den Intervallen $t_{z\nu} < t < t_{z\nu} + T_0$ ($\nu = 1,2,...$) gelegenen Zeitpunkte $t_{a\nu}$, in denen die Diode vom gesperrten in den leitenden Zustand übergeht? Man bringe diese Gleichung durch die Substitution $t = t_{z\nu} + \tau_s$ ($0 < \tau_s < T_0$) unter Verwendung des in Teilaufgabe *e* für $t_{z\nu}$ gefundenen Ergebnisses in eine vereinfachte, für die numerische Weiterbehandlung geeignetere Form, welche nur noch die Größen $T$, $T_0$ und $\tau_s$ enthält.

*g)* Man berechne für das Verhältnis $T/T_0 = 4$ die Zeitpunkte $t_{z\nu}$ und $t_{a\nu}$ ($\nu = 1,2,...$) sowie die zugehörigen Spannungswerte $u_2(t_{z\nu})$ bzw. $u_2(t_{a\nu})$.

**Lösung zu Aufgabe 6.3**

*a)* Wenn sich die Diode *D* im leitenden Zustand befindet, darf das im Bild 6.3a dargestellte Netzwerk durch dasjenige von Bild 6.3c ersetzt werden, und man erhält für die Spannung $u_2(t)$ folgende Differentialgleichung:

$$CR_D \frac{du_2}{dt} + \left(\frac{R_D}{R} + 1\right) u_2 = U \sin \omega_0 t .$$

Die Lösung der homogenen Differentialgleichung lautet

$$u_{2h}(t) = K_1 e^{-t/T_D} \quad \text{mit} \quad T_D = \frac{CR_D}{\frac{R_D}{R} + 1} .$$

Die Konstante $K_1$ wird später durch die Anfangsbedingung für $u_2(t)$ festgelegt. Zur Bestimmung einer partikulären Lösung der inhomogenen Differentialgleichung bedient man sich zweckmäßigerweise der komplexen Wechselstromrechnung. Nach Bild 6.3d wird unter Verwendung der Gl.(1.46b) aus EN

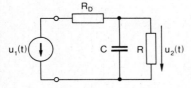

Bild 6.3c. Darstellung des Netzwerks von Bild 6.3a für den Fall, daß die Diode leitet.

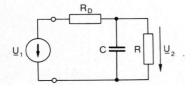

Bild 6.3d. Zur Bestimmung einer partikulären Lösung für die Spannung am Widerstand *R* bei leitender Diode.

$$\underline{U}_2 = \frac{\dfrac{R}{j\omega_0 C}}{\dfrac{1}{j\omega_0 C}(R+R_D)+RR_D}\,\underline{U}_1 = \frac{1}{1+\dfrac{R_D}{R}+j\omega_0 CR_D}\,\underline{U}_1 \;.$$

Für die gesuchte partikuläre Lösung erhält man damit

$$u_{2p}(t) = \frac{U}{\sqrt{\left(1+\dfrac{R_D}{R}\right)^2+\left(\omega_0 CR_D\right)^2}}\,\sin\!\left[\omega_0 t - \arctan\frac{\omega_0 CR_D}{1+\dfrac{R_D}{R}}\right]$$

$$= \frac{\left(1+\dfrac{R_D}{R}\right)\sin\omega_0 t - \omega_0 CR_D\,\cos\omega_0 t}{\left(1+\dfrac{R_D}{R}\right)^2+\left(\omega_0 CR_D\right)^2}\,U\;.$$

Die allgemeine Lösung der inhomogenen Differentialgleichung lautet also

$$u_2(t) = K_1\,e^{-t/T_D} + \frac{\left(1+\dfrac{R_D}{R}\right)\sin\omega_0 t - \omega_0 CR_D\,\cos\omega_0 t}{\left(1+\dfrac{R_D}{R}\right)^2+\left(\omega_0 CR_D\right)^2}\,U$$

mit $\quad T_D = \dfrac{CR_D}{1+\dfrac{R_D}{R}}\;.$

Aus der Anfangsbedingung $u_2(t_a) = u_a$ erhält man für die Konstante $K_1$ die Bestimmungsgleichung

$$u_a = K_1\,e^{-t_a/T_D} + \frac{\left(1+\dfrac{R_D}{R}\right)\sin\omega_0 t_a - \omega_0 CR_D\,\cos\omega_0 t_a}{\left(1+\dfrac{R_D}{R}\right)^2+\left(\omega_0 CR_D\right)^2}\,U\;.$$

Löst man diese Gleichung nach $K_1$ auf und setzt den ermittelten Wert in die allge-

meine Lösung ein, so ergibt sich die gesuchte Lösung mit der Anfangsbedingung
$u_2(t_a) = u_a$:

$$u_2(t) = u_a \, e^{(t_a-t)/T_D} + \frac{\left(1 + \frac{R_D}{R}\right)(\sin \omega_0 t - e^{(t_a-t)/T_D} \sin \omega_0 t_a)}{\left(1 + \frac{R_D}{R}\right)^2 + \left(\omega_0 \, CR_D\right)^2} U$$

$$- \frac{\omega_0 \, CR_D \, (\cos \omega_0 t - e^{(t_a-t)/T_D} \cos \omega_0 \, t_a)}{\left(1 + \frac{R_D}{R}\right)^2 + \left(\omega_0 \, CR_D\right)^2} U$$

mit $\quad T_D = \dfrac{CR_D}{1 + \dfrac{R_D}{R}}$ .

b) Wenn sich die Diode $D$ im gesperrten Zustand befindet, ist die Spannungsquelle $u_1(t)$ von den beiden Elementen $R$ und $C$ abgetrennt (Bild 6.3e). In diesem Fall lautet die Differentialgleichung für $u_2(t)$

$$CR \, \frac{du_2}{dt} + u_2 = 0 \; .$$

Die Lösung dieser homogenen Differentialgleichung mit der Anfangsbedingung $u_2(t_z) = u_z$ ist

$$u_2(t) = u_z \, e^{(t_z - t)/T} \qquad \text{mit} \qquad T = CR \; .$$

c) Enthält das im Bild 6.3a dargestellte Netzwerk eine ideale Diode mit dem Durchlaßwiderstand $R_D = 0$, so liegt die Spannung $u_1(t)$ unmittelbar an den beiden Elementen $R$ und $C$, sofern die Diode leitet. Anstelle des Ergebnisses von Teilaufgabe $a$ erhält man somit

$$u_2(t) = u_1(t) \; .$$

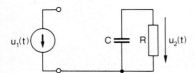

Bild 6.3e. Darstellung des Netzwerks von Bild 6.3a für den Fall, daß die Diode sperrt.

Im gesperrten Zustand gilt dagegen unverändert

$$u_2(t) = u_z \, e^{(t_z - t)/T} .$$

d) Im leitenden Zustand ist der Diodenstrom durch die Beziehung

$$i_D(t) = \frac{u_2(t)}{R} + C \frac{du_2(t)}{dt} = U \left( \frac{\sin \omega_0 t}{R} + \omega_0 C \cos \omega_0 t \right)$$

gegeben.
Für die Spannung an der gesperrten Diode ergibt sich

$$u_D(t) = u_1(t) - u_2(t) = U \sin \omega_0 t - u_z \, e^{(t_z - t)/T} .$$

e) Eine notwendige, jedoch nicht hinreichende Bedingung für den Übergang der idealen Diode vom leitenden in den gesperrten Zustand ist

$$i_D(t) = U \left( \frac{\sin \omega_0 t}{R} + \omega_0 C \cos \omega_0 t \right) = 0 .$$

Hieraus folgt die Gleichung

$$\tan \omega_0 t = - \omega_0 CR$$

mit den Lösungen

$$t_\mu = - \frac{1}{\omega_0} \arctan(\omega_0 CR) + \frac{\mu \pi}{\omega_0} \qquad (\mu = 1, 2, 3, \ldots) .$$

Dabei bedeutet die Bezeichnung arctan den Hauptwert der Arcustangens-Funktion. Als gesuchte Lösungen kommen nur diejenigen Zeitpunkte $t_\mu$ in Frage, in deren Umgebung der Ausdruck

$$y(t) = \frac{\sin \omega_0 t}{R} + \omega_0 C \cos \omega_0 t$$

eine fallende Tendenz aufweist. Um diesen Sachverhalt näher zu untersuchen, wird die Funktion $dy/dt$ in den Zeitpunkten $t = t_\mu$ ($\mu = 1, 2, 3, \ldots$) untersucht. Es ist

$$\left.\frac{dy}{dt}\right|_{t=t_\mu} = \frac{\omega_0}{R} (\cos \omega_0 t_\mu - \omega_0 CR \sin \omega_0 t_\mu)$$

$$= \frac{\omega_0}{R} \cos \omega_0 t_\mu [1 + (\omega_0 CR)^2]$$

$$= \frac{\omega_0}{R} (-1)^\mu \sqrt{1 + (\omega_0 CR)^2} \qquad (\mu = 1, 2, 3, ...).$$

Für alle ungeraden Werte von $\mu$ ist der Differentialquotient negativ, d.h. die Zeitpunkte $t_\mu$ mit ungeraden Indizes entsprechen den gesuchten Lösungen $t_{z\nu}$. Dagegen besitzt die Funktion $y(t)$ in der Umgebung der Zeitpunkte $t_\mu$ mit geradzahligem $\mu$ einen ansteigenden Verlauf. Diese Punkte kommen daher als Lösungen nicht in Betracht. Hätte die Funktion $y(t)$ für $t = t_\mu$ einen verschwindenden Differentialquotienten besessen, so hätten zur Bestimmung der $t_{z\nu}$ Ableitungen höherer Ordnung von $y(t)$ herangezogen werden müssen. In diesem einfachen Fall ist jedoch $dy/dt|_{t=t_\mu} \neq 0$ ($\mu = 1, 2, 3, ...$), so daß

$$t_{z\nu} = -\frac{1}{\omega_0} \arctan(\omega_0 CR) + (2\nu - 1)\frac{\pi}{\omega_0} \qquad (\nu = 1, 2, 3, ...)$$

gilt. Ersetzt man die Kreisfrequenz $\omega_0$ durch den Ausdruck $2\pi/T_0$ und das Produkt $CR$ durch die Größe $T$, dann ergibt sich

$$t_{z\nu} = -\frac{T_0}{2}\left[1 + \frac{1}{\pi} \arctan\left(2\pi \frac{T}{T_0}\right)\right] + \nu T_0 \qquad (\nu = 1, 2, 3, ...),$$

wobei

$$\frac{T_0}{4} + (\nu - 1) T_0 < t_{z\nu} < \frac{T_0}{2} + (\nu - 1) T_0$$

gilt. Die Spannung $u_2(t)$ hat für $t = t_{z\nu}$ ($\nu = 1, 2, 3, ...$) den Wert

$$u_2(t_{z\nu}) = U \sin \omega_0 t_{z\nu} = U \sin[-\arctan(\omega_0 CR) + (2\nu - 1)\pi]$$

$$= -U \sin[\arctan(\omega_0 CR)] \cos[(2\nu - 1)\pi]$$

$$= U \frac{\omega_0 CR}{\sqrt{1 + (\omega_0 CR)^2}}$$

$$= U \frac{2\pi \frac{T}{T_0}}{\sqrt{1 + \left(2\pi \frac{T}{T_0}\right)^2}} \qquad (\nu = 1, 2, 3, \ldots).$$

Vom Zeitpunkt $t_{z\nu}$ an bis zum Übergang der Diode vom gesperrten in den leitenden Zustand ist

$$u_2(t) = U \frac{2\pi \frac{T}{T_0}}{\sqrt{1 + \left(2\pi \frac{T}{T_0}\right)^2}} e^{(t_{z\nu} - t)/T}.$$

An der Diode liegt demzufolge die Spannung

$$u_D(t) = U \sin\omega_0 t - U \frac{2\pi \frac{T}{T_0}}{\sqrt{1 + \left(2\pi \frac{T}{T_0}\right)^2}} e^{(t_{z\nu} - t)/T}.$$

Bemerkenswert ist die Tatsache, daß zur Zeit $t_{z\nu}+$, d.h. unmittelbar nach dem Eintritt des gesperrten Zustands, nicht nur die Diodenspannung $u_D(t)$ selbst sondern auch ihre erste Ableitung $du_D/dt$ verschwindet. Die zweite Ableitung $d^2u_D/dt^2$ hat dagegen für $t = t_{z\nu}+$ einen negativen Wert; die Diodenspannung $u_D(t)$ wird also für $t > t_{z\nu}$ zunächst negativ.

*f)* Die Diode, die vom Zeitpunkt $t_{z\nu}$ an im gesperrten Zustand ist, wird leitend, wenn der Ausdruck

$$\sin\left(2\pi \frac{t}{T_0}\right) - \frac{2\pi \frac{T}{T_0}}{\sqrt{1 + \left(2\pi \frac{T}{T_0}\right)^2}} e^{(t_{z\nu} - t)/T}$$

von negativen zu positiven Werten übergeht. Die gesuchte Lösung $t_{a\nu}$ muß im Intervall $t_{z\nu} < t < t_{z\nu} + T_0$ liegen, da sich die Diode zum Zeitpunkt $t_{z\nu} + T_0$ bereits wieder im gesperrten Zustand befindet. Trägt man den Verlauf von

$$\sin\left(2\pi \frac{t}{T_0}\right) \quad \text{und} \quad \frac{2\pi \frac{T}{T_0}}{\sqrt{1+\left(2\pi \frac{T}{T_0}\right)^2}} e^{(t_{zv}-t)/T}$$

in Diagrammen über der Zeit $t$ auf, so stellt man unmittelbar fest, daß die Differenz der beiden Funktionen im oben angegebenen Intervall nur *eine* Nullstelle besitzt. Diese muß also gleich der gesuchten Lösung $t_{av}$ sein.

Da die Spannung $u_2(t)$ von $t = t_{z1}$ an offensichtlich periodisch verläuft, ist es zweckmäßig, zur Bestimmung von $t_{av}$ die Variablentransformation $t_{av} = t_{zv} + \tau_s$ durchzuführen. Damit geht die Bestimmungsgleichung

$$\sin\left(2\pi \frac{t_{av}}{T_0}\right) - \frac{2\pi \frac{T}{T_0}}{\sqrt{1+\left(2\pi \frac{T}{T_0}\right)^2}} e^{(t_{zv}-t_{av})/T} = 0$$

$(t_{zv} < t_{av} < t_{zv} + T_0)$

wegen

$$\sin\left(2\pi \frac{t_{av}}{T_0}\right) = \sin\left(2\pi \frac{t_{zv}}{T_0} + 2\pi \frac{\tau_s}{T_0}\right)$$

$$= \sin\left(2\pi \frac{t_{zv}}{T_0}\right) \cos\left(2\pi \frac{\tau_s}{T_0}\right) + \cos\left(2\pi \frac{t_{zv}}{T_0}\right) \sin\left(2\pi \frac{\tau_s}{T_0}\right)$$

$$= \frac{2\pi \frac{T}{T_0} \cos\left(2\pi \frac{\tau_s}{T_0}\right) - \sin\left(2\pi \frac{\tau_s}{T_0}\right)}{\sqrt{1+\left(2\pi \frac{T}{T_0}\right)^2}}$$

in die Forderung

$$\frac{2\pi \frac{T}{T_0}}{\sqrt{1+\left(2\pi \frac{T}{T_0}\right)^2}} \left[ \cos\left(2\pi \frac{\tau_s}{T_0}\right) - \frac{1}{2\pi} \frac{T_0}{T} \sin\left(2\pi \frac{\tau_s}{T_0}\right) - e^{-\tau_s/T} \right] = 0$$

$(0 < \tau_s < T_0)$

über. Führt man schließlich noch die Variable $x_s = \tau_s/T_0$ ein, so erhält man mit

$$\frac{2\pi \dfrac{T}{T_0}}{\sqrt{1 + \left(2\pi \dfrac{T}{T_0}\right)^2}} \left[ \cos(2\pi x_s) - \frac{1}{2\pi} \frac{T_0}{T} \sin(2\pi x_s) - e^{-x_s T_0/T} \right] = 0$$

$(0 < x_s < 1)$

eine für die numerische Weiterbehandlung geeignetere Gleichungsform.

g) Für das angegebene Verhältnis $T/T_0 = 4$ muß $x_s$ die Forderung

$$\cos(2\pi x_s) - \frac{1}{8\pi} \sin(2\pi x_s) - e^{-x_s/4} = 0 \qquad (0 < x_s < 1)$$

erfüllen. Mit Hilfe eines numerischen Verfahrens zur Bestimmung von reellen Nullstellen transzendenter Funktionen, beispielsweise des Newtonschen Verfahrens, erhält man $x_s \approx 0{,}891162$.
Der Übergang der Diode vom leitenden in den gesperrten Zustand erfolgt bei

$$t_{z\nu} = -\frac{T_0}{2}\left[1 + \frac{1}{\pi} \arctan 8\pi\right] + \nu T_0$$

$$\approx 0{,}256329\, T_0 + (\nu - 1)\, T_0 \qquad (\nu = 1, 2, 3, \ldots)\,.$$

Die Spannung an $R$ und $C$ hat zu diesem Zeitpunkt den Wert

$u_2(t_{z\nu}) \approx 0{,}999209\, U$.

Für den Übergangszeitpunkt vom gesperrten in den leitenden Zustand und den zugehörigen Wert der Spannung $u_2(t)$ ergibt sich

$$t_{a\nu} = t_{z\nu} + \tau_s = t_{z\nu} + x_s T_0 \approx 1{,}14749\, T_0 + (\nu - 1)\, T_0 \qquad (\nu = 1, 2, 3, \ldots)$$

bzw.

$u_2(t_{a\nu}) \approx 0{,}799650\, U$.

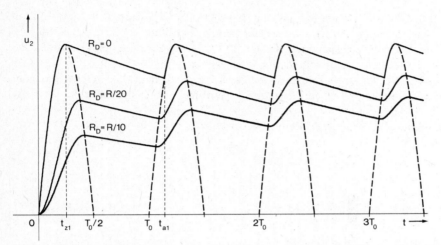

Bild 6.3f. Zeitlicher Verlauf der Spannung am Widerstand $R$ für den Fall $T/T_0 = 4$ bei drei verschiedenen Werten des Verhältnisses $R_D/R$.

Im Bild 6.3f ist der Verlauf der Spannung $u_2(t)$ für $R_D = 0$ und für zwei von Null verschiedene Werte von $R_D$ dargestellt. In allen drei Fällen ist $u_2(0) = 0$, d.h. die Kapazität ist vor dem Anlegen der Wechselspannung $u_1(t)$ vollständig entladen. Zu beachten ist dabei, daß für $R_D = 0$ der stationäre Zustand zum Zeitpunkt $t_{a1} - T_0$, für $R_D \neq 0$ dagegen erst nach unendlich langer Zeit erreicht wird.

**Aufgabe 6.4**

Bild 6.4a zeigt ein Netzwerk das aus drei Widerständen $R_1$, $R_2$ und $R_3$ sowie einer Induktivität $L$ aufgebaut ist. Durch Schließen des Schalters $S_1$ kann am Klemmenpaar $1-1'$ eine Gleichspannung $U$, durch Öffnen des Schalters $S_2$ über das Klemmenpaar $2-2'$ ein Gleichstrom $I$ eingeprägt werden.

Der Schalter $S_1$ war lange Zeit geöffnet, der Schalter $S_2$ lange Zeit geschlossen. Nun wird zum Zeitpunkt $t = 0$ der Schalter $S_2$ geöffnet, zum Zeitpunkt $t = t_0 > 0$ der Schalter $S_1$ geschlossen.

Man bestimme den zeitlichen Verlauf des Stromes $i_L$ für $t \geq 0$.

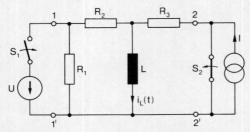

Bild 6.4a. Netzwerk mit einem Energiespeicher, das über die Schalter $S_1$ und $S_2$ durch eine Gleichspannung bzw. einen Gleichstrom erregt werden kann.

**Lösung zu Aufgabe 6.4**

1. Lösungsweg

Die allgemeine Lösung für den Strom $i_L(t)$ setzt sich aus ihrem flüchtigen Anteil und ihrem stationären Anteil zusammen. Im Intervall $0 \leq t < t_0$, in dem die beiden Schalter $S_1$ und $S_2$ geöffnet sind, erhält man die allgemeine Lösung

$$i_L(t) = K_1 e^{-t/T_1} + I.$$

Die Konstante $K_1$ wird durch die Anfangsbedingung für $i_L(t)$ zum Zeitpunkt $t = 0$ festgelegt. Zur Bestimmung der Zeitkonstante $T_1$ hat man sich die erregende Stromquelle $I$ durch einen Leerlauf ersetzt zu denken, so daß der Widerstand $R_3$ nur an einer Klemme mit den übrigen Netzwerkelementen verbunden ist. Damit liegen nur die Widerstände $R_1$ und $R_2$ in Reihe zur Induktivität $L$, und es gilt

$$T_1 = \frac{L}{R_1 + R_2}.$$

Für $t \geq t_0$ ist der Schalter $S_1$ geschlossen, der Schalter $S_2$ geöffnet, und somit lautet die allgemeine Lösung

$$i_L(t) = K_2 e^{-t/T_2} + I + \frac{U}{R_2}.$$

Die Konstante $K_2$ wird durch die Anfangsbedingung für $i_L(t)$ zum Zeitpunkt $t = t_0$ festgelegt. Zur Bestimmung der Zeitkonstante $T_2$ hat man sich die Stromquelle $I$ wie zuvor durch einen Leerlauf, die Spannungsquelle $U$ durch einen Kurzschluß ersetzt zu denken. Dadurch werden die Widerstände $R_1$ und $R_3$ wirkungslos. Der gesamte zur Induktivität $L$ in Reihe liegende Widerstand ist damit $R_2$, und es gilt deshalb

$$T_2 = \frac{L}{R_2} > T_1 \;.$$

Für die Konstante $K_1$ ergibt sich aus der Anfangsbedingung $i_L(0) = 0$

$$K_1 = -I \;.$$

Damit ist im Intervall $0 \leqslant t < t_0$

$$i_L(t) = I(1 - e^{-t/T_1}) \qquad \text{mit} \qquad T_1 = \frac{L}{R_1 + R_2} \;.$$

Die Konstante $K_2$ erhält man aufgrund der Stetigkeit von $i_L(t)$ für $t = t_0$. Für diesen Zeitpunkt muß

$$K_2 \, e^{-t_0/T_2} + I + \frac{U}{R_2} = I(1 - e^{-t_0/T_1})$$

gelten. Hieraus folgt

$$K_2 = -(I e^{-t_0/T_1} + \frac{U}{R_2}) \, e^{t_0/T_2} \;,$$

so daß für $t \geqslant t_0$

$$i_L(t) = -[I e^{-t_0/T_1} + \frac{U}{R_2}] \, e^{(t_0 - t)/T_2} + I + \frac{U}{R_2}$$

$$\text{mit} \qquad T_1 = \frac{L}{R_1 + R_2} \qquad \text{und} \qquad T_2 = \frac{L}{R_2}$$

den Verlauf des Induktivitätsstroms beschreibt. Zu beachten ist, daß der Widerstand $R_3$ im Ergebnis nicht auftritt. Dies war auch zu erwarten, da Netzwerkelemente, die in Serie zu einer Stromquelle liegen, auf den Stromverlauf im Netzwerk keinen Einfluß haben. Entsprechendes gilt für Netzwerkelemente, die parallel zu eingeprägten Spannungsquellen liegen. Es muß allerdings im vorliegenden Fall berücksichtigt werden, daß

$R_1$ erst nach dem Schließen von $S_1$ parallel zur Gleichspannungsquelle $U$ liegt. Dieser Widerstand hat also im Intervall $0 \leq t < t_0$ einen direkten Einfluß auf den Strom $i_L(t)$ und infolgedessen auch auf den Anfangswert $i_L(t_0)$ für das zweite Zeitintervall. Damit wird klar, daß $i_L(t)$ für $t \geq 0$ von $R_1$ abhängig ist.

2. Lösungsweg

Beim ersten Lösungsverfahren wurde für beide Zeitintervalle $0 \leq t < t_0$ und $t_0 \leq t \leq \infty$ zunächst die allgemeine Lösung ermittelt und die jeweiligen Integrationskonstanten aus der Stetigkeitsforderung für den Induktivitätsstrom in den Zeitpunkten $t = 0$ bzw. $t = t_0$ bestimmt.

Bei dem nun folgenden Lösungsweg verläuft die Bestimmung von $i_L(t)$ für $0 \leq t < t_0$ wie oben geschildert. Für das zweite Teilintervall $t_0 \leq t \leq \infty$, in dem zwei voneinander unabhängige Quellen $I$ und $U$ zum gesuchten Strom beitragen, soll dagegen die Superpositionsmethode verwendet werden. Da diese Methode unmittelbar nur für Netzwerke angewendet werden darf, die vom Ruhezustand aus erregt werden, ist die Induktivität $L$ im Bild 6.4a gemäß EN, Abschnitt 6.2.6.2 vom Zeitpunkt $t = t_0$ an durch die Parallelschaltung einer Gleichstromquelle mit der Stromstärke $i_L(t_0)$ und einer zum Zeitpunkt $t = t_0$ stromlosen Induktivität $L$ zu ersetzen (Bild 6.4b). Dabei ist der gesuchte Strom $i_L(t)$ durch den Gesamtstrom gegeben, der diese Parallelanordnung durchfließt. Er hat für $t = t_0$ bei stromloser Induktivität den Wert

$$i_L(t_0) = I(1 - e^{-t_0/T_1}).$$

Damit ist die Anfangsbedingung für den Strom $i_L(t)$ im Intervall $t_0 \leq t \leq \infty$ erfüllt und die Voraussetzung zur direkten Anwendung des Überlagerungssatzes gegeben. Zur Berechnung des vom Gleichstrom $I$ herrührenden Anteils $i_{L1}(t)$ zum Gesamtstrom $i_L(t)$ hat man die beiden anderen unabhängigen Erregungen, d.h. die Gleichspannung $U$ und den Gleichstrom $i_L(t_0)$ zu Null zu machen. Dadurch erhält man das im Bild 6.4c dargestellte Netzwerk.

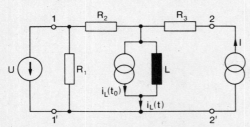

Bild 6.4b. Berücksichtigung des Anfangsstroms zum Zeitpunkt $t_0$ in der Induktivität $L$ durch eine parallel liegende Stromquelle.

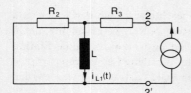

Bild 6.4c. Netzwerk zur Berechnung der Teilreaktion $i_{L1}$.

Unter Berücksichtigung der Tatsache, daß die Induktivität zum Zeitpunkt $t = t_0$ stromlos ist und für $t \to \infty$ bei Gleichstromerregung einen Kurzschluß darstellt, kann $i_{L1}(t)$ mit Hilfe von Bild 6.4c unmittelbar angegeben werden. Es ist

$$i_{L1}(t) = I\,[1 - e^{(t_0 - t)/T_2}] \quad \text{mit} \quad T_2 = \frac{L}{R_2}.$$

Der von der Gleichspannung $U$ herrührende Anteil $i_{L2}(t)$ läßt sich aus dem Netzwerk von Bild 6.4d ablesen, das sich durch Entfernen der Gleichstromquellen $I$ und $i_L(t_0)$ sowie des zur Gleichspannungsquelle $U$ parallel liegenden Widerstands $R_1$ ergibt. Da die Induktivität zum Zeitpunkt $t = t_0$ stromlos ist und für $t \to \infty$ bei Gleichspannungserregung einen Kurzschluß darstellt, ist

$$i_{L2}(t) = \frac{U}{R_2}\,[1 - e^{(t_0 - t)/T_2}] \quad \text{mit} \quad T_2 = \frac{L}{R_2}.$$

Für den dritten Anteil $i_{L3}(t)$, der von der Gleichstromquelle $i_L(t_0)$ verursacht wird, erhält man schließlich durch Entfernen der Stromquelle $I$ und Kurzschließen der Spannungsquelle $U$ das im Bild 6.4e gezeigte Netzwerk.
Die Gleichstromquelle $i_L(t_0)$ liefert unter den oben genannten Bedingungen den Beitrag

$$i_{L3}(t) = i_L(t_0)\,e^{(t_0 - t)/T_2} = I\,[1 - e^{-t_0/T_1}]\,e^{(t_0 - t)/T_2}$$

$$\text{mit} \quad T_1 = \frac{L}{R_1 + R_2} \quad \text{und} \quad T_2 = \frac{L}{R_2}.$$

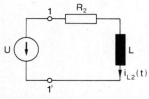

Bild 6.4d. Netzwerk zur Berechnung der Teilreaktion $i_{L2}$.

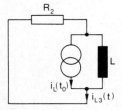

Bild 6.4e. Netzwerk zur Berechnung der Teilreaktion $i_{L3}$.

Der gesuchte Strom $i_L(t)$ ergibt sich nun durch Addition der Anteile $i_{L1}(t)$, $i_{L2}(t)$ und $i_{L3}(t)$ zu

$$i_L(t) = I[1 - e^{(t_0 - t)/T_2}] + \frac{U}{R_2}[1 - e^{(t_0 - t)/T_2}]$$

$$+ I[1 - e^{-t_0/T_1}] e^{(t_0 - t)/T_2}$$

$$= -[Ie^{-t_0/T_1} + \frac{U}{R_2}] e^{(t_0 - t)/T_2} + I + \frac{U}{R_2}$$

mit $\quad T_1 = \dfrac{L}{R_1 + R_2} \quad$ und $\quad T_2 = \dfrac{L}{R_2}$ .

Bei etwas Übung läßt sich das hier ausführlich abgeleitete Ergebnis unmittelbar dem Netzwerk von Bild 6.4a entnehmen.

## Aufgabe 6.5

Das im Bild 6.5a dargestellte Netzwerk, das drei gleiche Widerstände $R$, eine Induktivität $L$, eine Kapazität $C$ und einen Schalter $S$ enthält, wird von einer harmonischen Spannung

$$u(t) = U_0 \cos \omega_0 t \quad \text{mit} \quad \omega_0 = \frac{1}{\sqrt{LC}}$$

erregt. Der Schalter $S$ war sehr lange in Stellung 1 und wird zur Zeit $t = 0$ in Stellung 2 gebracht.

a) Man stelle eine für $t \geq 0$ gültige Differentialgleichung für die Kapazitätsspannung $u_C$ auf und normiere sie unter Verwendung der Variablen $\tau = t/\sqrt{LC}$ und des Parameters

$$a = \frac{3}{4} R \sqrt{\frac{C}{L}} \;.$$

b) Wie lautet die allgemeine Lösung dieser Differentialgleichung unter der Annahme $a \neq 1$?

c) Welche Vereinfachungen ergeben sich für den Sonderfall $R = \sqrt{L/C}$, der auch für die Beantwortung der folgenden Teilaufgabe zugrundegelegt werden soll?

d) Welchen Anfangsbedingungen müssen der Induktivitätsstrom $i_L$ bzw. die Kapazitätsspannung $u_C$ genügen? Man bestimme diejenigen Funktionen $u_C(\tau)$ und $i_L(\tau)$, welche die Anfangsbedingungen erfüllen.

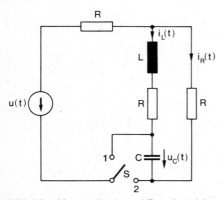

Bild 6.5a. Netzwerk mit zwei Energiespeichern, das von einer harmonischen Spannung erregt wird.

**Lösung zu Aufgabe 6.5**

a) Für $t \geq 0$ bestehen zwischen den Netzwerkgrößen $i_L$, $i_R$ und $u_C$ folgende Beziehungen:

$$U_0 \cos \frac{t}{\sqrt{LC}} = (i_L + i_R)R + i_R R ,$$

$$i_R R = u_C + i_L R + L \frac{di_L}{dt} ,$$

$$i_L = C \frac{du_C}{dt} .$$

Hieraus erhält man durch Elimination der Ströme $i_L$ und $i_R$ die Differentialgleichung

$$LC \frac{d^2 u_C}{dt^2} + \frac{3}{2} RC \frac{du_C}{dt} + u_C = \frac{U_0}{2} \cos \frac{t}{\sqrt{LC}} ,$$

aus der sich nach Einführung der normierten Zeit $\tau = t/\sqrt{LC}$ und des Parameters

$$a = \frac{3}{4} R \sqrt{\frac{C}{L}}$$

die normierte Differentialgleichung

$$\frac{d^2 u_C}{d\tau^2} + 2a \frac{du_C}{d\tau} + u_C = \frac{U_0}{2} \cos \tau \qquad (1)$$

ergibt.

b) Der Ansatz $u_{Ch}(\tau) = K e^{p\tau}$ zur Lösung der homogenen Differentialgleichung

$$\frac{d^2 u_C}{d\tau^2} + 2a \frac{du_C}{d\tau} + u_C = 0$$

führt auf die charakteristische Gleichung

$$p^2 + 2ap + 1 = 0$$

mit den Wurzeln

$$p_1 = -a + \sqrt{a^2 - 1} , \qquad p_2 = -a - \sqrt{a^2 - 1} .$$

Die allgemeine Lösung der homogenen Differentialgleichung lautet somit für $a \neq 1$

$$u_{Ch}(\tau) = K_1 \, e^{p_1 \tau} + K_2 \, e^{p_2 \tau} \, .$$

Der stationäre Anteil der Spannung $u_C(\tau)$ kann z.B. dadurch bestimmt werden, daß man den Ansatz $u_{Cs}(\tau) = A \cos \tau + B \sin \tau$ in die Differentialgleichung (1) einführt und die Konstanten $A$ und $B$ durch einen Koeffizientenvergleich ermittelt.
Eine weitere, sehr einfache und im Vergleich zur ersten weniger formale Lösungsmöglichkeit stützt sich auf die Tatsache, daß bei der Frequenz $\omega_0 = 1/\sqrt{LC}$ die Reihenschaltung von $L$ und $C$ in Resonanz ist. Im stationären Zustand ist also die Summe der beiden Spannungen an $L$ und $C$ beständig Null, und die Spannungsquelle wird durch den ohmschen Gesamtwiderstand $R + R/2$ belastet. Daher gilt

$$u_{Cs}(\tau) = -u_{Ls}(\tau) = -L \, \frac{1}{\sqrt{LC}} \, \frac{di_{Ls}}{d\tau}$$

und

$$i_{Ls}(\tau) = \frac{1}{3} \, \frac{U_0}{R} \, \cos \tau \, .$$

Hieraus erhält man

$$u_{Cs}(\tau) = \frac{1}{3} \, \frac{U_0}{R} \, \sqrt{\frac{L}{C}} \, \sin \tau = \frac{U_0}{4a} \, \sin \tau \, .$$

Die allgemeine Lösung der Differentialgleichung (1) lautet also für $a \neq 1$

$$u_C(\tau) = K_1 \, e^{p_1 \tau} + K_2 \, e^{p_2 \tau} + \frac{U_0}{4a} \, \sin \tau$$

mit

$$p_{1,2} = -a \pm \sqrt{a^2 - 1} \, .$$

c) Für den Sonderfall $R = \sqrt{L/C}$ ergibt sich

$$a = \frac{3}{4}, \quad p_{1,2} = -\frac{3}{4} \pm j \, \frac{\sqrt{7}}{4} \, ,$$

$$u_C(\tau) = K_1 \, e^{-\frac{3}{4}\tau + j \frac{\sqrt{7}}{4}\tau} + K_2 \, e^{-\frac{3}{4}\tau - j \frac{\sqrt{7}}{4}\tau} + \frac{U_0}{3} \, \sin \tau$$

$$= e^{-\frac{3}{4}\tau} \left( k_1 \cos \frac{\sqrt{7}}{4}\tau + k_2 \sin \frac{\sqrt{7}}{4}\tau \right) + \frac{U_0}{3} \sin \tau .$$

Die Konstanten $K_1$ und $K_2$ bzw. $k_1 = K_1 + K_2$ und $k_2 = j(K_1 - K_2)$ werden im folgenden durch die Anfangsbedingungen festgelegt.

d) Da voraussetzungsgemäß zum Zeitpunkt $t = 0-$ der stationäre Zustand bei der Schalterstellung 1 erreicht ist, lassen sich die Anfangswerte $u_C(0+) = u_C(0-)$ und $i_L(0+) = i_L(0-)$ mit Hilfe der komplexen Wechselstromrechnung anhand des Netzwerkes von Bild 6.5b in einfacher Weise bestimmen. Dieses Bild, in dem statt der Zeitgrößen $u_C$ und $i_L$ die zugehörigen Zeigergrößen $\underline{U}_C$ und $\underline{I}_L$ eingetragen sind, kennzeichnet den Zustand für $t = 0-$.
Die Reihenschaltung aus der Induktivität $L$ und dem ohmschen Widerstand $R = \sqrt{L/C}$ hat bei der Frequenz $\omega_0 = 1/\sqrt{LC}$ die Impedanz

$$\underline{Z}_1 = \sqrt{\frac{L}{C}} (1 + j) .$$

Für die Reihenschaltung aus der Kapazität $C$ und dem ohmschen Widerstand $R = \sqrt{L/C}$ erhält man bei dieser Frequenz

$$\underline{Z}_2 = \sqrt{\frac{L}{C}} (1 - j) .$$

Die Impedanz der beiden parallel geschalteten Zweige ist

$$\underline{Z} = \frac{\underline{Z}_1 \underline{Z}_2}{\underline{Z}_1 + \underline{Z}_2} = \sqrt{\frac{L}{C}} ,$$

d.h. sie ist genau so groß wie der zu $\underline{Z}$ in Reihe liegende Widerstand. Aus diesem Grund fällt an $\underline{Z}_1$ und $\underline{Z}_2$ jeweils die Spannung $\underline{U}/2$ ab, und es gilt für $\omega = \omega_0$

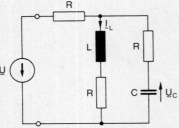

Bild 6.5b. Netzwerk zur Berechnung des Anfangszustands zum Zeitpunkt $t = 0$ mit Hilfe der komplexen Wechselstromrechnung.

# 6. Einschwingvorgänge in Netzwerken    Lösung 6.5

$$\underline{U}_C = \frac{j\sqrt{\frac{L}{C}}}{\sqrt{\frac{L}{C}}(1-j)} \frac{\underline{U}}{2} = \frac{j-1}{4}\underline{U} = \frac{\sqrt{2}}{4} e^{j\frac{3\pi}{4}} \underline{U} \;,$$

$$\underline{I}_L = \frac{1}{\sqrt{\frac{L}{C}}(1+j)} \frac{\underline{U}}{2} = \frac{1-j}{4} \frac{\underline{U}}{\sqrt{\frac{L}{C}}} = \frac{\sqrt{2}}{4} e^{-j\frac{\pi}{4}} \frac{\underline{U}}{\sqrt{\frac{L}{C}}} \;.$$

Diesen komplexen Zeigergrößen entsprechen die Zeitfunktionen

$$u_C(\tau) = \frac{\sqrt{2}}{4} U_0 \cos\left(\tau + \frac{3\pi}{4}\right)$$

bzw.

$$i_L(\tau) = \frac{\sqrt{2}}{4} \frac{U_0}{\sqrt{\frac{L}{C}}} \cos\left(\tau - \frac{\pi}{4}\right),$$

welche den stationären Zustand des Netzwerks vor dem Umschalten kennzeichnen. Man erhält somit zur Bestimmung der Konstanten $k_1$ und $k_2$ die Anfangsbedingungen

$$u_C(0+) = u_C(0-) = -\frac{U_0}{4} \;,$$

$$i_L(0+) = i_L(0-) = \frac{U_0}{4\sqrt{\frac{L}{C}}} \;.$$

Nun ist für $\tau \geqslant 0$

$$u_C(\tau) = e^{-\frac{3}{4}\tau}\left(k_1 \cos\frac{\sqrt{7}}{4}\tau + k_2 \sin\frac{\sqrt{7}}{4}\tau\right) + \frac{U_0}{3}\sin\tau$$

und

$$\sqrt{\frac{L}{C}}\, i_L(\tau) = -\frac{3}{4} e^{-\frac{3}{4}\tau}\left(k_1 \cos\frac{\sqrt{7}}{4}\tau + k_2 \sin\frac{\sqrt{7}}{4}\tau\right)$$

$$+ e^{-\frac{3}{4}\tau}\left(-k_1\frac{\sqrt{7}}{4}\sin\frac{\sqrt{7}}{4}\tau + k_2\frac{\sqrt{7}}{4}\cos\frac{\sqrt{7}}{4}\tau\right) + \frac{U_0}{3}\cos\tau \;.$$

Die beiden Anfangsbedingungen für $u_C(\tau)$ und $i_L(\tau)$ liefern damit folgende Bestimmungsgleichungen für $k_1$ und $k_2$:

$$-\frac{U_0}{4} = k_1 \;,$$

$$\frac{U_0}{4} = -\frac{3}{4}k_1 + \frac{\sqrt{7}}{4}k_2 + \frac{U_0}{3} \;.$$

Hieraus erhält man

$$k_1 = -\frac{U_0}{4} \quad \text{und} \quad k_2 = -\frac{13}{12\sqrt{7}} U_0 \;.$$

Setzt man diese beiden Werte in die allgemeinen Lösungen für $u_C(\tau)$ und $i_L(\tau)$ ein, so ergibt sich für $\tau \geqslant 0$

$$u_C(\tau) = -U_0 e^{-\frac{3}{4}\tau}\left(\frac{1}{4}\cos\frac{\sqrt{7}}{4}\tau + \frac{13}{12\sqrt{7}}\sin\frac{\sqrt{7}}{4}\tau\right) + \frac{U_0}{3}\sin\tau$$

und

$$i_L(\tau) = \frac{U_0}{\sqrt{\dfrac{L}{C}}}\left[e^{-\frac{3}{4}\tau}\left(\frac{5}{4\sqrt{7}}\sin\frac{\sqrt{7}}{4}\tau - \frac{1}{12}\cos\frac{\sqrt{7}}{4}\tau\right) + \frac{1}{3}\cos\tau\right].$$

# Aufgabe 6.6

Der im Bild 6.6a dargestellte Zweipol, der aus zwei gleichen Widerständen $R$, einer Induktivität $L$ und einer Kapazität $C$ aufgebaut ist, wird, nachdem er zuvor sehr lange in Ruhe war, zur Zeit $t = 0$ durch Schließen des Schalters $S$ an die Gleichspannung $U$ gelegt.

a) Wie groß ist die Spannung $u_C$ und der Strom $i_C$ unmittelbar nach dem Schließen des Schalters, d.h. zur Zeit $t = 0+$?

b) Welchen Wert erreicht $u_C$ für $t \to \infty$?

c) Man bestimme die Eigenwerte des Netzwerks.

d) Welche Beziehung muß zwischen $R$, $L$ und $C$ bestehen, damit sich ein doppelter Eigenwert ergibt? Wie lautet in diesem Fall die allgemeine Lösung für $u_C$?

e) Man ermittle für den in Teilaufgabe $d$ betrachteten Sonderfall die vollständige Lösung für $u_C$, welche die Anfangsbedingungen erfüllt, und den zeitlichen Verlauf der Ströme $i_C, i_L, i_1, i_2$ und $i$.

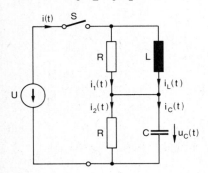

Bild 6.6a. Zweipol mit zwei Energiespeichern, der über den Schalter $S$ von einer Gleichspannung erregt wird.

## Lösung zu Aufgabe 6.6

a) Unmittelbar nach dem Schließen des Schalters wirkt die Kapazität wie ein Kurzschluß, während sich die Induktivität wie ein unendlich großer Widerstand verhält. Es ist somit

$$u_C(0+) = 0$$

und wegen $i_L(0+) = 0$ und $i_2(0+) = u_C(0+)/R = 0$

$$i_C(0+) = i_1(0+) = \frac{U}{R}.$$

b) Nach unendlich langer Zeit sperrt die Kapazität, die Induktivität wirkt dagegen wie ein Kurzschluß. Daher gilt

$$u_C(\infty) = U.$$

c) Zur Bestimmung der Eigenwerte des Netzwerks wird zunächst die Erregung zu Null gemacht, d.h. die Spannungsquelle kurzgeschlossen. Damit ergibt sich das im Bild 6.6b dargestellte Netzwerk.
Die Auswertung der Knotenregel und der Strom-Spannungs-Beziehungen für das Netzwerk von Bild 6.6b liefert die Gleichungen

$$i_C - i_L + i_R = 0 ,$$

$$i_C = C \frac{du_C}{dt} ,$$

$$i_R = \frac{2}{R} u_C ,$$

$$u_C = -L \frac{di_L}{dt} ,$$

aus denen sich die Differentialgleichung

$$LC \frac{d^2 u_C}{dt^2} + 2 \frac{L}{R} \frac{du_C}{dt} + u_C = 0$$

ableiten läßt. Führt man den Ansatz $u_C = Ke^{pt}$ in diese Differentialgleichung ein, so erhält man die charakteristische Gleichung

$$LCp^2 + 2\frac{L}{R}p + 1 = 0 ,$$

deren Wurzeln

$$p_{1,2} = \frac{-\frac{L}{R} \pm \sqrt{\left(\frac{L}{R}\right)^2 - LC}}{LC}$$

die gesuchten Eigenwerte darstellen[1]).

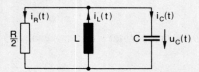

Bild 6.6b. Zur Bestimmung der Eigenwerte des Zweipols von Bild 6.6a.

*d*) Damit sich ein doppelter Eigenwert ergibt, muß

$$\left(\frac{L}{R}\right)^2 - LC = 0$$

sein. Hieraus folgt die Beziehung

$$R^2 = \frac{L}{C}.$$

Die allgemeine Lösung für $u_C$, die sich aus dem flüchtigen Anteil

$$u_{Ch}(t) = K_1 e^{p_0 t} + K_2 t e^{p_0 t} \qquad (p_0 = p_1 = p_2 = -\frac{1}{RC} = -\frac{1}{\sqrt{LC}})$$

und dem in Teilaufgabe *b* ermittelten stationären Anteil

$$u_{Cp}(t) \equiv u_C(\infty) = U$$

zusammensetzt, lautet

$$u_C(t) = K_1 e^{p_0 t} + K_2 t e^{p_0 t} + U \qquad (p_0 = -\frac{1}{RC} = -\frac{1}{\sqrt{LC}}).$$

Die Konstanten $K_1$ und $K_2$ sind aus den Anfangsbedingungen $u_C(0+) = 0$ und $i_C(0+) = U/R$ zu bestimmen.

*e*) Um beide Anfangsbedingungen auswerten zu können, hat man zunächst die allgemeine Lösung für den Kapazitätsstrom

$$i_C(t) = C\frac{du_C(t)}{dt} = K_1 p_0 C e^{p_0 t} + K_2 C e^{p_0 t} + K_2 p_0 C t e^{p_0 t}$$

$$= -\frac{K_1}{R} e^{p_0 t} + K_2 C e^{p_0 t} - \frac{K_2}{R} t e^{p_0 t}$$

---

[1]) Die Eigenwerte des Netzwerks lassen sich nach Abschnitt 6.4.2 aus EN auch noch algebraisch, d.h. ohne die Aufstellung einer Differentialgleichung ermitteln. Hierfür wird zunächst mit Hilfe der komplexen Wechselstromrechnung die Admittanz des Zweipols von Bild 6.6a

$$\underline{Y} = \frac{(R + j\omega L)(1 + j\omega RC)}{R^2 [LC(j\omega)^2 + 2\frac{L}{R}(j\omega) + 1]}$$

berechnet. Führt man für $j\omega$ die komplexe Frequenz $p$ ein und setzt den Nenner von $\underline{Y}$ gleich Null, so erhält man unmittelbar die charakteristische Gleichung zur Bestimmung der Eigenwerte.

zu ermitteln. Aus den Anfangsbedingungen erhält man dann zur Bestimmung von $K_1$ und $K_2$ die Gleichungen

$$K_1 + U = u_C(0+) = 0 \;,$$

$$-\frac{K_1}{R} + K_2\, C = i_C(0+) = \frac{U}{R} \;,$$

aus denen

$$K_1 = -U \qquad \text{und} \qquad K_2 = 0$$

folgt. Nach dem Einsetzen dieser speziellen Werte $K_1$ und $K_2$ ergeben sich die gesuchten Lösungsfunktionen

$$u_C(t) = U\left(1 - e^{p_0 t}\right),$$

$$i_C(t) = \frac{U}{R} e^{p_0 t},$$

$$i_2(t) = \frac{u_C(t)}{R} = \frac{U}{R}\left(1 - e^{p_0 t}\right),$$

$$i_1(t) = \frac{U - u_C(t)}{R} = \frac{U}{R} e^{p_0 t} = i_C(t),$$

$$i(t) = i_2(t) + i_C(t) = \frac{U}{R},$$

$$i_L(t) = i(t) - i_1(t) = \frac{U}{R}\left(1 - e^{p_0 t}\right) = i_2(t)$$

mit $\quad p_0 = -\dfrac{1}{RC} = -\dfrac{1}{\sqrt{LC}}\;.$

Besonders bemerkenswert ist die Tatsache, daß $i(t)$ konstant ist. Der Zweipol wirkt also nach außen wie ein ohmscher Widerstand, wenn seine Elemente die Bedingung $R^2 = L/C$ erfüllen.

**Aufgabe 6.7**

Die im Bild 6.7a dargestellte Reihenschaltung einer Induktivität $L$ und zweier Kapazitäten $C_1$ und $C_2$ kann durch einen Schalter $S$ zu einem Kreis geschlossen werden. Der Schalter $S$ wird zur Zeit $t = 0$ geschlossen, nachdem zuvor $C_1$ auf den Wert $u_1(0) = U > 0$ aufgeladen und $C_2$ vollständig entladen wurde.

a) Man stelle unter der im weiteren gültigen Bedingung, daß beide Kapazitäten $C_1$ und $C_2$ denselben Wert $2C$ besitzen, eine Differentialgleichung für $u_1(t)$ auf und gebe ihre allgemeine Lösung an.
   Hinweis: Man zeige, daß $u_1(t) + u_2(t) = U$ gilt, und benütze diese Beziehung zur Elimination von $u_2(t)$.

b) Man bestimme die Funktionen $u_1(t), u_2(t), u_L(t)$ und $i(t)$ unter Berücksichtigung der Anfangsbedingungen.

c) Man trage den Verlauf der vier in Teilaufgabe $b$ ermittelten Funktionen in Diagrammen über der Zeit auf.

d) Man bestimme aufgrund einer einfachen Überlegung ohne zusätzliche Rechnung den Funktionsverlauf von $u_1(t), u_2(t), u_L(t)$ und $i(t)$, wenn gemäß Bild 6.7b eine ideale Diode $D$ mit der im Bild 6.7c dargestellten Kennlinie in Reihe zu den übrigen Netzwerkelementen liegt. Wie verläuft die an $D$ abfallende Spannung $u_D(t)$?

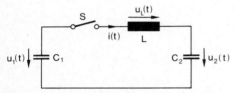

Bild 6.7a. Netzwerk, das nach dem Schließen des Schalters $S$ Eigenschwingungen ausführt.

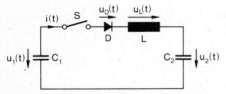

Bild 6.7b. Ergänzung des Netzwerks von Bild 6.7a durch eine ideale Diode.

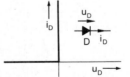

Bild 6.7c. Kennlinie der idealen Diode.

**Lösung zu Aufgabe 6.7**

a) Die beiden Kapaziatäten $C_1$ und $C_2$ werden von demselben Strom

$$i(t) = -C_1 \frac{du_1}{dt} = C_2 \frac{du_2}{dt}$$

durchflossen. Dadurch ist ein Zusammenhang zwischen den beiden Spannungen $u_1(t)$ und $u_2(t)$ gegeben, aus dem sich durch Integration nach der Zeit $t$ die Beziehung

$$-C_1 u_1(t) = C_2 u_2(t) + K_0$$

mit $K_0$ als Integrationskonstante ergibt. Berücksichtigt man die Anfangsbedingungen $u_1(0) = U$ und $u_2(0) = 0$, so erhält man eine Bestimmungsgleichung für $K_0$, die unter der Voraussetzung $C_1 = C_2 = 2C$ den Wert $K_0 = -2CU$ liefert. Zwischen $u_1(t)$ und $u_2(t)$ besteht also für $t \geqslant 0$ die Beziehung

$$u_1(t) + u_2(t) = U.$$

Durch die Anwendung der Maschenregel auf das Netzwerk von Bild 6.7a bei geschlossenem Schalter $S$ kommt man zur Gleichung

$$u_1(t) = u_L(t) + u_2(t).$$

Hieraus folgt mit

$$u_L(t) = L \frac{di}{dt} = -2LC \frac{d^2 u_1}{dt^2}$$

und mit Hilfe der abgeleiteten Beziehung zwischen $u_1(t)$ und $u_2(t)$ die Differentialgleichung

$$LC \frac{d^2 u_1}{dt^2} + u_1 = \frac{U}{2}.$$

Diese Schwingungsdifferentialgleichung für $u_1(t)$ hat die allgemeine Lösung

$$u_1(t) = K_1 \cos \frac{t}{\sqrt{LC}} + K_2 \sin \frac{t}{\sqrt{LC}} + \frac{U}{2},$$

wobei die Konstanten $K_1$ und $K_2$ durch die Anfangsbedingungen festzulegen sind.

b) Aus der Forderung $u_1(0) = U$ folgt $K_1 = U/2$. Die zweite Anfangsbedingung ist durch die Stetigkeit des Induktivitätsstroms $i(t)$ gegeben, der vor und unmittelbar nach dem Schließen des Schalters gleich Null ist. Die Strom-Spannungs-Beziehung an der Kapazität $C_1 = 2C$ liefert

$$i(t) = -2C\frac{du_1}{dt} = \frac{2}{\sqrt{\frac{L}{C}}} (K_1 \sin \frac{t}{\sqrt{LC}} - K_2 \cos \frac{t}{\sqrt{LC}}).$$

Die Bedingung $i(0) = 0$ hat also $K_2 = 0$ zur Folge. Somit lauten die gesuchten Funktionen

$$u_1(t) = \frac{U}{2}(1 + \cos \frac{t}{\sqrt{LC}}),$$

$$u_2(t) = U - u_1(t) = \frac{U}{2}(1 - \cos \frac{t}{\sqrt{LC}}),$$

$$u_L(t) = u_1(t) - u_2(t) = U \cos \frac{t}{\sqrt{LC}},$$

$$i(t) = \frac{U}{\sqrt{\frac{L}{C}}} \sin \frac{t}{\sqrt{LC}}.$$

c) Der Verlauf der Spannungen $u_1(t)$, $u_2(t)$ und $u_L(t)$ ist im Bild 6.7d, der Verlauf von $i(t)$ im Bild 6.7e über der Zeit $t$ aufgetragen.

d) Da die Diode infolge ihrer idealen Kennlinie im leitenden Zustand wie ein Kurzschluß wirkt, verlaufen die Netzwerkgrößen $u_1(t)$, $u_2(t)$, $u_L(t)$ und $i(t)$ zunächst genau so wie in den Diagrammen von Bild 6.7d bzw. Bild 6.7e.

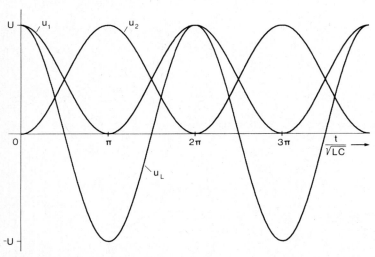

Bild 6.7d. Zeitlicher Verlauf der Spannungen $u_1$, $u_2$ und $u_L$ im Netzwerk von Bild 6.7a.

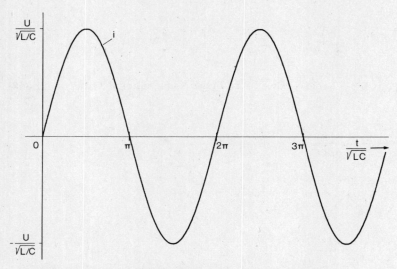

Bild 6.7e. Zeitlicher Verlauf des Stroms im Netzwerk von Bild 6.7a.

Bei $t = t_0 = \pi\sqrt{LC}$ beginnt die Diode zu sperren, so daß $i(t)$ nicht negativ werden kann. Damit wird aber der Ladungszustand bei beiden Kapazitäten „eingefroren", und man erhält für $t \geqslant t_0$ die konstanten Werte $u_1(t) = 0$ und $u_2(t) = U$. Da vom Zeitpunkt $t = t_0$ an der Strom $i(t)$ verschwindet, muß für $t > t_0$ auch $u_L(t) = 0$ gelten. Die Spannung $u_L(t)$, die unmittelbar vor dem Umschalten den Wert $-U$ besitzt, weist also bei $t = t_0$ eine Unstetigkeit auf. Damit muß aber auch die Diodenspannung $u_D(t)$ bei $t = t_0$ unstetig sein, denn es ist für $t \geqslant t_0$

$$u_L(t) + u_D(t) = u_1(t) - u_2(t) = -U = \text{const}.$$

Der Verlauf der Netzwerkgrößen $u_1(t), u_2(t), u_L(t), u_D(t)$ und $i(t)$ ist in Abhängigkeit von der Zeit $t$ in den Bildern 6.7f bis 6.7h aufgetragen.

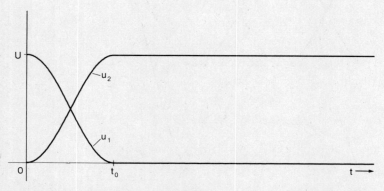

Bild 6.7f. Zeitlicher Verlauf der Spannungen $u_1$ und $u_2$ im Netzwerk von Bild 6.7b.

# 6. Einschwingvorgänge in Netzwerken

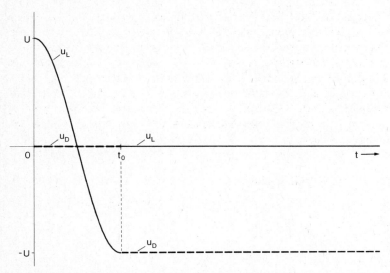

Bild 6.7g. Zeitlicher Verlauf der Spannungen $u_L$ und $u_D$ im Netzwerk von Bild 6.7b.

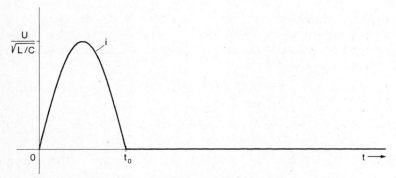

Bild 6.7h. Zeitlicher Verlauf des Stroms im Netzwerk von Bild 6.7b.

## Aufgabe. 6.8

Das im Bild 6.8a dargestellte, aus einer Induktivität $L$, einer Kapazität $C$ und einem Widerstand $R$ bestehende Netzwerk kann mittels eines Schalters $S$ wahlweise im Leerlauf oder Kurzschluß betrieben oder an eine Gleichspannung $U$ gelegt werden.

Der Schalter war sehr lange in Stellung 1 und wird vom Zeitpunkt $t = 0$ an in gleichen Zeitabständen $T$ zwischen den Stellungen 2 und 3 periodisch umgeschaltet. Die für das Umschalten benötigte Zeit darf als so kurz angenommen werden, daß sich die Spannung $u$ an der Kapazität und der Strom $i$ durch die Induktivität während des Umschaltens nicht ändern. Die zeitliche Abhängigkeit der Schalterstellungen ist also folgendermaßen festgelegt:

| Intervall | Schalterstellung |
|---|---|
| $-\infty \leqslant t < 0$ | 1 |
| $0 \leqslant t < T$ | 2 |
| $T \leqslant t < 2T$ | 3 |
| $2T \leqslant t < 3T$ | 2 |
| $3T \leqslant t < 4T$ | 3 |
| $\vdots$ | $\vdots$ |

a) Man stelle eine Differentialgleichung auf, die den zeitlichen Verlauf der Spannung $u$ bei der Schalterstellung 2 beschreibt, und bringe sie durch Einführung der Größe $\tau = t/\sqrt{LC}$ in normierte Form. Wie lautet die allgemeine Lösung dieser normierten Differentialgleichung?

b) Wie lautet die entsprechende Differentialgleichung und ihre allgemeine Lösung, wenn sich der Schalter in Stellung 3 befindet?

c) Man ermittle für $T = 2\pi\sqrt{LC}$ den Verlauf der Funktionen $u(\tau)$ und $\sqrt{L/C}\, i(\tau)$ im Intervall $0 \leqslant \tau \leqslant \infty$ und stelle die Ergebnisse in Diagrammen dar.

d) Man ermittle für $T = \pi\sqrt{LC}$ den Verlauf der Funktionen $u(\tau)$ und $\sqrt{L/C}\, i(\tau)$ im Intervall $0 \leqslant \tau \leqslant \infty$ und stelle die Ergebnisse in Diagrammen dar.

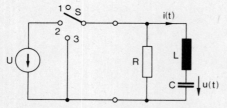

Bild 6.8a. Netzwerk mit zwei Energiespeichern, das aus dem Ruhezustand von einer Spannung mit mäanderförmigem Verlauf erregt wird.

**Lösung zu Aufgabe 6.8**

*a*) Solange sich der Schalter $S$ in Stellung 2 befindet, liegt sowohl am Widerstand $R$ als auch an dem zu $R$ parallel liegenden Reihenschwingkreis die Gleichspannung $U$. Der Widerstand $R$ hat daher auf den Strom $i$ im Schwingkreis und die Spannung $u$ an der Kapazität keinen Einfluß, und es gilt

$$L\frac{di}{dt} + u = U \;,$$

$$i = C\frac{du}{dt} \;.$$

Hieraus erhält man die Differentialgleichung

$$LC\frac{d^2u}{dt^2} + u = U \;,$$

welche durch die Substitution $\tau = t/\sqrt{LC}$ in die normierte Form

$$\frac{d^2u}{d\tau^2} + u = U$$

übergeht. Die allgemeine Lösung dieser Differentialgleichung lautet

$$u(\tau) = a_1 \cos \tau + b_1 \sin \tau + U \;.$$

Die hierin auftretenden Integrationskonstanten $a_1$ und $b_1$ werden später durch die Anfangsbedingungen festgelegt.

*b*) In Schalterstellung 3 ist der Schwingkreis kurzgeschlossen. Man erhält daher die normierte Differentialgleichung für die Spannung $u$ und ihre allgemeine Lösung aus den entsprechenden Ergebnissen von Teilaufgabe *a*, wenn man die Größe $U$ durch Null ersetzt. Die gesuchte Differentialgleichung lautet also

$$\frac{d^2u}{d\tau^2} + u = 0 \;,$$

und die zugehörige Lösung ist

$$u(\tau) = a_2 \cos \tau + b_2 \sin \tau \;.$$

Die Werte der Integrationskonstanten $a_2$ und $b_2$ lassen sich aus den Anfangsbedingungen bestimmen.

c) Im Intervall $0 \leq t < T = 2\pi\sqrt{LC}$ ist der Schalter $S$ in Stellung 2. Somit gilt im zugehörigen normierten Intervall $0 \leq \tau < 2\pi$ gemäß dem Ergebnis von Teilaufgabe $a$

$$u(\tau) = a_1 \cos \tau + b_1 \sin \tau + U$$

und

$$i(\tau) = \sqrt{\frac{C}{L}} \frac{du}{d\tau} = \sqrt{\frac{C}{L}} (-a_1 \sin \tau + b_1 \cos \tau) .$$

Da sich der Schalter für $t < 0$ in Stellung 1 befand, konnte sich der Schwingkreis in diesem Zeitintervall über den Widerstand $R$ entladen. Demzufolge muß $u(0) = 0$ und $i(0) = 0$ sein. Mit diesen Anfangsbedingungen sind die Konstanten $a_1$ und $b_1$ festgelegt. Es ergibt sich $a_1 = -U$ und $b_1 = 0$, so daß die gesuchten Funktionen $u(\tau)$ und $\sqrt{L/C}\, i(\tau)$ im normierten Intervall $0 \leq \tau < 2\pi$ folgendermaßen lauten:

$$u(\tau) = U(1 - \cos \tau) ,$$

$$\sqrt{\frac{L}{C}}\, i(\tau) = U \sin \tau .$$

Diese beiden Funktionen haben an der oberen Grenze ihres Gültigkeitsbereichs die Werte $u(2\pi-) = 0$ bzw. $\sqrt{L/C}\, i(2\pi-) = 0$. Damit sind die Anfangsbedingungen für das normierte Intervall $2\pi \leq \tau < 4\pi$ gegeben, in dem

$$u(\tau) = a_2 \cos \tau + b_2 \sin \tau$$

und

$$i(\tau) = \sqrt{\frac{C}{L}} (-a_2 \sin \tau + b_2 \cos \tau)$$

gilt, da der Schalter $S$ im zugehörigen Intervall $T \leq t < 2T$ in Stellung 3 ist. Aus den Anfangsbedingungen $u(2\pi) = u(2\pi-) = 0$ und $\sqrt{L/C}\, i(2\pi) = \sqrt{L/C}\, i(2\pi-) = 0$ folgt $a_2 = b_2 = 0$. Somit ist für $2\pi \leq \tau < 4\pi$

$$u(\tau) \equiv 0$$

und

$$\sqrt{\frac{L}{C}}\, i(\tau) \equiv 0 .$$

Zum Zeitpunkt $t = 2T$, an dem der Schalter wieder in Stellung 2 gebracht wird, hat offensichtlich sowohl der Strom im Schwingkreis als auch die Spannung an der Kapazität wieder denselben Wert wie für $t = 0$. Es wiederholt sich nun bei gleichen Anfangsbedingungen das bereits beschriebene Schaltspiel. Infolge der gleichen äußeren Bedingungen im Intervall $2T \leq t < 4T$ müssen also die beiden interessierenden Netzwerkgrößen denselben zeitlichen Verlauf haben wie im Intervall $0 \leq t < 2T$. Dies muß auch für alle nachfolgenden Intervalle gelten, da der Schalter $S$ voraussetzungsgemäß von $t = 0$ an in gleichen Zeitabständen zwischen den Stellungen 2 und 3 umgeschaltet wird. Die Funktionen $u(\tau)$ und $\sqrt{L/C}\, i(\tau)$ sind somit periodisch; sie haben die Periodendauer $4\pi$. Bild 6.8b zeigt in einem Diagramm den Verlauf der beiden Funktionen.

d) Für den Fall $T = \pi\sqrt{LC}$ lassen sich $u(\tau)$ und $\sqrt{L/C}\, i(\tau)$ in der bereits beschriebenen Weise ermitteln, wobei abwechselnd die allgemeine Lösung für $u(\tau)$ nach Teilaufgabe $a$ bzw. $b$ verwendet wird. Die Anfangsbedingungen für das erste Intervall $0 \leq \tau < \pi$ lauten auch hier $u(0) = 0$ und $i(0) = 0$. Bei allen nachfolgenden Intervallen ergeben sich die Anfangsbedingungen aus der Stetigkeitsforderung für $u(\tau)$ und $i(\tau)$. Im einzelnen erhält man

für $0 \leq \tau < \pi$ ($0 \leq t < \pi\sqrt{LC}$)

$$u(\tau) = U(1 - \cos\tau) \quad \text{und} \quad \sqrt{\frac{L}{C}}\, i(\tau) = U \sin\tau\;,$$

für $\pi \leq \tau < 2\pi$ ($\pi\sqrt{LC} \leq t < 2\pi\sqrt{LC}$)

$$u(\tau) = -2U\cos\tau \quad \text{und} \quad \sqrt{\frac{L}{C}}\, i(\tau) = 2U\sin\tau\;,$$

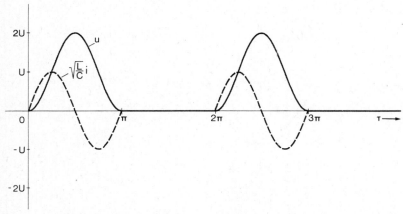

Bild 6.8b. Verlauf der Funktionen $u(\tau)$ und $\sqrt{L/C}\, i(\tau)$ für $T = 2\pi\sqrt{LC}$.

für $2\pi \leq \tau < 3\pi$ $(2\pi\sqrt{LC} \leq t < 3\pi\sqrt{LC})$

$$u(\tau) = U(1 - 3\cos\tau) \quad \text{und} \quad \sqrt{\frac{L}{C}}\, i(\tau) = 3U\sin\tau$$

usw. Wie man durch vollständige Induktion zeigen kann, gilt allgemein für $\nu = 0, 1, 2, \ldots$ im Intervall $2\nu\pi \leq \tau < (2\nu+1)\pi$ $[2\nu\pi\sqrt{LC} \leq t < (2\nu+1)\pi\sqrt{LC}]$

$$u(\tau) = U[1 - (2\nu+1)\cos\tau],$$

$$\sqrt{\frac{L}{C}}\, i(\tau) = (2\nu+1)U\sin\tau$$

und im Intervall $(2\nu+1)\pi \leq \tau < (2\nu+2)\pi$ $[(2\nu+1)\pi\sqrt{LC} \leq t < (2\nu+2)\pi\sqrt{LC}]$

$$u(\tau) = -(2\nu+2)U\cos\tau,$$

$$\sqrt{\frac{L}{C}}\, i(\tau) = (2\nu+2)U\sin\tau.$$

Der Verlauf der beiden Funktionen $u(\tau)$ und $\sqrt{L/C}\, i(\tau)$ ist im Bild 6.8c dargestellt. Bemerkenswert ist, daß es sich hier im Gegensatz zu den Ergebnissen von Teilaufgabe c nicht um periodische Funktionen handelt. Dies wird verständlich, wenn man die für $t \geq 0$ am Schwingkreis anliegende periodische Rechteckspannung in eine Fourier-Reihe entwickelt. Dabei zeigt sich, daß die Resonanzkreisfrequenz des Schwingkreises mit der Grundkreisfrequenz der Fourier-Reihe übereinstimmt. Die Grundschwingung der Fourier-Reihe ist für das "anklingende" Verhalten von $u(\tau)$ und $i(\tau)$ verantwortlich.

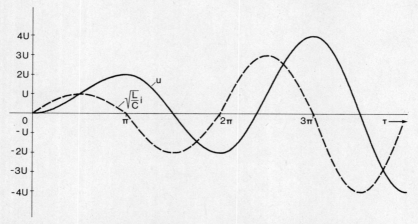

Bild 6.8c. Verlauf der Funktionen $u(\tau)$ und $\sqrt{L/C}\, i(\tau)$ für $T = \pi\sqrt{LC}$.

## Aufgabe 6.9

Ein Netzwerk, das gemäß Bild 6.9a aus einem ohmschen Widerstand $R$, einer Kapazität $C$ und einer spannungsgesteuerten Spannungsquelle mit positivem Verstärkungsfaktor $a$ aufgebaut ist, liegt seit sehr langer Zeit an der im Bild 6.9b dargestellten periodischen Rechteckspannung $u_1(t)$. Es darf angenommen werden, daß der stationäre Zustand des Netzwerks spätestens zum Zeitpunkt $t = -T_0/2$ erreicht ist, d.h. daß die Ausgangsspannung $u_2(t)$ für $t \geq -T_0/2$ einen periodischen Verlauf mit der Periode $T_0$ besitzt.

a) Welcher Zusammenhang besteht zwischen den Spannungen $u_C(t)$ und $u_2(t)$?

b) Wie lautet die Differentialgleichung für die Spannung $u_2(t)$ in denjenigen $t$-Intervallen, in denen $u_1(t) = U$ gilt? Wie lautet sie in den Intervallen mit $u_1(t) = -U$?

c) Man ermittle $u_2(t)$ für ein Periodizitätsintervall, etwa $-T_0/2 \leq t \leq T_0/2$, und stelle das Ergebnis in einem Diagramm dar.

d) Welchen Verlauf hat $u_2(t)$, wenn $a \to \infty$ geht? Skizze!

e) Man führe eine Fourier-Analyse der Spannung $u_1(t)$ durch und berechne die den einzelnen Teilschwingungen von $u_1(t)$ entsprechenden Anteile der Spannung $u_2(t)$ für $a \to \infty$. Man zeige, daß diese Anteile mit den Gliedern der Fourier-Reihenentwicklung von $u_2(t)$ aus Teilaufgabe $d$ identisch sind.

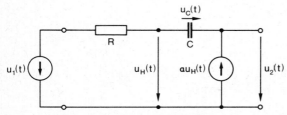

Bild 6.9a. Netzwerk mit einem Energiespeicher und einer spannungsgesteuerten Spannungsquelle, das von einer Spannung $u_1$ mit mäanderförmigem Verlauf erregt wird.

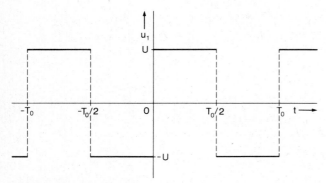

Bild 6.9b. Zeitlicher Verlauf der Spannung $u_1$.

**Lösung zu Aufgabe 6.9**

*a)* Wie man dem Netzwerk aus Bild 6.9a direkt entnimmt, besteht die Spannungsbeziehung

$$u_H(t) = u_C(t) - au_H(t).$$

Beachtet man noch die Steuerungsgleichung

$$-au_H(t) = u_2(t),$$

so ergibt sich der gewünschte Zusammenhang

$$u_C(t) = -\frac{a+1}{a} u_2(t). \tag{1}$$

Die Spannung $u_2(t)$ ist also proportional zu $u_C(t)$ und hat somit die gleichen Eigenschaften wie diese, insbesondere hinsichtlich der Stetigkeit.

*b)* Die Anwendung der Maschenregel liefert in Verbindung mit der Strom-Spannungs-Beziehung an der Kapazität $C$ die Gleichung

$$RC \frac{du_C(t)}{dt} + u_C(t) + u_2(t) = u_1(t). \tag{2}$$

Für die Intervalle $\nu T_0 < t < (\nu + 1/2)T_0$ $(\nu = 0,1,2,...)$, in denen $u_1(t) = U$ gilt, erhält man hieraus mit Gl.(1) die Differentialgleichung

$$RC(a+1) \frac{du_2(t)}{dt} + u_2(t) = -aU. \tag{3a}$$

In den Intervallen $(\nu - 1/2)T_0 < t < \nu T_0$ $(\nu = 0,1,2,...)$ gilt dagegen $u_1(t) = -U$, und man erhält in Anlehnung an Gl.(2) unmittelbar die Differentialgleichung

$$RC(a+1) \frac{du_2(t)}{dt} + u_2(t) = aU. \tag{3b}$$

*c)* Im Periodizitätsintervall $-T_0/2 \leq t \leq T_0/2$ kann aufgrund der Gln.(3a,b) die Spannung $u_2(t)$ zunächst folgendermaßen ausgedrückt werden, wenn man zur Abkürzung die Zeitkonstante $T = RC(a + 1)$ einführt:

$$u_2(t) = K_1 e^{-t/T} + aU \qquad \text{für} \qquad -\frac{T_0}{2} \leq t \leq 0, \tag{4a}$$

$$u_2(t) = K_2 e^{-t/T} - aU \qquad \text{für} \qquad 0 \leq t \leq \frac{T_0}{2}. \tag{4b}$$

# 6. Einschwingvorgänge in Netzwerken

Die Integrationskonstanten $K_1$ und $K_2$ lassen sich aus der Stetigkeitsbedingung

$$u_2(0-) = u_2(0+)$$

und der Periodizitätsbedingung

$$u_2\left(-\frac{T_0}{2}\right) = u_2\left(\frac{T_0}{2}\right)$$

bestimmen. Auf diese Weise erhält man mit der Abkürzung

$$q = e^{T_0/(2T)}$$

aus den Gln.(4a,b) die linearen Gleichungen

$$K_1 - K_2 = -2aU$$

und

$$qK_1 - \frac{1}{q}K_2 = -2aU .$$

Die Lösungen lauten

$$K_1 = -2aU\frac{1}{1+q}, \qquad K_2 = 2aU\frac{q}{1+q}. \tag{5a,b}$$

Die Gln.(4a,b) und (5a,b) liefern das Ergebnis

$$u_2(t) = \begin{cases} aU\left(1 - \dfrac{2}{1+q}e^{-t/T}\right) & \text{für} \quad -\dfrac{T_0}{2} \leqslant t \leqslant 0, & (6a) \\[2ex] aU\left(\dfrac{2q}{1+q}e^{-t/T} - 1\right) & \text{für} \quad 0 \leqslant t \leqslant \dfrac{T_0}{2}. & (6b) \end{cases}$$

Hieraus lassen sich die speziellen Werte

$$u_2(0) = aU\frac{q-1}{q+1} > 0$$

und

$$u_2(-T_0/2) = u_2(T_0/2) = aU\frac{1-q}{q+1} = -u_2(0)$$

ablesen.
Im Bild 6.9c ist der Verlauf von $u_2(t)$ graphisch veranschaulicht.
Wegen der speziellen Symmetrie des Spannungsverlaufs $u_2(t)$ im Periodizitätsintervall $-T_0/2 \leqslant t \leqslant T_0/2$ hätte es genügt, nur die Teillösung nach Gl.(4a) zu ermitteln und dazu die Integrationskonstante $K_1$ aufgrund der Forderung $u_2(-T_0/2) = -u_2(0-)$ [$= -u_2(0+)$] zu bestimmen.

d) Zur Durchführung des Grenzübergangs $a \to \infty$ wird zunächst $a$ hinreichend groß gewählt, so daß mit $T = RCa(1 + 1/a)$ die folgenden Reihendarstellungen möglich sind:

$$\frac{t}{T} = \frac{t}{RC}\left(\frac{1}{a} - \frac{1}{a^2} + \ldots\right),$$

$$e^{-t/T} = 1 - \frac{t}{RC}\frac{1}{a} + \ldots,$$

$$q = e^{T_0/(2T)} = 1 + \frac{T_0}{2RC}\frac{1}{a} + \ldots,$$

$$\frac{1}{1+q} = \frac{1}{2}\left(1 - \frac{T_0}{4RC}\frac{1}{a} + \ldots\right),$$

$$\frac{q}{1+q} = \frac{1}{2}\left(1 + \frac{T_0}{4RC}\frac{1}{a} + \ldots\right),$$

$$\frac{2}{1+q}e^{-t/T} = 1 - \left(\frac{T_0}{4RC} + \frac{t}{RC}\right)\frac{1}{a} + \ldots,$$

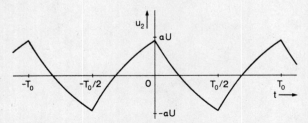

Bild 6.9c. Zeitlicher Verlauf der Spannung $u_2$ im stationären Zustand für einen endlichen Wert des Verstärkungsfaktors $a$.

$$\frac{2q}{1+q} e^{-t/T} = 1 + \left(\frac{T_0}{4RC} - \frac{t}{RC}\right)\frac{1}{a} + \dots .$$

Führt man die beiden letzten Darstellungen in die Gln.(6a,b) ein und läßt man dann $a$ gegen Unendlich streben, so erhält man die Spannung

$$u_2(t) = \begin{cases} \left(\dfrac{T_0}{4} + t\right)\dfrac{U}{RC} & \text{für} \quad -\dfrac{T_0}{2} \leqslant t \leqslant 0, \\[2ex] \left(\dfrac{T_0}{4} - t\right)\dfrac{U}{RC} & \text{für} \quad 0 \leqslant t \leqslant \dfrac{T_0}{2}. \end{cases}$$

Dieses Ergebnis ist im Bild 6.9d dargestellt.
Man gelangt im Fall $a \to \infty$ auch dadurch zur Lösung, daß man den Grenzübergang bereits bei der Aufstellung der Differentialgleichung durchführt. Mit der aus Gl.(1) für $a \to \infty$ folgenden Beziehung

$$u_C(t) = -u_2(t)$$

ergibt sich nach Gl.(2) der Zusammenhang

$$-RC \frac{du_2(t)}{dt} = u_1(t) . \tag{7}$$

Die Spannung $u_2(t)$ ist also gleich dem durch $-RC$ dividierten zeitlichen Integral der Spannung $u_1(t)$, d.h. das Netzwerk stellt für $a \to \infty$ einen Integrator dar. Die Ausgangsspannung $u_2(t)$ hat demnach bei Erregung des Netzwerks mit der periodischen Rechteckspannung von Bild 6.9b im Periodizitätsintervall $-T_0/2 \leqslant t \leqslant T_0/2$ folgenden Verlauf:

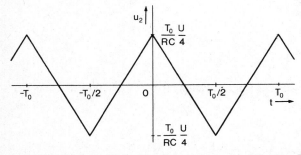

Bild 6.9d. Zeitlicher Verlauf der Spannung $u_2$ im stationären Zustand für $a \to \infty$.

$$u_2(t) = \begin{cases} \dfrac{U}{RC}t + K_1 & \text{für} \quad -\dfrac{T_0}{2} \leq t \leq 0, \\ \\ -\dfrac{U}{RC}t + K_2 & \text{für} \quad 0 \leq t \leq \dfrac{T_0}{2}. \end{cases}$$

Im Gegensatz zum Fall $0 < a < \infty$ folgt aus der Stetigkeitsforderung $u_2(0-) = u_2(0+)$ und der Periodizitätsbedingung $u_2(T_0/2) = u_2(-T_0/2)$ lediglich die Aussage $K_1 = K_2$. Die Spannung $u_2(t)$ ist hier, wie aufgrund von Gl.(7) zu erwarten war, nur bis auf eine additive Konstante festgelegt. Diese Konstante hängt vom Anfangszustand des Netzwerks beim Anlegen der Eingangsspannung ab. Da für alle endlichen $a$-Werte die Symmetriebedingung $u_2(-T_0/2) = u_2(T_0/2) = -u_2(0)$ erfüllt ist, erscheint es sinnvoll, diese Symmetriebedingung auch für den (technisch nicht zu verwirklichenden) Grenzfall $a \to \infty$ zu fordern. Hieraus ergibt sich

$$K_1 = K_2 = \frac{T_0 U}{4RC},$$

das Ergebnis entspricht also dem durch Grenzübergang aus den Gln.(6a,b) abgeleiteten.

e) Die Fourier-Reihe der Spannung $u_1(t)$ lautet

$$u_1(t) = \frac{4U}{\pi} \cdot \sum_{\nu=1,3,5,\ldots} \frac{1}{\nu} \sin\frac{2\pi\nu}{T_0}t.$$

Als Übertragungsfunktion hat man, zunächst für endliches $a$,

$$\underline{H}(\omega) = \frac{\underline{U}_2}{\underline{U}_1} = \frac{-a\underline{U}_H}{R\underline{U}_H(1+a)j\omega C + \underline{U}_H}$$

zu wählen. Für $a \to \infty$ ergibt sich

$$\underline{H}(\omega) = \frac{1}{\omega CR} e^{j\pi/2}.$$

Mit dieser Übertragungsfunktion und der Fourier-Reihe für $u_1(t)$ erhält man schließlich

$$u_2(t) = \frac{4U}{\pi} \cdot \frac{T_0}{2\pi CR} \cdot \sum_{\nu=1,3,5,\ldots} \frac{1}{\nu^2} \sin\left(\frac{2\pi\nu}{T_0}t + \frac{\pi}{2}\right)$$

oder

$$u_2(t) = \frac{2UT_0}{\pi^2 CR} \cdot \sum_{\nu=1,3,5,\ldots} \frac{1}{\nu^2} \cos \frac{2\pi\nu}{T_0} t.$$

Eine Fourier-Analyse der Dreieckfunktion (Bild 6.9d) mit Hilfe von EN, Gl.(5.69) bestätigt das Ergebnis.

## Aufgabe 6.10

Das im Bild 6.10a dargestellte RC-Glied wird durch eine im Zeitpunkt $t = 0$ einsetzende periodische Sägezahnspannung $u(t)$ (Bild 6.10b) vom Ruhezustand aus erregt.
Der zeitliche Verlauf der Spannung an der Kapazität $C$ ist in folgenden Einzelschritten zu ermitteln.

a) Man bestimme zunächst $u_C(t)$ für $t \geq t_0$, wenn $u_C(t_0) = u_0$ vorgeschrieben ist und $u(t)$ vom Zeitpunkt $t = t_0$ an einen linear ansteigenden Verlauf gemäß Bild 6.10c besitzt. Wie groß ist $u_C(t_0 + T_0)$?

b) Unter Berücksichtigung des Ergebnisses von Teilaufgabe $a$ läßt sich nun für den Fall der Erregung durch eine periodische Sägezahnspannung der Verlauf von $u_C(t)$ innerhalb der Zeitintervalle $\nu T_0 \leq t \leq (\nu + 1)T_0$ ($\nu = 0,1,2,...$) anschreiben. Für die hier-

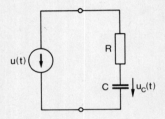

Bild 6.10a. *RC*-Glied, das vom Ruhezustand aus durch eine Spannung $u$ mit sägezahnförmigem zeitlichem Verlauf erregt wird.

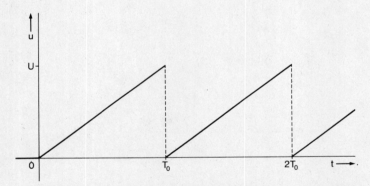

Bild 6.10b. Darstellung des zeitlichen Verlaufs der sägezahnförmigen Spannung $u$.

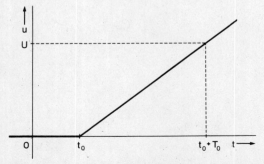

Bild 6.10c. Darstellung des zeitlichen Verlaufs der rampenförmigen Spannung $u$.

bei zunächst noch unbekannten Anfangswerte $u_C(\nu T_0)$ ($\nu = 1,2,...$) kann eine Rekursionsformel angegeben werden. Wie lautet sie?

c) Man bestimme den stationären Zustand von $u_C(t)$, diskutiere den Kurvenverlauf innerhalb eines Periodizitätsintervalls und stelle ihn für $T_0 = CR$ in einem Diagramm dar.

d) Man bestimme $u_C(\nu T_0)$ ($\nu = 1,2,...$) allgemein in Abhängigkeit von $R, C, U, T_0$ und $\nu$ aus der in Teilaufgabe b ermittelten Rekursionsformel und aus der Anfangsbedingung $u_C(0) = 0$.

e) Man führe in dem unter Teilaufgabe d bestimmten Formelausdruck für $u_C(\nu T_0)$ den Grenzübergang $\nu \to \infty$ durch und überprüfe auf diese Weise das in Teilaufgabe c gewonnene Ergebnis für den Verlauf der Kapazitätsspannung im stationären Zustand auf seine Richtigkeit.

**Lösung zu Aufgabe 6.10**

a) Aufgrund der Maschenregel und der Strom-Spannungs-Beziehung an der Kapazität erhält man im Falle des vorliegenden Netzwerks für die Kapazitätsspannung die Differentialgleichung

$$RC \frac{du_C}{dt} + u_C = u(t) \tag{1a}$$

mit

$$u(t) = \begin{cases} 0 & \text{für} \quad t < t_0, \\ \dfrac{U}{T_0}(t - t_0) & \text{für} \quad t \geq t_0. \end{cases} \tag{1b}$$

Die allgemeine Lösung der homogenen Differentialgleichung lautet

$$u_{Ch}(t) = K e^{-t/(RC)}. \tag{2}$$

Als partikuläre Lösung der inhomogenen Differentialgleichung wird der Ansatz

$$u_{Cp}(t) = At + B \tag{3a}$$

gewählt und in die Gln.(1a,b) eingesetzt. Hierdurch ergibt sich die Identität

$$RCA + At + B = \frac{U}{T_0}t - \frac{U}{T_0}t_0 \qquad \text{für} \quad t \geq t_0,$$

aus der durch Vergleich der beiden Seiten

$$A = \frac{U}{T_0}, \qquad B = -\frac{U}{T_0}(t_0 + RC) \tag{3b,c}$$

folgt. Damit erhält man aus den Gln.(2) und (3a,b,c) als allgemeine Lösung der inhomogenen Differentialgleichung (1a) die Funktion

$$u_C(t) = K e^{-t/(RC)} + \frac{U}{T_0}(t - t_0 - RC) \qquad (t \geq t_0). \tag{4}$$

Die Konstante $K$ läßt sich aufgrund der Anfangsbedingung $u_C(t_0) = u_0$ berechnen. Es ergibt sich mit Gl.(4)

$$K = \left(u_0 + U\frac{RC}{T_0}\right) e^{t_0/(RC)},$$

also mit der Abkürzung $RC = T$ als gesuchte Lösung

$$u_C(t) = \left(u_0 + U\frac{T}{T_0}\right) e^{(t_0 - t)/T} + \frac{U}{T_0}(t - t_0 - T) \qquad (t \geq t_0). \tag{5}$$

Zum Zeitpunkt $t = t_0 + T_0$ erhält man hieraus den Wert

$$u_C(t_0 + T_0) = \left(u_0 + U\frac{T}{T_0}\right) e^{-T_0/T} + U\left(1 - \frac{T}{T_0}\right).$$

b) Mit den Ergebnissen von Teilaufgabe $a$ läßt sich der Verlauf von $u_C(t)$ sofort angeben, wenn die Erregung $u(t)$ eine Sägezahnspannung mit der Periodendauer $T_0$ ist. Man erhält in Anlehnung an Gl.(5) die Kapazitätsspannung

$$u_C(t) = \left[u_C(\nu T_0) + U\frac{T}{T_0}\right] e^{(\nu T_0 - t)/T} + \frac{U}{T_0}(t - \nu T_0 - T) \tag{6}$$

$[\nu T_0 \leq t \leq (\nu + 1) T_0 \;;\; \nu = 0,1,2,...]$.

Die zunächst unbekannten Anfangswerte $u_C(\nu T_0)$ $(\nu = 1,2,...)$ der einzelnen Teilintervalle sind aufgrund des Anfangswerts $u_C(0) = 0$ und der Stetigkeitsbedingung

$$u_C[(\nu + 1) T_0] = u_C(\nu T_0) e^{-T_0/T} + U\left(\frac{T}{T_0} e^{-T_0/T} + 1 - \frac{T}{T_0}\right) \tag{7}$$

$(\nu = 0,1,2,...)$

rekursiv gegeben.

c) Im stationären Zustand müssen Anfangswert und Endwert von $u_C(t)$ im Intervall $\nu T_0 \leq t \leq (\nu + 1)T_0$ für $\nu \to \infty$ übereinstimmen. Es muß also für $\nu \to \infty$

$$u_C(\nu T_0) = u_C[(\nu + 1) T_0]$$

gelten. Hieraus erhält man nach Gl.(7)

$$u_C(\nu T_0) = \frac{U}{1 - e^{-T_0/T}} - U\frac{T}{T_0}.$$

Führt man diesen Ausdruck in die Gl.(6) ein, so entsteht die folgende Darstellung für den stationären Zustand ($\nu \to \infty$):

$$u_C(t) = \frac{U}{1 - e^{-T_0/T}} e^{(\nu T_0 - t)/T} + \frac{U}{T_0}(t - \nu T_0 - T). \tag{8}$$

Zur Diskussion des Verlaufs von $u_C(t)$ im stationären Zustand empfiehlt es sich, die Substitution

$$\tau = \frac{t - \nu T_0}{T_0}$$

einzuführen. Auf diese Weise ergibt sich mit der Abkürzung $q = T_0/T$ die stationäre Kapazitätsspannung in einem Periodizitätsintervall:

$$\widetilde{u}_C(\tau) = \frac{U}{1 - e^{-q}} e^{-q\tau} + U\left(\tau - \frac{1}{q}\right) \qquad (0 \leq \tau \leq 1).$$

Der zugehörige Differentialquotient lautet

$$\frac{d\widetilde{u}_C(\tau)}{d\tau} = \frac{-qU}{1 - e^{-q}} e^{-q\tau} + U.$$

Aufgrund der für $q > 0$ gültigen Beziehung $qe^{-q} < 1 - e^{-q} < q$ lassen sich an beiden Randpunkten des Periodizitätsintervalls folgende Aussagen machen:

$$\widetilde{u}_C(0) = \widetilde{u}_C(1) = \frac{U}{1 - e^{-q}} - \frac{U}{q} > 0,$$

$$\left.\frac{d\widetilde{u}_C(\tau)}{d\tau}\right|_{\tau=0} = \frac{-qU}{1 - e^{-q}} + U < 0,$$

$$\left.\frac{\mathrm{d}\widetilde{u}_C(\tau)}{\mathrm{d}\tau}\right|_{\tau=1} = \frac{-qe^{-q}U}{1-e^{-q}} + U > 0.$$

Für Punkte mit waagrechter Tangente ist $\mathrm{d}\widetilde{u}_C(\tau)/\mathrm{d}\tau = 0$ zu fordern. Diese Forderung wird für

$$\tau = \tau_m = \frac{1}{q} \ln \frac{q}{1-e^{-q}}$$

erfüllt. Es muß sich dabei um ein Minimum von $\widetilde{u}_C(\tau)$ im Intervall $0 < \tau < 1$ handeln, da der Differentialquotient $\mathrm{d}\widetilde{u}_C(\tau)/\mathrm{d}\tau$ eine monoton mit $\tau$ wachsende Funktion ist, die für $\tau = 0$ negativ und für $\tau = 1$ positiv ist. Der zu $\tau_m$ gehörige Funktionswert lautet

$$\widetilde{u}_C(\tau_m) = U\tau_m,$$

d.h., an den Stellen, an denen die Spannung $u_C(t)$ minimal wird, muß sie gleich der angelegten Sägezahnspannung sein. Diese Aussage läßt sich auch unmittelbar aus Gl.(1a) ablesen.

Im Bild 6.10d ist der Verlauf von $\widetilde{u}_C(\tau)$ für $T_0 = T$ im Intervall $0 \leq \tau \leq 1$ dargestellt.

d) In der Teilaufgabe b ergab sich für die Anfangswerte $x_\nu = u_C(\nu T_0)$ $(\nu = 0,1,2,...)$ in den einzelnen Teilintervallen die Rekursionsformel

$$x_{\nu+1} = ax_\nu + b \qquad (\nu = 0,1,2,...)$$

mit

$$x_0 = 0, \qquad a = e^{-T_0/T}, \qquad b = U\left(\frac{T}{T_0}e^{-T_0/T} + 1 - \frac{T}{T_0}\right).$$

Eine Auswertung der Rekursionsformel bis $\nu = 3$ liefert die Werte

$$x_1 = b, \qquad x_2 = b(1+a), \qquad x_3 = b(1+a+a^2).$$

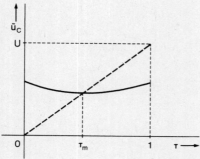

Bild 6.10d. Darstellung des Verlaufs der Funktion $\widetilde{u}_C(\tau)$ für $T = T_0$.

Hieraus ist zu vermuten, daß für beliebiges ganzzahliges $\nu \geqslant 0$

$$x_\nu = b\,\frac{1-a^\nu}{1-a}$$

gilt. Der Beweis läßt sich durch vollständige Induktion führen, indem man mit der vermuteten Lösung in die Rekursionsformel eingeht. Dadurch ergibt sich

$$x_{\nu+1} = ab\,\frac{1-a^\nu}{1-a} + b = b\,\frac{1-a^{\nu+1}}{1-a}\,.$$

Wie man sieht, ist die vermutete Lösung für $\nu + 1$ richtig, falls sie für $\nu$ richtig war. Da sie für $\nu = 0$ und $\nu = 1$ gilt, besteht sie für alle ganzzahligen $\nu > 1$. Das gewonnene Ergebnis läßt sich folgendermaßen zusammenfassen:

$$u_C(\nu T_0) = U\left(\frac{T}{T_0}e^{-T_0/T} + 1 - \frac{T}{T_0}\right)\frac{1-e^{-\nu T_0/T}}{1-e^{-T_0/T}} \tag{9a}$$

$$u_C(t) = \left[u_C(\nu T_0) + U\frac{T}{T_0}\right]e^{(\nu T_0 - t)/T} + \frac{U}{T_0}(t - \nu T_0 - T) \tag{9b}$$

$[\nu T_0 \leqslant t \leqslant (\nu+1)T_0\,;\ \nu = 0,1,2,\dots]\,.$

e) Im stationären Fall erhält man aus Gl.(9a)

$$\lim_{\nu \to \infty} u_C(\nu T_0) = \frac{U}{1-e^{-T_0/T}} - U\frac{T}{T_0}\,.$$

Führt man diesen Grenzwert für $u_C(\nu T_0)$ in die Gl.(9b) ein, so bestätigt sich Gl.(8).

## Aufgabe 6.11

Das zeitliche Verhalten der Spannungen und Ströme im Netzwerk von Bild 6.11 soll mit Hilfe des Maschenstromverfahrens für den Fall untersucht werden, daß zum Zeitpunkt $t = 0$, in welchem der Schalter $S$ geschlossen wird, folgende Anfangsbedingungen gegeben sind: Die zur Primärwicklung des Übertragers in Reihe liegende Kapazität sei auf den Wert $u_1 = U$ aufgeladen; alle Ströme und die Spannung an der Kapazität auf der Sekundärseite des Übertragers seien gleich Null. Für den Übertrager wird der Grenzfall der festen Kopplung $L = |M|$ ausgeschlossen, so daß der Kopplungsfaktor $\kappa = M/L$ im Intervall $-1 < \kappa < 1$ liegt.

a) Man stelle für die vier Netzwerkvariablen $z_1 = u_1$, $z_2 = u_2$, $z_3 = i_1$, $z_4 = i_2$ ein Differentialgleichungssystem auf, in das die normierte Zeit $\tau = t/\sqrt{LC}$ und der Leitwert $g = \sqrt{C/L}$ so eingeführt werden sollen, daß außer dem Operator $d/d\tau$ nur die Parameter $R, g$ und $\kappa$ vorkommen. Sodann ist das Gleichungssystem in elementarer Weise derart umzuformen, daß der Operator $d/d\tau$ nur noch in der Hauptdiagonale auftritt. Als Parameter soll zusätzlich der Streufaktor $\sigma = 1 - \kappa^2$ verwendet werden.

b) Unter der für alle weiteren Teilaufgaben gültigen Voraussetzung $R = 0$ ist die allgemeine Lösung des Differentialgleichungssystems zu ermitteln. Hierzu stelle man mit Hilfe des Lösungsansatzes

$$z_\nu(\tau) = K_\nu e^{p\tau} \qquad (\nu = 1,2,3,4) \tag{1}$$

ein algebraisches Gleichungssystem zur Bestimmung der vier Konstanten $K_\nu$ auf und gebe die charakteristische Gleichung sowie die Eigenwerte des Netzwerks an.

c) Man löse das Gleichungssystem für die Konstanten $K_\nu = K_{\nu\mu}$ ($\nu = 1,...,4; \mu = 1,...,4$), indem man $K_{4\mu} = A_\mu$ frei wählt. Mit dem Index $\mu$ sollen die verschiedenen Eigenwerte und die zugehörigen Integrationskonstanten gekennzeichnet werden. Wie lautet die allgemeine Lösung für die vier Netzwerkvariablen $z_1(\tau), ..., z_4(\tau)$?

d) Man bestimme die Integrationskonstanten $A_1, A_2, A_3, A_4$ aus den Anfangsbedingungen

$$z_1(0) = U, \qquad z_2(0) = z_3(0) = z_4(0) = 0$$

und gebe die Lösungen $z_1(\tau), ..., z_4(\tau)$ mit diesen Anfangsbedingungen an.

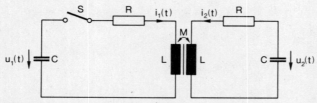

Bild 6.11. Netzwerk, dessen Einschwingverhalten nach dem Schließen des Schalters $S$ untersucht werden soll.

## Lösung zu Aufgabe 6.11

*a)* In den beiden Elementarmaschen des zu untersuchenden Netzwerks werden die beiden Ströme $i_1$ und $i_2$ als Maschenströme gewählt. Für die Netzwerkvariablen $z_1 = u_1$, $z_2 = u_2$, $z_3 = i_1$, $z_4 = i_2$ lassen sich dann direkt die vier folgenden Gleichungen aufstellen:

| $z_1$ | $z_2$ | $z_3$ | $z_4$ | |
|---|---|---|---|---|
| $C\dfrac{d}{dt}$ | 0 | 1 | 0 | 0 |
| 0 | $C\dfrac{d}{dt}$ | 0 | 1 | 0 |
| $-1$ | 0 | $R + L\dfrac{d}{dt}$ | $M\dfrac{d}{dt}$ | 0 |
| 0 | $-1$ | $M\dfrac{d}{dt}$ | $R + L\dfrac{d}{dt}$ | 0. |

Durch Einführung der normierten Zeit $\tau = t/\sqrt{LC}$ und der Parameter $g = \sqrt{C/L}$, $\kappa = M/L$ erhält das Gleichungssystem die Form

| $z_1$ | $z_2$ | $z_3$ | $z_4$ | |
|---|---|---|---|---|
| $g\dfrac{d}{d\tau}$ | 0 | 1 | 0 | 0 |
| 0 | $g\dfrac{d}{d\tau}$ | 0 | 1 | 0 |
| $-1$ | 0 | $R + \dfrac{1}{g}\dfrac{d}{d\tau}$ | $\dfrac{\kappa}{g}\dfrac{d}{d\tau}$ | 0 |
| 0 | $-1$ | $\dfrac{\kappa}{g}\dfrac{d}{d\tau}$ | $R + \dfrac{1}{g}\dfrac{d}{d\tau}$ | 0. |

Nun wird von der vierten Gleichung die mit $\kappa$ multiplizierte dritte Gleichung subtrahiert. Anschließend wird das $(\kappa/\sigma)$-fache der neuen vierten Gleichung von der dritten Gleichung subtrahiert. Auf diese Weise entsteht das Gleichungssystem

| $z_1$ | $z_2$ | $z_3$ | $z_4$ | |
|---|---|---|---|---|
| $g\dfrac{d}{d\tau}$ | $0$ | $1$ | $0$ | $0$ |
| $0$ | $g\dfrac{d}{d\tau}$ | $0$ | $1$ | $0$ |
| $-\dfrac{1}{\sigma}$ | $\dfrac{\kappa}{\sigma}$ | $\dfrac{R}{\sigma}+\dfrac{1}{g}\dfrac{d}{d\tau}$ | $-\dfrac{\kappa}{\sigma}R$ | $0$ |
| $\kappa$ | $-1$ | $-\kappa R$ | $R+\dfrac{\sigma}{g}\dfrac{d}{d\tau}$ | $0\,.$ |

(2)

*b*) Führt man den Ansatz nach Gl.(1) in die Differentialgleichungen (2) ein, wobei $R = 0$ gesetzt wird, so erhält man für die Konstanten $K_\nu$ ($\nu = 1,2,3,4$) das homogene, lineare, algebraische Gleichungssystem

| $K_1$ | $K_2$ | $K_3$ | $K_4$ | |
|---|---|---|---|---|
| $gp$ | $0$ | $1$ | $0$ | $0$ |
| $0$ | $gp$ | $0$ | $1$ | $0$ |
| $-\dfrac{1}{\sigma}$ | $\dfrac{\kappa}{\sigma}$ | $\dfrac{p}{g}$ | $0$ | $0$ |
| $\kappa$ | $-1$ | $0$ | $\dfrac{\sigma}{g}p$ | $0\,.$ |

(3)

Nichttriviale Lösungen sind nur zu gewinnen, wenn die Koeffizientendeterminante

$$\begin{vmatrix} gp & 0 & 1 & 0 \\ 0 & gp & 0 & 1 \\ -\dfrac{1}{\sigma} & \dfrac{\kappa}{\sigma} & \dfrac{p}{g} & 0 \\ \kappa & -1 & 0 & \dfrac{\sigma}{g}p \end{vmatrix}$$

verschwindet. Diese Bedingung liefert die charakteristische Gleichung

$$\sigma p^4 + 2p^2 + 1 = 0$$

in der Veränderlichen $p$. Ihre Lösungen

$$p_1 = \frac{j}{\sqrt{1+\kappa}}, \qquad p_2 = \frac{-j}{\sqrt{1+\kappa}}, \qquad p_3 = \frac{j}{\sqrt{1-\kappa}}, \qquad p_4 = \frac{-j}{\sqrt{1-\kappa}}$$

sind die gesuchten Eigenwerte.

c) Im Gleichungssystem (3) wird nun $p = p_\mu$ ($\mu = 1,...,4$) gesetzt. Damit darf die vierte Gleichung weggelassen werden, und man erhält für die von $\mu$ abhängigen Konstanten $K_1 = K_{1\mu}$, $K_2 = K_{2\mu}$ und $K_3 = K_{3\mu}$ die Gleichungen

| $K_{1\mu}$ | $K_{2\mu}$ | $K_{3\mu}$ | |
|---|---|---|---|
| $gp_\mu$ | 0 | 1 | 0 |
| 0 | $gp_\mu$ | 0 | $-A_\mu$ |
| $-\dfrac{1}{\sigma}$ | $\dfrac{\kappa}{\sigma}$ | $\dfrac{p_\mu}{g}$ | 0 , |

in denen $A_\mu = K_{4\mu}$ beliebig gewählt werden darf. Die Lösungen lauten

$$K_{1\mu} = \frac{-\dfrac{\kappa}{\sigma}}{gp_\mu\left(p_\mu^2 + \dfrac{1}{\sigma}\right)} A_\mu, \qquad K_{2\mu} = \frac{-A_\mu}{gp_\mu}, \qquad K_{3\mu} = \frac{\dfrac{\kappa}{\sigma}}{p_\mu^2 + \dfrac{1}{\sigma}} A_\mu.$$

Mit den berechneten Eigenwerten ergibt sich

$$K_{11} = j\frac{\sqrt{1+\kappa}}{g} A_1, \qquad K_{21} = j\frac{\sqrt{1+\kappa}}{g} A_1, \qquad K_{31} = A_1,$$

$$K_{12} = -j\frac{\sqrt{1+\kappa}}{g} A_2, \qquad K_{22} = -j\frac{\sqrt{1+\kappa}}{g} A_2, \qquad K_{32} = A_2,$$

$$K_{13} = -j\frac{\sqrt{1-\kappa}}{g} A_3, \qquad K_{23} = j\frac{\sqrt{1-\kappa}}{g} A_3, \qquad K_{33} = -A_3,$$

$$K_{14} = j\frac{\sqrt{1-\kappa}}{g} A_4, \qquad K_{24} = -j\frac{\sqrt{1-\kappa}}{g} A_4, \qquad K_{34} = -A_4.$$

Damit erhält man als Lösungen für die Netzwerkvariablen

$$z_1(\tau) = \frac{\sqrt{1+\kappa}}{g}(jA_1\,e^{p_1\tau} - jA_2\,e^{p_2\tau}) - \frac{\sqrt{1-\kappa}}{g}(jA_3\,e^{p_3\tau} - jA_4\,e^{p_4\tau})$$

$$= \frac{j}{\beta g}(A_1\,e^{j\beta\tau} - A_2\,e^{-j\beta\tau}) - \frac{j}{\gamma g}(A_3\,e^{j\gamma\tau} - A_4\,e^{-j\gamma\tau}),$$

$$z_2(\tau) = \frac{j}{\beta g}(A_1\,e^{j\beta\tau} - A_2\,e^{-j\beta\tau}) + \frac{j}{\gamma g}(A_3\,e^{j\gamma\tau} - A_4\,e^{-j\gamma\tau}),$$

$$z_3(\tau) = A_1\,e^{j\beta\tau} + A_2\,e^{-j\beta\tau} - A_3\,e^{j\gamma\tau} - A_4\,e^{-j\gamma\tau},$$

$$z_4(\tau) = A_1\,e^{j\beta\tau} + A_2\,e^{-j\beta\tau} + A_3\,e^{j\gamma\tau} + A_4\,e^{-j\gamma\tau}$$

mit den Abkürzungen $\beta = 1/\sqrt{1+\kappa}$ und $\gamma = 1/\sqrt{1-\kappa}$.

d) Aus den vorgeschriebenen Anfangsbedingungen ergeben sich mit den Lösungen der Teilaufgabe c die Gleichungen

$$A_1 = \frac{g\beta U}{j4} = -A_2, \qquad A_3 = -\frac{g\gamma U}{j4} = -A_4.$$

Hiermit lassen sich schließlich die Netzwerkvariablen mit den vorgeschriebenen Anfangsbedingungen angeben:

$$z_1(\tau) = \frac{U}{2}\left(\cos\frac{\tau}{\sqrt{1+\kappa}} + \cos\frac{\tau}{\sqrt{1-\kappa}}\right),$$

$$z_2(\tau) = \frac{U}{2}\left(\cos\frac{\tau}{\sqrt{1+\kappa}} - \cos\frac{\tau}{\sqrt{1-\kappa}}\right),$$

$$z_3(\tau) = \frac{gU}{2}\left(\frac{1}{\sqrt{1+\kappa}}\sin\frac{\tau}{\sqrt{1+\kappa}} + \frac{1}{\sqrt{1-\kappa}}\sin\frac{\tau}{\sqrt{1-\kappa}}\right),$$

$$z_4(\tau) = \frac{gU}{2}\left(\frac{1}{\sqrt{1+\kappa}}\sin\frac{\tau}{\sqrt{1+\kappa}} - \frac{1}{\sqrt{1-\kappa}}\sin\frac{\tau}{\sqrt{1-\kappa}}\right).$$

## Aufgabe 6.12

Das im Bild 6.12a dargestellte Netzwerk besteht aus einem festgekoppelten Differentialübertrager sowie zwei ohmschen Widerständen mit dem Wert $R$, einer Kapazität $C$ und einem Schalter. Der Übertrager besitzt primärseitig $w$ Windungen mit einer Hauptinduktivität $L$; die in der Mitte angezapfte Sekundärwicklung hat in Bezug auf den Übertragerkern denselben Wicklungssinn wie die Primärwicklung und weist $2w$ Windungen auf. Es darf angenommen werden, daß $R^2 \neq 4L/C$ gilt.

Das Netzwerk wird bei geöffnetem Schalter seit langer Zeit von einer Urstromquelle mit dem Strom $i_0(t) = \sqrt{2}\,I_0 \cos\omega_0 t$ gespeist. Zum Zeitpunkt $t = 0$ wird der Schalter geschlossen.

a) Man ermittle mit Hilfe des Maschenstromverfahrens den zeitlichen Verlauf von $u_C$, $i_1$ und $i_2$. Die Werte $u_C(0-)$ und $i_1(0-)$ unmittelbar vor dem Schließen des Schalters sollen zunächst mit $u_{C0}$ bzw. $i_{10}$ bezeichnet werden.

b) Man bestimme $u_{C0}$ und $i_{10}$ aus den gegebenen Größen $I_0, \omega_0, L, C$ und $R$.

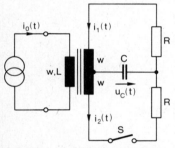

Bild 6.12a. Netzwerk mit einem festgekoppelten Differentialübertrager, dessen Einschwingverhalten nach dem Schließen des Schalters $S$ untersucht werden soll.

### Lösung zu Aufgabe 6.12

a) Führt man als Maschenströme in den Elementarmaschen des Netzwerks aus Bild 6.12a die Ströme $i_1, i_2$ und $i_0$ ein, so lassen sich für die Netzwerkvariablen $z_1 = i_1, z_2 = i_2, z_3 = u_C$ direkt die folgenden Gleichungen aufstellen:

| $z_1$ | $z_2$ | $z_3$ | |
|---|---|---|---|
| $R + L_{22}\dfrac{d}{dt}$ | $L_{32}\dfrac{d}{dt}$ | $1$ | $-L_{12}\dfrac{di_0}{dt}$ |
| $L_{23}\dfrac{d}{dt}$ | $R + L_{33}\dfrac{d}{dt}$ | $-1$ | $-L_{13}\dfrac{di_0}{dt}$ |
| $-1$ | $1$ | $C\dfrac{d}{dt}$ | $0$ . |

Hierbei ist die Primärwicklung mit dem Index 1, die obere Hälfte der Sekundärwicklung mit dem Index 2 und die untere Hälfte mit dem Index 3 bezeichnet.
Aufgrund der gegebenen Windungsverhältnisse haben alle Haupt- und Gegeninduktivitäten des Übertragers denselben Wert

$$L_{22} = L_{33} = L_{12} = L_{13} = L_{23} = L_{32} = L \ .$$

Subtrahiert man die erste der Gleichungen von der zweiten, so entsteht das Gleichungssystem

| $z_1$ | $z_2$ | $z_3$ | |
|---|---|---|---|
| $R + L\dfrac{\mathrm{d}}{\mathrm{d}t}$ | $L\dfrac{\mathrm{d}}{\mathrm{d}t}$ | $1$ | $-L\dfrac{\mathrm{d}i_0}{\mathrm{d}t}$ |
| $-R$ | $R$ | $-2$ | $0$ |
| $-1$ | $1$ | $C\dfrac{\mathrm{d}}{\mathrm{d}t}$ | $0 \ .$ |

(1)

Zur Lösung des homogenen Gleichungssystems wird der Ansatz

$$z_\nu = K_\nu \mathrm{e}^{pt} \qquad (\nu = 1,2,3)$$

gewählt und in das Gleichungssystem eingesetzt. Auf diese Weise entsteht ein homogenes lineares algebraisches Gleichungssystem für die Konstanten $K_\nu$ ($\nu = 1,2,3$):

| $K_1$ | $K_2$ | $K_3$ | |
|---|---|---|---|
| $R + Lp$ | $Lp$ | $1$ | $0$ |
| $-R$ | $R$ | $-2$ | $0$ |
| $-1$ | $1$ | $Cp$ | $0 \ .$ |

(2)

Dieses algebraische Gleichungssystem hat nur dann nichttriviale Lösungen, wenn die Koeffizientendeterminante

$$\begin{vmatrix} R + Lp & Lp & 1 \\ -R & R & -2 \\ -1 & 1 & Cp \end{vmatrix} = \begin{vmatrix} R + 2Lp & Lp & 1 \\ 0 & R & -2 \\ 0 & 1 & Cp \end{vmatrix}$$

verschwindet. Diese Forderung liefert die charakteristische Gleichung

$$(2 + RCp)(R + 2Lp) = 0,$$

d.h. die Eigenwerte

$$p_1 = -\frac{2}{RC}, \qquad p_2 = -\frac{R}{2L}.$$

Wegen der Voraussetzung $R^2 \neq 4L/C$ gilt $p_1 \neq p_2$. Damit erhält man als Lösung des homogenen Differentialgleichungssystems (1)

$$z_\nu(t) = K_{\nu 1} e^{p_1 t} + K_{\nu 2} e^{p_2 t} \qquad (\nu = 1,2,3).$$

Die Konstanten $K_{\nu 1}$ ($\nu = 1,2,3$) erhält man als Lösungen des Gleichungssystems (2) für $p = p_1$:

| $K_{11}$ | $K_{21}$ | $K_{31}$ | |
|---|---|---|---|
| $R - \dfrac{2L}{RC}$ | $-\dfrac{2L}{RC}$ | $1$ | $0$ |
| $-R$ | $R$ | $-2$ | $0$ |
| $-1$ | $1$ | $-\dfrac{2}{R}$ | $0$. |

Da die zweite Gleichung das $R$-fache der dritten ist, kann man die dritte Gleichung ignorieren, und aus den beiden ersten Gleichungen ergibt sich

$$K_{21} = -K_{11}, \qquad K_{31} = -RK_{11}.$$

Die Konstanten $K_{\nu 2}$ ($\nu = 1,2,3$) erhält man als Lösungen des Gleichungssystems (2) für $p = p_2$:

| $K_{12}$ | $K_{22}$ | $K_{32}$ | |
|---|---|---|---|
| $\dfrac{R}{2}$ | $-\dfrac{R}{2}$ | $1$ | $0$ |
| $-R$ | $R$ | $-2$ | $0$ |
| $-1$ | $1$ | $-\dfrac{RC}{2L}$ | $0$. |

(3)

Wie man sieht, unterscheiden sich die beiden ersten Gleichungen lediglich um den Faktor $-2$. Aus den beiden letzten Gleichungen erhält man

$$K_{22} = K_{12}, \qquad K_{32} = 0.$$

Hierbei ist zu beachten, daß entweder $K_{12}$ oder $K_{22}$ frei wählbar ist, während $K_{32}$ festliegt. Man hat also im Gegensatz zum Eigenwert $p_1$ beim Eigenwert $p_2$ nicht die volle Freiheit bei der Auswahl der Konstante, der ein willkürlicher Wert zugewiesen werden darf. Dies liegt daran, daß die beiden ersten Spalten der zweiten und dritten der Gleichungen (3) bis auf das Vorzeichen übereinstimmen.
Die Lösung des homogenen Differentialgleichungssystems kann damit in der Form

$$z_{1h}(t) = K_{11} e^{p_1 t} + K_{12} e^{p_2 t}, \qquad (4a)$$

$$z_{2h}(t) = -K_{11} e^{p_1 t} + K_{12} e^{p_2 t}, \qquad (4b)$$

$$z_{3h}(t) = -R K_{11} e^{p_1 t} \qquad (4c)$$

mit den Integrationskonstanten $K_{11}$ und $K_{12}$ ausgedrückt werden.
Zur Ermittlung einer partikulären Lösung des inhomogenen Differentialgleichungssystems (1) wird mittels komplexer Wechselstromanalyse die stationäre Lösung bestimmt. Dazu dient das folgende Gleichungssystem für die Zeigergrößen $\underline{Z}_1 = \underline{I}_1$, $\underline{Z}_2 = \underline{I}_2$, $\underline{Z}_3 = \underline{U}_C$, die den Strömen $i_1, i_2$ bzw. der Kapazitätsspannung $u_C$ zugeordnet werden:

| $\underline{Z}_1$ | $\underline{Z}_2$ | $\underline{Z}_3$ | |
|---|---|---|---|
| $R + j\omega_0 L$ | $j\omega_0 L$ | $1$ | $-j\omega_0 L I_0$ |
| $-R$ | $R$ | $-2$ | $0$ |
| $-1$ | $1$ | $j\omega_0 C$ | $0.$ |

(5)

Dabei ist $\underline{I}_0 = I_0$ die dem Erregerstrom $i_0$ zugeordnete Zeigergröße, $\omega_0$ dessen Kreisfrequenz. Als Lösung der Gln.(5) erhält man

$$\underline{Z}_1 = \underline{Z}_2 = \frac{-j\omega_0 L}{R + j2\omega_0 L} I_0 = \frac{\omega_0 L I_0}{\sqrt{R^2 + (2\omega_0 L)^2}} e^{-j[\pi/2 + \arctan(2\omega_0 L/R)]},$$

$$\underline{Z}_3 = 0.$$

Die entsprechenden Zeitgrößen sind

$$z_{1s}(t) = z_{2s}(t) = \sqrt{2}\,I_0 \frac{\omega_0 L}{\sqrt{R^2 + (2\omega_0 L)^2}} \cos\left(\omega_0 t - \frac{\pi}{2} - \arctan\frac{2\omega_0 L}{R}\right)$$

oder, wie nach einer Zwischenrechnung folgt,

$$z_{1s}(t) = z_{2s}(t) = \frac{I_0}{\sqrt{2}} \frac{\dfrac{2\omega_0 L}{R}}{1+\left(\dfrac{2\omega_0 L}{R}\right)^2}\left(\sin\omega_0 t - \frac{2\omega_0 L}{R}\cos\omega_0 t\right) \qquad (6a,b)$$

und

$$z_{3s}(t) \equiv 0\,. \qquad (6c)$$

Durch Superposition der Lösung Gln.(4a-c) der homogenen Differentialgleichung (1) mit der partikulären Lösung Gln.(6a-c) erhält man die allgemeine Lösung der genannten Differentialgleichung für $t \geq 0$

$$z_1(t) = z_{1h}(t) + z_{1s}(t)\,, \qquad (7a)$$

$$z_2(t) = z_{2h}(t) + z_{2s}(t)\,, \qquad (7b)$$

$$z_3(t) = z_{3h}(t) + z_{3s}(t)\,, \qquad (7c)$$

in der $K_{11}$ und $K_{12}$ als Integrationskonstanten auftreten. Diese lassen sich aufgrund der Anfangsbedingungen festlegen, d.h. aufgrund der Stetigkeit des Magnetisierungsstroms und der Stetigkeit der Kapazitätsspannung.
Die Stetigkeit des Magnetisierungsstroms zum Zeitpunkt $t = 0$ liefert die Bedingung

$$w\,[i_0(0-) + z_1(0-) + z_2(0-)] = w\,[i_0(0+) + z_1(0+) + z_2(0+)]$$

oder, da $i_0(0-) = i_0(0+)$ und $z_2(0-) = 0$ gilt,

$$z_1(0-) = z_1(0+) + z_2(0+)\,.$$

Mit der Abkürzung $z_1(0-) = i_{10}$ und den Gln.(7a,b), in denen die Gln.(4a,b) und (6a,b) zu beachten sind, erhält man

$$i_{10} = 2K_{12} - 2\frac{I_0}{\sqrt{2}} \frac{\left(\dfrac{2\omega_0 L}{R}\right)^2}{1+\left(\dfrac{2\omega_0 L}{R}\right)^2}$$

und hieraus

$$K_{12} = \frac{1}{2}i_{10} + \frac{I_0}{\sqrt{2}} \frac{1}{1 + \left(\frac{R}{2\omega_0 L}\right)^2} .$$

Die Stetigkeit der Kapazitätsspannung zum Zeitpunkt $t = 0$ liefert die weitere Bedingung

$$z_3(0-) = z_3(0+) .$$

Mit der Abkürzung $z_3(0-) = u_{C0}$ und der Gl.(7c), in der die Gln.(4c) und (6c) zu beachten sind, erhält man

$$u_{C0} = -R K_{11} .$$

Hieraus folgt

$$K_{11} = -\frac{u_{C0}}{R} .$$

Damit ist der zeitliche Verlauf von $u_C, i_1$ und $i_2$ bei vorgegebenen Anfangswerten $u_{C0}$ und $i_{10}$ vollständig bekannt.

b) Zur Bestimmung der Anfangswerte $u_{C0}$ und $i_{10}$ wird eine Wechselstromanalyse des Netzwerks aus Bild 6.12a bei geöffnetem Schalter durchgeführt. Der dabei wesentliche Teil des Netzwerks ist zusammen mit den Zeigergrößen im Bild 6.12b beschrieben. Wie man sieht, gilt die Beziehung

$$\left(j\omega_0 L + \frac{1}{j\omega_0 C} + R\right) \underline{I}_1 = -j\omega_0 L \underline{I}_0 .$$

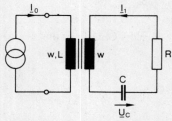

Bild 6.12b. Zur Bestimmung des Anfangszustands für das Netzwerk von Bild 6.12a zum Zeitpunkt $t = 0$ mit Hilfe der komplexen Wechselstromrechnung.

Hieraus folgt

$$\underline{I}_1 = -\frac{j\omega_0 L}{R + j\omega_0 L + \frac{1}{j\omega_0 C}} \underline{I}_0 \qquad (8a)$$

und

$$\underline{U}_C = -\frac{\frac{L}{C}}{R + j\omega_0 L + \frac{1}{j\omega_0 C}} \underline{I}_0 . \qquad (8b)$$

Unter Berücksichtigung des Zusammenhangs zwischen $\underline{I}_1$, $\underline{U}_C$ und den entsprechenden Zeitgrößen $i_1(t), u_C(t)$ erhält man

$$i_1(0) = \frac{\sqrt{2}}{2}\left(\underline{I}_1 + \underline{I}_1^*\right)$$

und

$$u_C(0) = \frac{\sqrt{2}}{2}\left(\underline{U}_C + \underline{U}_C^*\right)$$

oder mit den Gln.(8a,b)

$$i_{10} = -\sqrt{2}\,\underline{I}_0 \frac{\omega_0 L\left(\omega_0 L - \frac{1}{\omega_0 C}\right)}{R^2 + \left(\omega_0 L - \frac{1}{\omega_0 C}\right)^2}$$

und

$$u_{C0} = -\sqrt{2}\,\underline{I}_0 \frac{\frac{RL}{C}}{R^2 + \left(\omega_0 L - \frac{1}{\omega_0 C}\right)^2} .$$

**Aufgabe 6.13**

Das im Bild 6.13 dargestellte Netzwerk, das aus zwei gleich großen Induktivitäten $L_1 = L_2 = L$, einer beliebig einstellbaren Kapazität mit dem Wert $aC$ ($0 < a < \infty$) und zwei gleich großen Widerständen $R_1 = R_2 = R = \sqrt{L/C}$ besteht, wird von einer harmonischen Wechselspannung

$$u(t) = U_0 \cos \frac{t}{\sqrt{LC}}$$

gespeist. Der Schalter $S$, der sehr lange geöffnet war, wird zum Zeitpunkt $t = 0$ geschlossen.

a) Man erstelle mit Hilfe des Maschenstromverfahrens ein Differentialgleichungssystem, aus dem bei Kenntnis des Anfangszustands alle Ströme und Spannungen im Netzwerk für $t > 0$ berechnet werden können. Das Gleichungssystem soll durch Einführung der unabhängigen Variablen $\tau = t/\sqrt{LC}$ so normiert werden, daß neben der Ableitung $d/d\tau$ nur noch die Größen $a$ und $R$ in den Gleichungen vorkommen.

b) Man berechne in Abhängigkeit von $a$ die Eigenwerte des Differentialgleichungssystems, in dem $\tau$ als unabhängige Variable auftritt. Wie lautet die allgemeine homogene Lösung dieses Differentialgleichungssystems?

c) Für den Fall $a = 1$, der auch bei der Beantwortung der nachfolgenden Teilaufgabe d vorauszusetzen ist, soll unter Verwendung der komplexen Wechselstromrechnung eine für $\tau > 0$ gültige partikuläre Lösung des inhomogenen Differentialgleichungssystems von Teilaufgabe a bestimmt werden.

d) Wie groß sind die Induktivitätsströme und die Spannung an der Kapazität beim Schließen des Schalters, und welchen Verlauf haben diese Netzwerkgrößen demzufolge für $\tau > 0$?

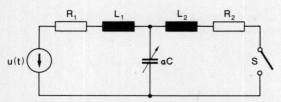

Bild 6.13. Netzwerk mit drei Energiespeichern, das von einer harmonischen Wechselspannung erregt wird und dessen Einschwingverhalten nach dem Schließen des Schalters $S$ untersucht werden soll.

**Lösung zu Aufgabe 6.13**

a) Bezeichnet man mit $i_1$ und $i_2$ zwei im Uhrzeigersinn orientierte Maschenströme, von denen der erste die Netzwerkelemente $R_1, L_1, aC$ und die Spannungsquelle, der andere die Netzwerkelemente $R_2, L_2$ und $aC$ durchfließt, und wählt man die Bezugsrichtung für die Kapazitätsspannung $u_C$ so, daß $u_C$ und $i_1$ die gleiche Orientierungsrichtung haben, dann ergibt sich für $t \geq 0$ folgendes System von Differentialgleichungen:

$$R_1 i_1 + L_1 \frac{di_1}{dt} + u_C = u,$$

$$R_2 i_2 + L_2 \frac{di_2}{dt} - u_C = 0,$$

$$i_1 - i_2 = aC \frac{du_C}{dt}.$$

Hieraus läßt sich nach Einführung der normierten Zeit $\tau$ das normierte Differentialgleichungssystem

$$R\left(i_1 + \frac{di_1}{d\tau}\right) \qquad\qquad + u_C = U_0 \cos\tau, \tag{1a}$$

$$R\left(i_2 + \frac{di_2}{d\tau}\right) \qquad - u_C = 0, \tag{1b}$$

$$i_1 \qquad\qquad - i_2 \qquad - \frac{a}{R}\frac{du_C}{d\tau} = 0 \tag{1c}$$

ableiten, wenn man die speziellen Werte der einzelnen Netzwerkelemente berücksichtigt.

b) Zur Lösung des homogenen Differentialgleichungssystems, das den Gln.(1a-c) zugeordnet ist, wird der Ansatz

$$i_{1h}(\tau) = K_1 e^{p\tau}, \qquad i_{2h}(\tau) = K_2 e^{p\tau}, \qquad u_{Ch}(\tau) = K_3 e^{p\tau}$$

gemacht. Damit ergibt sich folgender linearer Zusammenhang zwischen den Konstanten $K_1, K_2$ und $K_3$:

| $K_1$ | $K_2$ | $K_3$ | | |
|---|---|---|---|---|
| $R(1+p)$ | 0 | 1 | 0 | (2a) |
| 0 | $R(1+p)$ | $-1$ | 0 | (2b) |
| 1 | $-1$ | $-\frac{a}{R}p$ | 0. | (2c) |

Dieses homogene lineare Gleichungssystem hat genau dann nichttriviale Lösungen, wenn seine Determinante

$$D(p) = - R(1 + p)(2 + ap + ap^2)$$

verschwindet, was sich dadurch erreichen läßt, daß man für $p$ eine Nullstelle von $D(p)$ wählt. Es sind dies die Werte

$$p_1 = -1, \qquad p_{2,3} = -\frac{1}{2} \pm \sqrt{\frac{1}{4} - \frac{2}{a}} \; .$$

Der erste der drei Eigenwerte ist offensichtlich unabhängig von $a$; die beiden anderen sind für $a \geq 8$ negativ reell, für $a < 8$ konjugiert komplex mit negativem Realteil. Als allgemeine Lösung des homogenen Differentialgleichungssystems erhält man für $a \neq 8$ die Darstellungen

$$i_{1h}(\tau) = K_{11}e^{p_1\tau} + K_{12}e^{p_2\tau} + K_{13}e^{p_3\tau} = K_{11}e^{-\tau} + K_{12}e^{p_2\tau} + K_{13}e^{p_3\tau},$$

$$i_{2h}(\tau) = K_{21}e^{p_1\tau} + K_{22}e^{p_2\tau} + K_{23}e^{p_3\tau} = K_{11}e^{-\tau} - K_{12}e^{p_2\tau} - K_{13}e^{p_3\tau},$$

$$u_{Ch}(\tau) = K_{31}e^{p_1\tau} + K_{32}e^{p_2\tau} + K_{33}e^{p_3\tau}$$

$$= -R(1 + p_2)K_{12}e^{p_2\tau} - R(1 + p_3)K_{13}e^{p_3\tau} \; .$$

Hierbei wurden die aus den Gln.(2b,c) folgenden Beziehungen

$$K_{2\nu} = \frac{K_{1\nu}}{1 + ap_\nu + ap_\nu^2}, \qquad K_{3\nu} = \frac{R(1 + p_\nu)K_{1\nu}}{1 + ap_\nu + ap_\nu^2} \qquad (\nu = 1,2,3)$$

verwendet. Falls $p_2$ und $p_3$ zueinander konjugiert komplex sind, lassen sich in $i_{1h}(\tau)$, $i_{2h}(\tau)$ und $u_{Ch}(\tau)$ jeweils die Terme zusammenfassen, welche $e^{p_2\tau}$ bzw. $e^{p_3\tau}$ enthalten.
Falls $a = 8$ ist, erhält man außer dem von $a$ unabhängigen Eigenwert $p_1 = -1$ noch den zweifachen Eigenwert $p_2 = p_3 = -1/2$. Die zu $p = -1$ gehörige Teillösung läßt sich wie im Fall $a \neq 8$ bestimmen. Die Teillösung, die dem zweifachen Eigenwert $p = -1/2$ entspricht, muß die Form

$$i_{1h}(\tau) = (K_{12} + K_{13}\tau)e^{-\tau/2} \; ,$$

$$i_{2h}(\tau) = (K_{22} + K_{23}\tau)e^{-\tau/2} \; ,$$

$$u_{Ch}(\tau) = (K_{32} + K_{33}\tau)e^{-\tau/2}$$

haben. Führt man diesen Lösungsansatz in das homogene Differentialgleichungssystem ein, dann ergeben sich die Beziehungen

$$K_{22} = -K_{12}, \qquad K_{23} = -K_{13},$$

$$K_{32} = -\frac{R}{2}(K_{12} + 2K_{13}), \qquad K_{33} = -\frac{R}{2}K_{13}.$$

Als allgemeine Lösung des homogenen Differentialgleichungssystems erhält man damit

$$i_{1h}(\tau) = K_{11}e^{-\tau} + (K_{12} + K_{13}\tau)e^{-\tau/2},$$

$$i_{2h}(\tau) = K_{11}e^{-\tau} - (K_{12} + K_{13}\tau)e^{-\tau/2},$$

$$u_{Ch}(\tau) = -\frac{R}{2}[(K_{12} + 2K_{13}) + K_{13}\tau]e^{-\tau/2}.$$

c) Eine partikuläre Lösung des inhomogenen Differentialgleichungssystems für $a = 1$ erhält man mit Hilfe der komplexen Wechselstromrechnung. An die Stelle der zeitabhängigen Netzwerkgrößen treten dabei die komplexen Zeigergrößen $\underline{I}_1, \underline{I}_2, \underline{U}_C$ und die komplexe Quellenspannung $\underline{U}$. Diese vier Größen sind durch die folgenden Gleichungen miteinander verknüpft:

| $\underline{I}_1$ | $\underline{I}_2$ | $\underline{U}_C$ | | |
|---|---|---|---|---|
| $R(1+j)$ | 0 | 1 | $\underline{U}$ | (3a) |
| 0 | $R(1+j)$ | $-1$ | 0 | (3b) |
| 1 | $-1$ | $-\dfrac{j}{R}$ | 0 . | (3c) |

Dabei ist bereits berücksichtigt, daß für die Frequenz $\omega_0 = 1/\sqrt{LC}$ der angelegten Spannung die Beziehung $\omega_0 L = 1/(\omega_0 C) = \sqrt{L/C} = R$ besteht.
Die Lösungen der Gln.(3a-c) lauten

$$\underline{I}_1 = \frac{\underline{U}}{2R}, \qquad \underline{I}_2 = -j\frac{\underline{U}}{2R}, \qquad \underline{U}_C = (1-j)\frac{\underline{U}}{2}.$$

Hieraus ergeben sich im normierten Zeitbereich die entsprechenden Funktionen

$$i_{1p}(\tau) = \frac{U_0}{2R}\cos\tau, \qquad i_{2p}(\tau) = \frac{U_0}{2R}\sin\tau, \qquad u_{Cp}(\tau) = \frac{U_0}{\sqrt{2}}\cos\left(\tau - \frac{\pi}{4}\right).$$

Als allgemeine Lösung des Systems inhomogener Differentialgleichungen (1a-c) erhält man somit unter Berücksichtigung der Ergebnisse von Teilaufgabe $b$ für den Wert $a = 1$ die Funktionen

$$i_1(\tau) = k_{11} e^{-\tau} + e^{-\tau/2} \left( k_{12} \cos\frac{\sqrt{7}}{2}\tau + k_{13} \sin\frac{\sqrt{7}}{2}\tau \right) + \frac{U_0}{2R} \cos\tau, \qquad (4a)$$

$$i_2(\tau) = k_{11} e^{-\tau} - e^{-\tau/2} \left( k_{12} \cos\frac{\sqrt{7}}{2}\tau + k_{13} \sin\frac{\sqrt{7}}{2}\tau \right) + \frac{U_0}{2R} \sin\tau, \qquad (4b)$$

$$u_C(\tau) = \frac{R}{2} e^{-\tau/2} \left[ (\sqrt{7}\, k_{12} - k_{13}) \sin\frac{\sqrt{7}}{2}\tau - (k_{12} + \sqrt{7}\, k_{13}) \cos\frac{\sqrt{7}}{2}\tau \right]$$

$$+ \frac{U_0}{\sqrt{2}} \cos\left(\tau - \frac{\pi}{4}\right). \qquad (4c)$$

*d)* Bei geöffnetem Schalter $S$ ist die Spannungsquelle durch einen gedämpften Reihenschwingkreis belastet, der für $a = 1$ mit seiner Resonanzfrequenz betrieben wird. In diesem einfachen Fall lassen sich die Netzwerkgrößen $i_1(\tau)$ und $u_C(\tau)$ im stationären Zustand unmittelbar angeben; es gilt nämlich

$$i_1(\tau) = \frac{U_0}{R} \cos\tau, \qquad u_C(\tau) = U_0 \sin\tau.$$

Weiterhin muß bei geöffnetem Schalter $i_2(\tau) \equiv 0$ sein. Wegen der Stetigkeit dieser drei Funktionen erhält man als Anfangsbedingungen für das Intervall $0 \leq \tau < \infty$ die Forderungen

$$i_1(0+) = \frac{U_0}{R}, \qquad i_2(0+) = 0, \qquad u_C(0+) = 0.$$

Mit Hilfe dieser Anfangsbedingungen werden die in den Gln.(4a-c) auftretenden Konstanten bestimmt. Im einzelnen ergibt sich

$$k_{11} = k_{12} = \frac{U_0}{4R}, \qquad k_{13} = \frac{3}{4\sqrt{7}} \frac{U_0}{R}.$$

Setzt man diese Werte in die Gln.(4a-c) ein, dann erhält man die gesuchten Netzwerkfunktionen in normierter Form, die den Anfangsbedingungen genügen:

$$i_1(\tau) = \frac{U_0}{4R}\left[ e^{-\tau} + e^{-\tau/2}\left(\cos\frac{\sqrt{7}}{2}\tau + \frac{3}{\sqrt{7}}\sin\frac{\sqrt{7}}{2}\tau\right) + 2\cos\tau \right],$$

$$i_2(\tau) = \frac{U_0}{4R}\left[ e^{-\tau} - e^{-\tau/2}\left(\cos\frac{\sqrt{7}}{2}\tau + \frac{3}{\sqrt{7}}\sin\frac{\sqrt{7}}{2}\tau\right) + 2\sin\tau \right],$$

$$u_C(\tau) = \frac{U_0}{2}\left[ e^{-\tau/2}\left(\frac{1}{\sqrt{7}}\sin\frac{\sqrt{7}}{2}\tau - \cos\frac{\sqrt{7}}{2}\tau\right) + \cos\tau + \sin\tau \right].$$

**Aufgabe 6.14**

Gegeben ist die Übertragungsfunktion

$$H(p) = K\frac{E(p)}{D(p)} = K\frac{(p_1 + p)(p_2 + p)\cdots(p_n + p)}{(p_1 - p)(p_2 - p)\cdots(p_n - p)}, \tag{1}$$

deren Pole $p_\nu$ ($\nu = 1, 2, \ldots, n$) entweder negativ reell oder paarweise konjugiert komplex sind und negativen Realteil besitzen; $K$ ist eine positive Konstante.

*a)* Welcher einfache Zusammenhang besteht zwischen den Koeffizienten der Polynome $E(p)$ und $D(p)$?

*b)* Man ermittle den Betrag und den qualitativen Verlauf der Phase von $H(p)$ für $p = j\omega$ ($-\infty \leqslant \omega \leqslant \infty$) aus der Pol-Nullstellen-Darstellung. Welchen Wertebereich durchläuft $\arg H(j\omega)$?

*c)* Für $n = 2$, $K = 1$, $p_1 = -\sigma_0 + j\omega_0$, $p_2 = -\sigma_0 - j\omega_0$ ($\sigma_0 > 0$, $\omega_0 > 0$) bestimme man $\arg H(j\omega)$ in Abhängigkeit von $\sigma_0$, $\omega_0$ und $\omega$. Bei welcher Kreisfrequenz $\omega$ ist

$$\arg H(j\omega) = \frac{1}{2} \lim_{\omega \to \infty} \arg H(j\omega) \ ?$$

Man stelle den Phasenverlauf für die Zahlenverhältnisse $\sigma_0/\omega_0 = 2$ und $\sigma_0/\omega_0 = 0{,}2$ in Abhängigkeit von der normierten Kreisfrequenz $\omega/\omega_0$ in einem Diagramm dar.

**Lösung zu Aufgabe 6.14**

*a)* Die Polynome $E(p)$ und $D(p)$ lassen sich in der Form

$$E(p) = \prod_{\nu=1}^{n}(p_\nu + p) = \sum_{\mu=0}^{n} a_\mu p^\mu$$

bzw.

$$D(p) = \sum_{\mu=0}^{n} b_\mu p^\mu = \sum_{\mu=0}^{n} a_\mu (-p)^\mu = E(-p)$$

ausdrücken. Hieraus ist direkt als Verknüpfung zwischen den Polynomkoeffizienten $a_\mu$ und $b_\mu$ die Beziehung

$$b_\mu = (-1)^\mu a_\mu$$

abzulesen.

b) Die durch Gl.(1) gegebene Übertragungsfunktion kann auch als

$$H(p) = (-1)^n K \frac{(p+p_1)(p+p_2)\ldots(p+p_n)}{(p-p_1)(p-p_2)\ldots(p-p_n)}$$

ausgedrückt werden. Im Bild 6.14a ist ein Beispiel für ein PN-Diagramm angegeben, wobei $n = 3$ gewählt wurde.
Da die Nullstellen von $H(p)$ bezüglich der imaginären Achse symmetrisch zu den Polen liegen, treten im Zähler und Nenner von $H(p)$ jeweils Faktoren gleichen Betrags für $p = j\omega$ auf, die gegeneinander gekürzt werden können. Daher gilt

$$|H(j\omega)| = K \frac{|j\omega + p_1||j\omega + p_2|\ldots|j\omega + p_n|}{|j\omega - p_1||j\omega - p_2|\ldots|j\omega - p_n|} = K \qquad (-\infty \leq \omega \leq \infty).$$

Für die Phase der Übertragungsfunktion $H(j\omega)$ gilt mit den im Bild 6.14a erklärten Winkeln $\psi_\nu$ und $\varphi_\nu$

$$\arg H(j\omega) = [1-(-1)^n]\frac{\pi}{2} + \sum_{\nu=1}^{n} \psi_\nu(\omega) - \sum_{\nu=1}^{n} \varphi_\nu(\omega) + 2N\pi. \qquad (2)$$

Hierbei ist $N$ zunächst eine beliebige ganze Zahl. Läßt man $\omega$ alle Werte von $-\infty$ bis $+\infty$ durchlaufen, so nehmen alle Winkelfunktionen $\psi_\nu(\omega)$ jeweils vom Wert $3\pi/2$ zum Wert $\pi/2$ monoton ab und alle Winkelfunktionen $\varphi_\nu(\omega)$ jeweils vom Wert $-\pi/2$ zum Wert $\pi/2$ monoton zu. Somit ist $\arg H(j\omega)$ eine für wachsendes $\omega$ monoton abnehmende Funktion, und es gilt

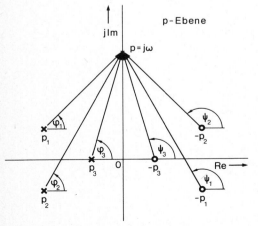

Bild 6.14a. Pol-Nullstellen-Diagramm der durch Gl.(1) gegebenen Übertragungsfunktion.

$$\lim_{\omega \to \infty} \arg H(j\omega) = [1-(-1)^n]\frac{\pi}{2} + 2N\pi ,$$

$$\lim_{\omega \to -\infty} \arg H(j\omega) = [1-(-1)^n]\frac{\pi}{2} + 2n\pi + 2N\pi .$$

Die Differenz dieser beiden Phasenwerte beträgt also $2n\pi$. Weiterhin gilt

$$\arg H(0) = [1-(-1)^n]\frac{\pi}{2} + n\pi + 2N\pi .$$

Der Wert von $N$ wird aufgrund der Forderung $\arg H(0) = 0$ festgelegt. Hieraus folgt

$N = -n/2$          für $n$ gerade,

$N = -(n+1)/2$     für $n$ ungerade.

Zusammenfassend heißt dies

$$N = -\frac{n}{2} - \frac{1-(-1)^n}{4} .$$

Da $N$ in jedem Fall ganzzahlig ist, braucht das Vorzeichen von $K$ nicht geändert zu werden. Für den Wertebereich, den die Phase $\arg H(j\omega)$ durchläuft, gilt damit

$$n\pi \geq \arg H(j\omega) \geq -n\pi .$$

Setzt man den für $N$ errechneten Wert in Gl.(2) ein, so erhält man die Darstellung

$$\arg H(j\omega) = \sum_{\nu=1}^{n} \psi_\nu(\omega) - \sum_{\nu=1}^{n} \varphi_\nu(\omega) - n\pi .$$

Für den konjugiert komplexen Wert $-j\omega$ ergibt sich

$$\arg H(-j\omega) = \sum_{\nu=1}^{n} [2\pi - \psi_\nu(\omega)] - \sum_{\nu=1}^{n} [-\varphi_\nu(\omega)] - n\pi$$

$$= n\pi - \sum_{\nu=1}^{n} \psi_\nu(\omega) + \sum_{\nu=1}^{n} \varphi_\nu(\omega)$$

$$= -\arg H(j\omega) .$$

Die Funktion $\arg H(j\omega)$ ist somit ungerade.

c) Für $n = 2$, $K = 1$, $p_1 = -\sigma_0 + j\omega_0$, $p_2 = -\sigma_0 - j\omega_0$ ($\sigma_0 > 0$) erhält man aus der Gl.(2) die Phasenfunktion

$$\arg H(j\omega) = \pi - \arctan\frac{\omega - \omega_0}{\sigma_0} + \pi - \arctan\frac{\omega + \omega_0}{\sigma_0}$$

$$- \arctan\frac{\omega - \omega_0}{\sigma_0} - \arctan\frac{\omega + \omega_0}{\sigma_0} + 2N\pi.$$

Mit $N = -n/2 = -1$ entsteht die Darstellung

$$\arg H(j\omega) = -2\left[\arctan\frac{\omega - \omega_0}{\sigma_0} + \arctan\frac{\omega + \omega_0}{\sigma_0}\right].$$

Der untere Grenzwert dieser für wachsendes $\omega$ monoton fallenden ungeraden Funktion ist $-2\pi$. Die Hälfte dieses Grenzwerts wird erreicht, wenn

$$\arctan\frac{\omega - \omega_0}{\sigma_0} + \arctan\frac{\omega + \omega_0}{\sigma_0} = \frac{\pi}{2}$$

gilt. Bringt man in dieser Gleichung den zweiten Term der linken Seite mit umgekehrtem Vorzeichen nach rechts und unterwirft anschließend beide Gleichungsseiten der Tangens-Operation, dann erhält man die Beziehung

$$\frac{\omega - \omega_0}{\sigma_0} = \frac{\sigma_0}{\omega + \omega_0},$$

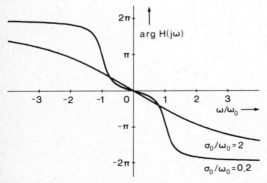

Bild 6.14b. Verlauf der Phase einer Übertragungsfunktion $H(p)$ nach Gl.(1) mit einem Paar konjugiert komplexer Pole und Nullstellen für $p = j\omega$.

wenn man beachtet, daß $\tan(\pi/2 - x) = \cot an\, x = 1/\tan x$ ist. Hieraus ergibt sich die gesuchte Kreisfrequenz

$$\omega = \sqrt{\sigma_0^2 + \omega_0^2}\,.$$

Der Phasenverlauf ist im Bild 6.14b für $\sigma_0/\omega_0 = 0{,}2$ und $\sigma_0/\omega_0 = 2$ in Abhängigkeit von der normierten Kreisfrequenz $\omega/\omega_0$ graphisch dargestellt. Dabei fällt auf, daß sich im ersten Fall eine Kurve mit drei Wendepunkten ergibt, während im zweiten Fall nur ein einziger derartiger Punkt auftritt. Dieser Sachverhalt läßt sich qualitativ folgendermaßen erklären: Für kleine Werte des Verhältnisses $\sigma_0/\omega_0$ liegen die Pole und Nullstellen der Übertragungsfunktion sehr viel näher an der imaginären Achse der $p$-Ebene als an der reellen Achse. Daher sind beim Durchlaufen der imaginären Achse die Phasenänderungen im wesentlichen auf die Bereiche $\omega \approx -\omega_0$ und $\omega \approx \omega_0$ konzentriert, und man erhält neben dem in jedem Fall vorhandenen Wendepunkt $\omega = 0$ noch zwei weitere in der Nähe von $\omega = -\omega_0$ und $\omega = \omega_0$. Je größer $\sigma_0/\omega_0$ ist, d.h. je weiter die Pole und Nullstellen von der imaginären Achse entfernt liegen, um so weniger treten die Phasenänderungen in den Bereichen $\omega \approx -\omega_0$ und $\omega \approx \omega_0$ gegenüber denen im übrigen Teil der imaginären Achse hervor, so daß, wie man durch eine quantitative Untersuchung zeigen kann, für $\sigma_0/\omega_0 \geqslant \sqrt{3}$ nur noch der Wendepunkt $\omega = 0$ übrigbleibt.

# Aufgabe 6.15

Das im Bild 6.15a dargestellte Zweitor besteht aus einer gesteuerten Spannungsquelle mit dem positiven Steuerfaktor $a$, zwei gleichen Kapazitäten mit dem Wert $C$, zwei gleichen Widerständen mit dem Wert $R$ sowie je einem Widerstand mit dem Wert $R_0$ bzw. $\beta R_0$. Das Zweitor wird am Eingang mit einer eingeprägten Spannung $u_1$ erregt, die am Ausgang eine Spannung $u_2$ hervorruft.

a) Man bestimme die Übertragungsfunktion $H(p)$ des Zweitors, wobei $u_1$ die Erregung und $u_2$ die Reaktion bezeichnet.

b) Welche Ungleichungsbeziehung muß zwischen $a$ und $\beta$ bestehen, damit das im Bild 6.15a dargestellte Netzwerk stabil ist?

c) Für den Fall rein harmonischer Erregung ermittle man das Verhältnis der komplexen Ausgangsspannung $\underline{U}_2$ zur komplexen Eingangsspannung $\underline{U}_1$ des Zweitors als Funktion der normierten Kreisfrequenz $\Omega = \omega CR$. Welchen Verlauf hat die Ortskurve des Spannungsverhältnisses $\underline{U}_2/\underline{U}_1$, wenn $a = 6$ und $\beta = 5$ bzw. wenn $a = 6$ und $\beta = 2$ ist? Welche Gestalt hat sie für $a = 6$ und $\beta = 1/5$?

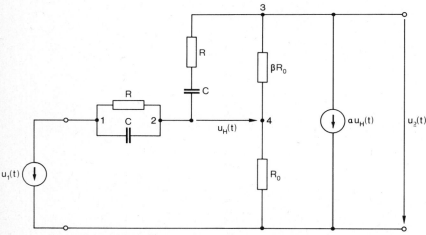

Bild 6.15a. Zweitor mit einer spannungsgesteuerten Spannungsquelle, das von der Spannung $u_1$ erregt wird.

# Lösung zu Aufgabe 6.15

a) Die Übertragungsfunktion $H(p)$ kann mit Hilfe der komplexen Wechselstromrechnung ermittelt werden. Hierzu denkt man sich das im Bild 6.15a dargestellte Zweitor durch eine harmonische Wechselspannung $\underline{U}_1$ mit der Kreisfrequenz $\omega$ erregt. Dann ist $\underline{U}_H$ die Spannung zwischen den Knoten 2 und 4, $\underline{U}_2$ die Spannung am Ausgang des Zweitors. Die Spannung $\underline{U}_H$ läßt sich als Summe der Spannungen zwischen den Knoten 2 und 3 bzw. 3 und 4 ausdrücken, die ihrerseits durch Spannungsteilung aus den Spannungen $\underline{U}_1 - \underline{U}_2$ bzw. $\underline{U}_2$ berechnet werden können. Beachtet man noch den Zusammenhang $\underline{U}_H = \underline{U}_2/a$, dann erhält man die Gleichung

$$\frac{\underline{U}_2}{a} = \frac{R + \dfrac{1}{j\omega C}}{R + \dfrac{1}{j\omega C} + \dfrac{1}{\dfrac{1}{R} + j\omega C}} (\underline{U}_1 - \underline{U}_2) + \frac{\beta R_0}{(1+\beta)R_0} \underline{U}_2$$

zur Bestimmung von $\underline{U}_2/\underline{U}_1$. Hieraus folgt zunächst

$$\frac{\underline{U}_2}{a} = \frac{1}{1 + \dfrac{j\omega CR}{(1+j\omega CR)^2}} (\underline{U}_1 - \underline{U}_2) + \frac{\beta}{1+\beta} \underline{U}_2$$

und nach dem Zusammenfassen der mit $\underline{U}_2$ behafteten Terme

$$\frac{\underline{U}_2}{\underline{U}_1} = \frac{1}{\left(\dfrac{1}{a} - \dfrac{\beta}{1+\beta}\right)\left(1 + \dfrac{j\omega CR}{(1+j\omega CR)^2}\right) + 1}$$

$$= \frac{1}{\left(\dfrac{1}{a} + \dfrac{1}{1+\beta}\right) + \left(\dfrac{1}{a} - \dfrac{\beta}{1+\beta}\right)\dfrac{j\omega CR}{(1+j\omega CR)^2}}. \quad (1)$$

Die gesuchte Übertragungsfunktion $H(p)$ ergibt sich nach EN, Abschnitt 6.4.1, wenn man in Gl.(1) $j\omega$ durch $p$ ersetzt. Für die folgende Stabilitätsuntersuchung ist es zweckmäßig, die Übertragungsfunktion in die Form

$$H(p) = \frac{(1+pCR)^2}{\left(\dfrac{1}{a} + \dfrac{1}{1+\beta}\right) + pCR\left(\dfrac{3}{a} + \dfrac{2-\beta}{1+\beta}\right) + p^2 C^2 R^2 \left(\dfrac{1}{a} + \dfrac{1}{1+\beta}\right)} \quad (2)$$

zu bringen.

b) Da $a$ und $\beta$ voraussetzungsgemäß positiv sind, haben alle Nullstellen des Nennerpolynoms von $H(p)$ genau dann negativen Realteil, wenn

$$\frac{3}{a} + \frac{2-\beta}{1+\beta} > 0 \quad (3)$$

gilt. In diesem Fall ist das im Bild 6.15a dargestellte Netzwerk stabil. Für $0 < a \leqslant 3$ ist die Bedingung (3), unabhängig davon, welchen (positiven) Wert $\beta$ besitzt, mit Sicherheit erfüllt. Wird dagegen $a > 3$ gewählt, dann ist

$$\beta < \beta_G = \frac{2a+3}{a-3}$$

zu fordern, wenn das Netzwerk stabil sein soll.
Für den interessierten Leser soll hier noch angemerkt werden, daß der Fall $\beta \geqslant \beta_G$ von größerer praktischer Bedeutung ist, und zwar im Hinblick auf die Erzeugung harmonischer Schwingungen. Betrachtet man zunächst den Fall $\beta = \beta_G$, d.h. die Grenze vom stabilen zum instabilen Zustand, dann erhält man aus Gl.(2) die Übertragungsfunktion

$$H_G(p) = \frac{3(1+pCR)^2}{1+p^2C^2R^2}.$$

Ihre Pole liegen auf der imaginären Achse der $p$-Ebene in den Punkten $p = \pm j\omega_0$ mit $\omega_0 = 1/(CR)$. Das Netzwerk kann in diesem Fall ungedämpfte harmonische Schwingungen mit der Kreisfrequenz $\omega_0$ ausführen, wenn es durch eine zumindest kurzzeitig von Null verschiedene Eingangsspannung $u_1$ erregt wird. Die Amplitude dieser Schwingungen hängt davon ab, wie groß die Energie ist, die dem Netzwerk zugeführt wird, um es zum Schwingen anzuregen. In der Praxis ersetzt man die Spannungsquelle $u_1$ durch einen Kurzschluß und regelt mit Hilfe zusätzlicher Schaltungsmaßnahmen das Widerstandsverhältnis $\beta$ automatisch in Abhängigkeit von der Ausgangsspannung $u_2$. Solange $u_2$ den am Ausgang gewünschten Amplitudenwert nicht erreicht, sorgt die Regelvorrichtung dafür, daß $\beta > \beta_G$ ist, d.h. daß die Pole von $H(p)$ in der rechten $p$-Halbebene liegen. Dies hat eine anklingende Schwingung zur Folge, deren Amplitude dadurch begrenzt wird, daß beim Erreichen des Amplitudensollwerts das Widerstandsverhältnis $\beta$ auf den Wert $\beta_G$ eingeregelt wird. Der hier im Prinzip beschriebene Oszillator ist unter der Bezeichnung *RC-Oszillator* oder *Wien-Robinson-Oszillator* bekannt.

c) Führt man in Gl.(1) die normierte Kreisfrequenz $\Omega = \omega CR$ ein und beachtet, daß

$$\frac{(1+j\Omega)^2}{j\Omega} = 2 + j\left(\Omega - \frac{1}{\Omega}\right)$$

gilt, dann läßt sich das Spannungsverhältnis $\underline{U}_2/\underline{U}_1$ in der Form

$$\frac{\underline{U}_2}{\underline{U}_1} = \frac{2 + j\left(\Omega - \frac{1}{\Omega}\right)}{\frac{3}{a} + \frac{2-\beta}{1+\beta} + j\left(\frac{1}{a} + \frac{1}{1+\beta}\right)\left(\Omega - \frac{1}{\Omega}\right)} \qquad (4)$$

schreiben. Es handelt sich hierbei um eine linear gebrochene Funktion in $x = \Omega - 1/\Omega$. Über die Lage und die Gestalt der Ortskurve können unmittelbar die beiden folgenden Aussagen gemacht werden:
Die Ortskurve verläuft symmetrisch bezüglich der reellen Achse, da für jeden beliebigen Wert $\Omega_1$ die zu $\Omega = \Omega_1$ und $\Omega = 1/\Omega_1$ gehörigen Funktionswerte konjugiert komplex zueinander sind.

Die Ortskurve ist für $(\beta - 2)/(\beta + 1) = 3/a$, d.h. also für $\beta = \beta_G = (2a + 3)/(a - 3)$ eine Gerade, andernfalls ein Kreis. Dabei ist zu beachten, daß es aus Stabilitätsgründen bei vorgegebenem $a$ nur im Parameterintervall $0 < \beta \leq \beta_G$ sinnvoll ist, das Spannungsverhältnis $\underline{U}_2/\underline{U}_1$ zu berechnen und sein Frequenzverhalten geometrisch darzustellen. Für die Parameterwerte $a = 6, \beta = 5$ und $a = 6, \beta = 2$ sind die zugehörigen Ortskurven in den Bildern 6.15b und 6.15c dargestellt. Im Fall $a = 6, \beta = 1/5$ entartet die Ortskurve zum Punkt 1 in der komplexen Ebene. Dies ist darauf zurückzuführen, daß die Spannung zwischen den Knoten 3 und 4 gleich der Steuerspannung $\underline{U}_H$ ist, so daß die Knoten 2 und 3 gleiches Potential besitzen. Aus diesem Grund kann kein Strom vom Knoten 1 zum Knoten 3 fließen, d.h. die Knoten 1 und 3 haben ebenfalls gleiches Potential; die Ausgangsspannung $\underline{U}_2$ ist demzufolge gleich der Eingangsspannung $\underline{U}_1$. Aus Gl.(4) ist zu entnehmen, daß diese Situation genau dann vorliegt, wenn zwischen den Parametern $a$ und $\beta$ der Zusammenhang $\beta = 1/(a - 1)$ besteht.

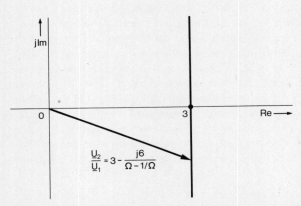

Bild 6.15b. Darstellung der Ortskurve für das Spannungsverhältnis $\underline{U}_2/\underline{U}_1$ in Abhängigkeit von $\Omega$ für die Parameterwerte $a = 6$ und $\beta = 5$.

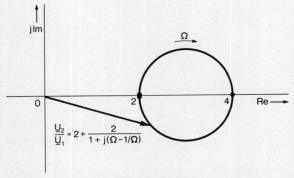

Bild 6.15c. Darstellung der Ortskurve für das Spannungsverhältnis $\underline{U}_2/\underline{U}_1$ in Abhängigkeit von $\Omega$ für die Parameterwerte $a = 6$ und $\beta = 2$.

**Aufgabe 6.16**

Im Bild 6.16a ist ein Spannungsverstärker mit dem Eingangswiderstand $R_e$ und dem ausgangsseitigen Innenwiderstand $R_i$ dargestellt, dessen Verstärkungsfaktor $V$ positiv sein soll. Der Verstärker ist durch einen passiven Zweipol mit der Impedanz $\underline{Z}_2$ abgeschlossen und wird über einen ebenfalls passiven Zweipol mit der Impedanz $\underline{Z}_1$ von einer Wechselspannung $\underline{U}_0$ gespeist. Eingang und Ausgang des Verstärkers sind in der gezeigten Weise über ein passives Zweitor miteinander verkoppelt.

a) Für den Fall, daß das im Bild 6.16b dargestellte Zweitor, welches aus dem passiven Zweipol mit der Impedanz $\underline{Z}_k$ aufgebaut ist, als Kopplungsnetzwerk verwendet wird, bestimme man das Verhältnis $\underline{U}_2/\underline{U}_0$ in Abhängigkeit von den Parametern $R_e, R_i, V, \underline{Z}_1, \underline{Z}_2$ und $\underline{Z}_k$.

b) Wie vereinfacht sich das Ergebnis für $R_i = 0$, $R_e \to \infty$, $V \gg 1$, und wie lautet die Stabilitätsbedingung für dieses vereinfachte Netzwerk?

c) Es sei

i) $\underline{Z}_1 = R_1$ die Impedanz eines ohmschen Widerstands, $\underline{Z}_k$ die Impedanz der Parallelschaltung einer Kapazität $C_k$ und eines ohmschen Widerstands $R_k$,

ii) $\underline{Z}_1$ die Impedanz der Parallelschaltung einer Kapazität $C_1$ und eines ohmschen Widerstands $R_1$, $\underline{Z}_k$ die Impedanz der Reihenschaltung einer Induktivität $L_k$ und eines ohmschen Widerstands $R_k$.

Wie lauten die Stabilitätsbedingungen für diese beiden Sonderfälle?

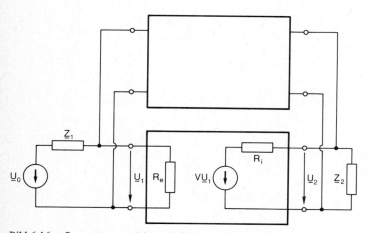

Bild 6.16a. Spannungsverstärker mit Rückkopplungszweitor.

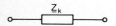

Bild 6.16b. Ein erstes Rückkopplungszweitor für das Netzwerk von Bild 6.16a.

*d)* Wie ändern sich die Ergebnisse von Teilaufgabe *c*, wenn man das Kopplungszweitor von Bild 6.16b durch dasjenige von Bild 6.16c ersetzt?

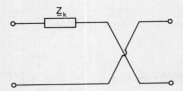

Bild 6.16c. Ein zweites Rückkopplungszweitor für das Netzwerk von Bild 6.16a.

**Lösung zu Aufgabe 6.16**

*a)* Bild 6.16d zeigt das zu analysierende Netzwerk. Bezeichnet man mit $\underline{U}_1$ und $\underline{U}_2$ die Spannungen zwischen den Knoten 1 und 0 bzw. 2 und 0, so erhält man durch die Auswertung der Knotenregel für die Knoten 1 und 2 das Gleichungssystem

| $\underline{U}_1$ | $\underline{U}_2$ | |
|---|---|---|
| $\dfrac{1}{\underline{Z}_1} + \dfrac{1}{R_e} + \dfrac{1}{\underline{Z}_k}$ | $-\dfrac{1}{\underline{Z}_k}$ | $\dfrac{\underline{U}_0}{\underline{Z}_1}$ |
| $-\dfrac{1}{\underline{Z}_k} - \dfrac{V}{R_i}$ | $\dfrac{1}{\underline{Z}_k} + \dfrac{1}{R_i} + \dfrac{1}{\underline{Z}_2}$ | $0$ . |

Die Auflösung dieses Gleichungssystems liefert das Spannungsverhältnis

$$\frac{\underline{U}_2}{\underline{U}_0} = \frac{\dfrac{R_i}{\underline{Z}_k} + V}{\left(1 + \dfrac{\underline{Z}_1}{R_e} + \dfrac{\underline{Z}_1}{\underline{Z}_k}\right)\left(1 + \dfrac{R_i}{\underline{Z}_2} + \dfrac{R_i}{\underline{Z}_k}\right) - \dfrac{\underline{Z}_1}{\underline{Z}_k}\left(\dfrac{R_i}{\underline{Z}_k} + V\right)}. \qquad (1)$$

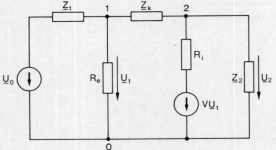

Bild 6.16d. Zur Analyse des Verstärkernetzwerks, das mit dem Zweitor von Bild 6.16b rückgekoppelt ist.

b) Für $R_i = 0$ und $R_e \to \infty$ reduziert sich die Gl.(1) auf

$$\frac{U_2}{U_0} = \frac{V}{1 + \dfrac{Z_1}{Z_k}(1-V)}.$$

Für $V \gg 1$ erhält man schließlich das Verhältnis

$$\frac{U_2}{U_0} = \frac{V}{1 - \dfrac{Z_1}{Z_k}V}. \tag{2}$$

Als Stabilitätsbedingung ist zu fordern, daß die Eigenwerte, die sich als Lösungen der Gleichung

$$1 - \frac{Z_1}{Z_k}V = 0$$

oder

$$Z_k - Z_1 V = 0 \,^1) \tag{3}$$

nach Substitution $\omega = p/j$ in der Veränderlichen $p$ ergeben, negativen Realteil besitzen.

c) Für $Z_1 = R_1$ und $Z_k = 1/(pC_k + 1/R_k)$ liefert Gl.(3) die charakteristische Gleichung

$$1 - \frac{R_1}{R_k}V - pC_k R_1 V = 0$$

oder

$$p = \frac{1 - \dfrac{R_1}{R_k}V}{C_k R_1 V}.$$

---

[1]) Bei der Berechnung der Eigenwerte aus Gl.(3) ist darauf zu achten, daß zunächst die linke Gleichungsseite als Quotient zweier Polynome dargestellt wird. Dabei dürfen im Zähler und Nenner eventuell auftretende gemeinsame Polynomfaktoren nicht gekürzt werden, ebensowenig dürfen unnötige Erweiterungen mit Polynomen vorgenommen werden. Die Nullstellen des Zählerpolynoms sind dann identisch mit den Eigenwerten. Durch diese Maßnahme wird letztlich erreicht, daß die Übertragungsfunktion Gl.(2) die Form $H(p) = E(p)/D(p)$ nach EN, Gl.(6.87b) auch dann erhält, wenn $E(p)$ und $D(p)$ gemeinsame Nullstellen haben. Damit liefert die Gl.(3) in jedem Fall sämtliche Eigenwerte.

Wie man sieht, ist $p$ genau dann negativ, wenn

$$V > \frac{R_k}{R_1}$$

gilt.
Wählt man dagegen $\underline{Z}_1 = 1/(pC_1 + 1/R_1)$ und $\underline{Z}_k = pL_k + R_k$, so liefert Gl.(3) die charakteristische Gleichung

$$p^2 L_k C_1 + p\left(\frac{L_k}{R_1} + R_k C_1\right) + \frac{R_k}{R_1} - V = 0.$$

Die Stabilitätsbedingung lautet jetzt

$$\frac{R_k}{R_1} - V > 0,$$

d.h.

$$V < \frac{R_k}{R_1} \quad (V \gg 1).$$

d) Ersetzt man, nach wie vor für $R_i = 0$ und $R_e \to \infty$, das Rückkopplungsnetzwerk von Bild 6.16b durch dasjenige von Bild 6.16c, so erhält man das im Bild 6.16e dargestellte Netzwerk. Es unterscheidet sich von dem in Teilaufgabe $b$ behandelten nur darin, daß $V$ statt $-V$ und $\underline{U}_2$ statt $-\underline{U}_2$ auftreten. Berücksichtigt man diesen Unterschied, so folgt direkt aus Gl.(2) das Spannungsverhältnis

$$\frac{\underline{U}_2}{\underline{U}_0} = \frac{V}{1 + \dfrac{\underline{Z}_1}{\underline{Z}_k}V}.$$

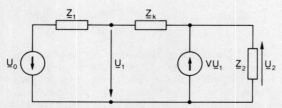

Bild 6.16e. Zur Analyse des mit dem Zweitor aus Bild 6.16c rückgekoppelten Verstärkernetzwerks für $R_i = 0$ und $R_e \to \infty$.

Die charakteristische Gleichung lautet nun

$$\underline{Z}_k + \underline{Z}_1 V = 0 \,. \tag{4}$$

Da $\underline{Z}_k, \underline{Z}_1$ und damit auch $\underline{Z}_1 V$ für $V>0$ Impedanzen passiver Zweipole sind[2]), läßt sich auch die linke Seite der Gl.(4) als eine solche Impedanz auffassen. Die Lösungen der Gl.(4) können daher keinen positiven Realteil haben. Wie aus der Netzwerksynthese bekannt ist, sind auf der imaginären Achse der $p$-Ebene einschließlich $p = \infty$ allenfalls einfache Lösungen der Gl.(4) möglich. Schließt man solche Eigenwerte aus, dann ist das Netzwerk jedenfalls stabil. Für die in der Teilaufgabe $c$ betrachteten Beispiele trifft dies zu.

---

[2]) $\underline{Z}_1 V$ kann als Impedanz eines Zweipols aufgefaßt werden, der sich vom Zweipol mit der Impedanz $\underline{Z}_1$ nur dadurch unterscheidet, daß alle ohmschen Widerstände und Induktivitäten mit $V$ multipliziert und alle Kapazitäten durch $V$ dividiert sind.

## Aufgabe 6.17

Ein Netzwerk, das aus zwei ohmschen Widerständen $R_0$ und $R$, einer spannungsgesteuerten Spannungsquelle und aus einem festgekoppelten Übertrager aufgebaut ist, wird gemäß Bild 6.17a von einer Spannungsquelle $u_1$ gespeist, die am Widerstand $R_0$ eine Spannung $u_2$ hervorruft.

Der Übertrager besitzt primärseitig $2w$ Windungen mit der Hauptinduktivität $L$; die in der Mitte angezapfte Sekundärwicklung hat in Bezug auf den Übertragerkern denselben Wicklungssinn wie die Primärwicklung und weist ebenfalls $2w$ Windungen auf. Die Primärwicklung wird im Leerlauf betrieben.

Der Verstärkungsfaktor $a$ der von der Spannung $u_S$ gesteuerten Spannungsquelle ist größer als $1/2$.

a) Man bestimme die Übertragungsfunktion $H(p)$ des Netzwerks, wenn $u_1$ als die Eingangsgröße und $u_2$ als die Ausgangsgröße betrachtet wird.

b) Man bestimme die Pole und Nullstellen von $H(p)$ in Abhängigkeit von $L, R, R_0$ und $a$.

c) Für welchen Wertebereich von $R$ ist das Netzwerk stabil?

d) Wie muß der Wert von $R$ gewählt werden, damit bei beliebiger Erregung $u_1(t)$ die Ausgangsspannung $u_2(t)$ stets proportional zu $u_1(t)$ ist? Wie groß ist der Proportionalitätsfaktor? Die Erregung soll immer vom Ruhezustand aus erfolgen.

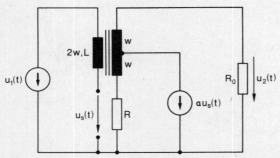

Bild 6.17a. Netzwerk mit spannungsgesteuerter Spannungsquelle und festgekoppeltem Übertrager, dessen Verhalten zu untersuchen ist.

## Lösung zu Aufgabe 6.17

a) Zur Bestimmung der Übertragungsfunktion $H(p)$ wird eine Wechselstromanalyse des Netzwerks auf der Basis des Maschenstromverfahrens durchgeführt. Im Bild 6.17b sind die erforderlichen Zeigergrößen angegeben. Für die Größen $\underline{I}_1, \underline{I}_2$ und $\underline{U}_S$ läßt sich folgendes Gleichungssystem angeben[1]:

---

[1] Man beachte, daß durch die Primärwicklung des Übertragers kein Strom fließt.

# 6. Einschwingvorgänge in Netzwerken — Lösung 6.17

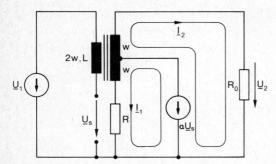

Bild 6.17b. Zur Wechselstromanalyse des Netzwerks von Bild 6.17a mit Hilfe des Maschenstromverfahrens.

| $\underline{I}_1$ | $\underline{I}_2$ | $\underline{U}_S$ | |
|---|---|---|---|
| $R + j\omega \dfrac{L}{4}$ | $-j\omega \dfrac{L}{4}$ | $-a$ | $0$ |
| $-j\omega \dfrac{L}{4}$ | $R_0 + j\omega \dfrac{L}{4}$ | $-a$ | $0$ |
| $j\omega \dfrac{L}{2}$ | $-j\omega \dfrac{L}{2}$ | $1$ | $\underline{U}_1$ . |

(1)

Zur Auflösung des Gleichungssystems (1) nach dem Strom $\underline{I}_2$ wird zunächst die Determinante der Koeffizientenmatrix berechnet. Man erhält

$$\Delta = \begin{vmatrix} R + j\omega \dfrac{L}{4} & -j\omega \dfrac{L}{4} & -a \\ -j\omega \dfrac{L}{4} & R_0 + j\omega \dfrac{L}{4} & -a \\ j\omega \dfrac{L}{2} & -j\omega \dfrac{L}{2} & 1 \end{vmatrix} = j\omega \dfrac{L}{4}(R_0 + R - 2aR + 2aR_0) + RR_0.$$

Ersetzt man in dieser Determinante die zweite Spalte durch die rechte Seite des Gleichungssystems (1), so ergibt sich die Determinante mit dem Wert

$$\Delta_2 = a\underline{U}_1 \left(j\omega \dfrac{L}{2} + R\right).$$

Damit läßt sich der Maschenstrom $I_2$ als Quotient $\Delta_2/\Delta$ ausdrücken; er liefert die Spannung $U_2 = R_0 I_2$. Auf diese Weise entsteht das Spannungsverhältnis

$$\frac{U_2}{U_1} = aR_0 \frac{j\omega \frac{L}{2} + R}{j\omega \frac{L}{4}[R_0(1+2a) + R(1-2a)] + RR_0}.$$

Substituiert man $j\omega$ durch die komplexe Variable $p$, dann erhält man die Übertragungsfunktion

$$H(p) = aR_0 \frac{p\frac{L}{2} + R}{p\frac{L}{4}[R_0(1+2a) + R(1-2a)] + RR_0}. \tag{2}$$

b) Der Gl.(2) läßt sich die Polstelle

$$p_\infty = -\frac{4RR_0}{L[R_0(1+2a) + R(1-2a)]} \tag{3}$$

und die Nullstelle

$$p_0 = -\frac{2R}{L} \tag{4}$$

entnehmen.

c) Das Netzwerk ist stabil, wenn $p_\infty < 0$, d.h. wegen Gl.(3)

$$R_0(1+2a) + R(1-2a) > 0$$

gilt. Hieraus folgt mit $a > 1/2$

$$R < \frac{2a+1}{2a-1} R_0$$

als zulässiger Wertebereich von $R$.

d) Die Eingangsspannung $u_1(t)$ und die Ausgangsspannung $u_2(t)$ sind genau dann für beliebige $u_1(t)$ proportional zueinander, wenn die Übertragungsfunktion $H(p)$ von $p$ unabhängig ist. Dies ist dann und nur dann der Fall, wenn die Polstelle $p_\infty$ und die Nullstelle $p_0$ übereinstimmen. Hieraus folgt mit den Gln.(3) und (4) die Bedingung

$$R_0(1+2a) + R(1-2a) = 2R_0$$

oder wegen $a \neq 1/2$

$$R = R_0 \ .$$

Führt man diese Forderung in Gl.(2) ein, so erhält man

$$H(p) = aR_0 \ \frac{p\dfrac{L}{2} + R_0}{p\dfrac{L}{2}R_0 + R_0^2} = a = \text{const}$$

als Übertragungsfunktion im vorliegenden Fall.

## Aufgabe 6.18

Das im Bild 6.18a dargestellte, aus der Kapazität $C$, der Induktivität $L$ und drei gleichen ohmschen Widerständen mit dem Wert $R$ gebildete Brückennetzwerk wird seit sehr langer Zeit von einer Gleichspannungsquelle $U$ über einen Vorwiderstand $R$ erregt. Zum Zeitpunkt $t = 0$ wird der Schalter $S$ geschlossen. Gesucht ist der zeitliche Verlauf des Stroms $i$ für $t \geqslant 0$.

*a)* Welche Spannung fällt zum Zeitpunkt $t = 0$ an der Kapazität $C$ ab, und wie groß ist in diesem Augenblick der Strom durch die Induktivität $L$?

*b)* Man stelle mit Hilfe des Maschenstromverfahrens ein für $t > 0$ gültiges Differentialgleichungssystem auf, aus dem bei vorgegebenem Anfangszustand alle Ströme und Spannungen im Netzwerk berechnet werden können. Dieses Differentialgleichungssystem ist durch Anwendung der Laplace-Transformation in ein lineares algebraisches Gleichungssystem überzuführen, wobei die in Teilaufgabe *a* ermittelten Anfangsbedingungen zu berücksichtigen sind.

*c)* Man berechne die Laplace-Transformierte $I(p)$ des gesuchten Stroms in Abhängigkeit von $U, R, L, C$ und der komplexen Frequenz $p$.

*d)* Man bestimme die Lage der Polstellen von $I(p)$ in Abhängigkeit von $L, C$ und der Größe

$$a = \frac{1}{2R}\sqrt{\frac{L}{C}}.$$

In welchen Bereichen darf sich $a$ bewegen, wenn die Polstellen rein reell sein sollen? Welche $a$-Werte liefern zweifache Pole? Wo liegen diese?

*e)* Unter Berücksichtigung des Ergebnisses von Teilaufgabe *d* gebe man denjenigen $a$-Wert an, bei dem $i$ zunächst bis zu einem gewissen Maximalwert $i_{max} > 0$ ansteigt und für $t \to \infty$ möglichst schnell monoton seinem Endwert zustrebt. Wie lautet die zu diesem $a$-Wert gehörige Zeitfunktion $i(t)$, wo tritt ihr Maximum auf, und wie groß ist es?

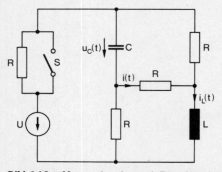

Bild 6.18a. Netzwerk mit zwei Energiespeichern, dessen Einschwingverhalten zu untersuchen ist.

## Lösung zu Aufgabe 6.18

*a*) Legt man die im Bild 6.18a angegebenen Bezugsrichtungen für die Kapazitätsspannung $u_C$ und den Induktivitätsstrom $i_L$ zugrunde und beachtet man, daß bei Gleichspannungserregung im stationären Zustand die Kapazität $C$ stromlos ist und die Induktivität sich wie ein Kurzschluß verhält, dann ergeben sich unmittelbar die Werte

$$u_C(0) = \frac{U}{2} \quad \text{und} \quad i_L(0) = \frac{U}{2R}.$$

*b*) Mit den im Bild 6.18b eingeführten Maschenströmen $i_1$, $i_2$, $i_3$ und der Kapazitätsspannung $u_C$ läßt sich folgendes Differentialgleichungssystem aufstellen:

| $i_1$ | $i_2$ | $i_3$ | $u_C$ | |
|---|---|---|---|---|
| $R$ | $0$ | $-R$ | $1$ | $U$ |
| $0$ | $2R$ | $-R$ | $-1$ | $0$ |
| $-R$ | $-R$ | $2R + L\dfrac{\mathrm{d}}{\mathrm{d}t}$ | $0$ | $0$ |
| $-1$ | $1$ | $0$ | $C\dfrac{\mathrm{d}}{\mathrm{d}t}$ | $0$ . |

Unterwirft man dieses System von Differentialgleichungen der Laplace-Transformation und beachtet, daß einer für $t > 0$ konstanten Spannung $U$ die Funktion $U/p$ im Frequenzbereich entspricht, dann erhält man

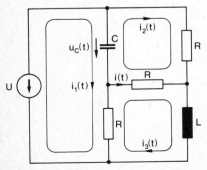

Bild 6.18b. Zur Analyse des Netzwerks von Bild 6.18a mit Hilfe des Maschenstromverfahrens.

| $I_1$ | $I_2$ | $I_3$ | $U_C$ | |
|---|---|---|---|---|
| $R$ | $0$ | $-R$ | $1$ | $\dfrac{U}{p}$ |
| $0$ | $2R$ | $-R$ | $-1$ | $0$ |
| $-R$ | $-R$ | $2R+Lp$ | $0$ | $Li_3(0+)$ |
| $-1$ | $1$ | $0$ | $Cp$ | $Cu_C(0+)$ . |

Da nur der zeitliche Verlauf des Stroms $i = i_3 - i_2$ von Interesse ist, wird in diesem Gleichungssystem die Variable $I = I_3 - I_2$ eingeführt. Ersetzt man in sämtlichen Gleichungen $I_3$ durch $I_2 + I$ und beachtet die Anfangswerte $i_3(0+) = U/(2R)$ und $u_C(0+) = U/2$, dann ergibt sich das modifizierte Gleichungssystem

| $I_1$ | $I_2$ | $I$ | $U_C$ | |
|---|---|---|---|---|
| $R$ | $-R$ | $-R$ | $1$ | $\dfrac{U}{p}$ |
| $0$ | $R$ | $-R$ | $-1$ | $0$ |
| $-R$ | $R+Lp$ | $2R+Lp$ | $0$ | $\dfrac{LU}{2R}$ |
| $-1$ | $1$ | $0$ | $Cp$ | $\dfrac{CU}{2}$ .  |

c) Hieraus erhält man die zum gesuchten Strom $i$ gehörige Laplace-Transformierte

$$I(p) = \frac{\begin{vmatrix} R & -R & \frac{U}{p} & 1 \\ 0 & R & 0 & -1 \\ -R & R+Lp & \frac{LU}{2R} & 0 \\ -1 & 1 & \frac{CU}{2} & Cp \end{vmatrix}}{\begin{vmatrix} R & -R & -R & 1 \\ 0 & R & -R & -1 \\ -R & R+Lp & 2R+Lp & 0 \\ -1 & 1 & 0 & Cp \end{vmatrix}}$$

$$= \frac{\begin{vmatrix} R & -R & \frac{U}{p} & 1 \\ 0 & R & 0 & -1 \\ 0 & 0 & \frac{LU}{2R}+\frac{U}{p} & 1+\frac{Lp}{R} \\ 0 & 0 & \frac{CU}{2}+\frac{U}{Rp} & Cp+\frac{1}{R} \end{vmatrix}}{\begin{vmatrix} R & -R & -R & 1 \\ 0 & R & -R & -1 \\ 0 & 0 & R+2Lp & 1+\frac{Lp}{R} \\ 0 & 0 & -1 & Cp+\frac{1}{R} \end{vmatrix}}$$

$$= \frac{\left(C-\dfrac{L}{R^2}\right)\dfrac{U}{2}}{2+\left(CR+\dfrac{3L}{R}\right)p+2LCp^2}.$$

d) Mit $a = \sqrt{L/C}/(2R)$ läßt sich das Nennerpolynom von $I(p)$ in der Form

$$2 + \left(\frac{1}{2a} + 6a\right)\sqrt{LC}\,p + 2LCp^2$$

schreiben. Die Nullstellen dieses Polynoms, d.h. die Pole von $I(p)$ lauten

$$p_{1,2} = \frac{-\left(\frac{1}{4a} + 3a\right) \pm \sqrt{\left(\frac{1}{4a} + 3a\right)^2 - 4}}{2\sqrt{LC}}.$$

Sie sind rein reell, wenn

$$\left(\frac{1}{4a} + 3a\right)^2 \geq 4$$

ist. Hieraus folgt wegen $a > 0$ die Forderung

$$\frac{1}{4a} + 3a \geq 2$$

oder

$$12a^2 - 8a + 1 = 12\left(a - \frac{1}{2}\right)\left(a - \frac{1}{6}\right) \geq 0.$$

Diese Forderung ist für $a \leq 1/6$ oder $a \geq 1/2$ erfüllt. Falls $a = 1/6$ oder $a = 1/2$ ist, erhält man den zweifachen Pol

$$p_1 = p_2 = p_0 = -\frac{1}{\sqrt{LC}}.$$

e) Die gesuchte Zeitfunktion $i(t)$ ergibt sich nun durch die Anwendung der Laplace-Rücktransformation auf die Funktion $I(p)$. Dazu bringt man $I(p)$ zweckmäßigerweise zunächst in Partialbruchform, die hier folgendes Aussehen hat:

$$I(p) = \frac{K_1}{p - p_1} + \frac{K_2}{p - p_2} \quad \text{für} \quad p_1 \neq p_2,$$

$$I(p) = \frac{K_0}{(p - p_0)^2} \quad \text{für} \quad p_1 = p_2 = p_0.$$

# 6. Einschwingvorgänge in Netzwerken

Als zugehörige Zeitfunktion erhält man nach EN, Abschnitt 6.6.2 für $t > 0$

$$i(t) = K_1 e^{p_1 t} + K_2 e^{p_2 t} \qquad (p_1 \neq p_2)$$

bzw.

$$i(t) = K_0 t e^{p_0 t} \qquad (p_1 = p_2 = p_0).$$

Da $i(t)$ für $t \to \infty$ monoton seinem Endwert zustreben soll, müssen $p_1$ und $p_2$ reell sein. Dabei bestimmt im Fall $p_1 \neq p_2$ von den beiden Teilfunktionen $K_1 e^{p_1 t}$ und $K_2 e^{p_2 t}$ diejenige mit dem größeren Exponenten das Verhalten der Funktion $i(t)$ für $t \to \infty$. Aufgrund der Vietaschen Wurzelsätze, angewendet auf die Koeffizienten des Nennerpolynoms von $I(p)$, müssen $p_1$ und $p_2$ der Bedingung

$$p_1 p_2 = \frac{1}{LC}$$

genügen. Das bedeutet, daß für den Fall zweier reeller, voneinander verschiedener Wurzeln dieses Polynoms stets eine größer als $p_0 = -1/\sqrt{LC}$ sein muß. Die Funktion $i(t)$ strebt also sicher für $t \to \infty$ am schnellsten gegen ihren Endwert Null, wenn $I(p)$ einen zweifachen Pol im Punkt $p = p_0$ besitzt. Hierzu muß, wie bereits erwähnt, entweder $a = 1/6$ oder $a = 1/2$ gewählt werden, und man erhält dann

$$I(p) = \frac{\frac{1}{4} - a^2}{\left(p + \frac{1}{\sqrt{LC}}\right)^2} \frac{U}{L}.$$

Da für $a = 1/2$ die Funktion $I(p)$ und demzufolge auch die zugehörige Zeitfunktion $i(t)$ identisch verschwinden, kommt nur der Parameterwert $a = 1/6$ für die gesuchte Lösung in Betracht. Der Funktion

$$I(p) = \frac{\frac{2}{9}}{\left(p + \frac{1}{\sqrt{LC}}\right)^2} \frac{U}{L},$$

die sich im Frequenzbereich ergibt, wenn $a = 1/6$ gewählt wird, entspricht im Zeitbereich die Funktion

$$i(t) = \frac{2U}{9\sqrt{\frac{L}{C}}} \frac{t}{\sqrt{LC}} e^{-t/\sqrt{LC}}$$

mit dem gewünschten Verlauf. Sie steigt, wie man leicht zeigen kann, im Intervall $0 \leqslant t \leqslant \sqrt{LC}$ monoton bis zum Maximalwert

$$i_{max} = \frac{2}{9e} \frac{U}{\sqrt{\frac{L}{C}}}$$

an und fällt danach mit wachsendem $t$ monoton auf den Endwert Null ab.